高等职业教育土建施工类专业系列教材
中国特色高水平高职学校建设成果
首批国家级职业教育教师教学创新团队"BIM+装配式建筑"新型态教材

钢结构工程施工

主　编　苏仁权
副主编　郭盈盈　潘红伟

西安交通大学出版社
XI'AN JIAOTONG UNIVERSITY PRESS
国家一级出版社
全国百佳图书出版单位

内容简介

本书在内容编排上以施工流程为主线,共设计四个项目:"建筑用钢结构材料及其检测""钢结构连接及构件校核""钢结构构件加工制作""钢结构工程施工",每个项目内含若干学习任务,详细介绍了建筑钢结构钢材、连接材料、涂装材料的选用及验收,钢零部件加工制作,钢结构连接、钢构件的构造与验算,单层厂房、多高层钢结构、空间钢结构的施工及质量控制验收等内容。

本书可作为高等职业技术学院、高等专科学校、成人高校等学校及中等职业技术学校建筑工程技术、建筑工程管理、工程造价等相近专业的教学用书,也可作为建筑工程技术人员参考资料。

图书在版编目(CIP)数据

钢结构工程施工 / 苏仁权主编. —西安:西安交通大学出版社,2022.6
ISBN 978-7-5693-2266-8

Ⅰ. ①钢⋯　Ⅱ. ①苏⋯　Ⅲ. ①钢结构-工程施工　Ⅳ. ①TU758.11

中国版本图书馆 CIP 数据核字(2021)第 176536 号

书　　　名	钢结构工程施工 Gangjiegou Gongcheng Shigong
主　　编	苏仁权
策划编辑	曹　昳
责任编辑	杨　璠　张明玥
责任校对	李　文
出版发行	西安交通大学出版社 (西安市兴庆南路1号　邮政编码 710048)
网　　址	http://www.xjtupress.com
电　　话	(029)82668357　82667874(市场营销中心) (029)82668315(总编办)
传　　真	(029)82668280
印　　刷	西安五星印刷有限公司
开　　本	787 mm×1092 mm　1/16　印张 19.625　字数 417千字
版次印次	2022年6月第1版　2022年6月第1次印刷
书　　号	ISBN 978-7-5693-2266-8
定　　价	47.90元

如发现印装质量问题,请与本社市场营销中心联系。
订购热线:(029)82665248　(029)82667874
投稿热线:(029)82668502
读者信箱:phoe@qq.com

版权所有　侵权必究

国家级职业教育教师教学创新团队
中国特色高水平高职院校重点建设专业
建筑工程技术专业系列教材编审委员会名单

主　任　　焦胜军　　陕西铁路工程职业技术学院

副主任　　李林军　　陕西铁路工程职业技术学院

　　　　　　齐红军　　陕西铁路工程职业技术学院

委　员　（按姓名汉语拼音排序）

　　　　　　陈月萍　　安庆职业技术学院

　　　　　　蒋平江　　陕西铁路工程职业技术学院

　　　　　　蒋晓燕　　绍兴职业技术学院

　　　　　　李昌宁　　中铁一局集团技术研发中心

　　　　　　李仙兰　　内蒙古建筑职业技术学院

　　　　　　刘幼昕　　重庆建筑工程职业学院

　　　　　　潘红伟　　中铁北京工程局集团第一工程有限公司

　　　　　　王付全　　黄河水利职业技术学院

　　　　　　王　辉　　陕西建工（安康）新型建材有限公司

　　　　　　王建营　　中铁置业集团有限公司

　　　　　　王　茹　　西安建筑科技大学

　　　　　　许继祥　　兰州理工大学

　　　　　　徐　鹏　　中铁建工集团有限公司

　　　　　　杨宝明　　上海鲁班软件股份有限公司

　　　　　　杨小玉　　陕西铁路工程职业技术学院

　　　　　　张建奇　　廊坊市中科建筑产业化创新研究中心

　　　　　　祝和意　　陕西铁路工程职业技术学院

本书编写团队

主　编　苏仁权　陕西铁路工程职业技术学院
副主编　郭盈盈　重庆建筑工程职业学院
　　　　潘红伟　中铁北京工程局集团第一工程有限公司
参　编　梁潇文　陕西铁路工程职业技术学院
　　　　黄俊伟　北京城建设计集团西安公司
　　　　王　乐　北京经济管理职业学院
　　　　冯　翔　四川华西建筑设计院有限公司
主　审　许继祥　兰州理工大学

前　言

《钢结构工程施工》是"中国特色高水平建设专业群"骨干专业——建筑工程技术专业的课程建设成果之一。根据改革实施方案和课程改革的基本思想，本书按照建筑工程技术专业人才培养目标要求，结合专业"项目载体、信息贯穿、能力递进、课证融合"的人才培养模式，采用"任务驱动、行动导向"教学方法，依据国家现行《钢结构设计标准》(GB 50017—2017)、《钢结构焊接规范》(GB 50661—2011)、《钢结构高强度螺栓连接技术规程》(JGJ 82—2011)、《钢结构防火涂料》(GB 14907—2018)、《高层民用建筑钢结构技术规程》(JGJ 99—2015)、《钢结构工程施工规范》(GB 50755—2020)、《钢结构工程施工质量验收标准》(GB 50205—2020)等编写。

本书按照工作手册式、活页式教材编写要求，基于钢结构工程实施过程为教学情境，打破原有旧体系，构建全新的以应用实例为中心，以施工阶段工作作为学习任务，即从识读工程图、加工制作、施工准备、技术安全交底、组织管理到竣工验收，以典型建筑物建造过程作为贯穿训练项目，使学生能够把所学的课程内容与工作任务紧密联系起来，促进技术实践能力的形成。

本书具有以下特点：在编写过程中采用典型钢结构工程为贯穿项目，分别详细讲解了钢结构使用材料、钢构件加工制作、钢结构工程施工，配以大量的插图，简单实用、易学易懂，以培养学生识读装配式建筑施工图、施工技术应用为重点。内容有所取舍，注重针对性，坚持以企业需求为依据、以就业为导向的原则。本书在内容的组织和表达上，力求体现教学内容的先进性和教学组织的灵活性。同时，为满足项目法、案例法教学的需要，教材内容在充分反映现行国家标准、行业标准和有关技术政策的基础上，尽力使每一教学例题与实际工作相结合，体现了较强的实用性。本书依据国家最新规范、规程和相关标准编写而成，以培养学生钢结构工程施工组织与管理为宗旨，通过学习，学生可以了解钢结构组成材料的性能、钢结构基础理论知识（焊缝、螺栓连接、受力构件梁、柱的构造要求及受力验算）、钢构件制作和安装等技术技能，为以后从事钢结构工程施工，担任相应工程的施工员、技术员等，打下良好的专业基础。本书配套在线开放课程 https://mooc.icve.com.cn/course.html?cid=GJGSX354602，将多媒体的教学资源与纸质教材相融合，实现线上线下互动。

本书主编为陕西铁路工程职业技术学院苏仁权，副主编为中铁北京工程局集团第一工程有限公司潘红伟、重庆建筑工程职业学院郭盈盈。全书分为4个项目、18个任务，由学校与企业人员共同编写。项目1（任务3）由四川华西建筑设计院有限公司冯翔编写，项目2（任务4）由北京经济管理职业学院王乐编写,项目3(任务4)由北京城建黄俊伟编写,项目3(任务5)由郭盈盈编写,项目3(任务6)由潘红伟编写,其他任务由苏仁权编写。全书由苏仁权负责统稿,由兰州理工大学许继祥副教授主审。

  本书在编写中引用了大量的规范、专业文献和资料,在此对各位作者表示衷心感谢。由于编者水平有限,不足之处在所难免,欢迎广大师生和读者批评指正,编者不胜感激。

编 者

2021 年 3 月

目录

项目 1 建筑用钢结构材料及其检测 ... 1

- 任务 1 钢结构基础知识 ... 2
- 任务 2 建筑钢结构钢材的选用 ... 12
- 任务 3 钢结构连接及检测 ... 28
- 任务 4 钢结构涂装材料及检测 ... 55

项目 2 钢结构连接及构件校核 ... 62

- 任务 1 钢结构连接构造及验算 ... 63
- 任务 2 轴心受力构件的构造要求及验算 ... 96
- 任务 3 受弯构件的构造要求及验算 ... 111
- 任务 4 钢屋架的构造要求 ... 130

项目 3 钢结构构件加工制作 ... 154

- 任务 1 钢结构设计图与施工详图 ... 155
- 任务 2 钢结构加工前的准备工作 ... 171
- 任务 3 钢零件及钢部件加工 ... 180
- 任务 4 钢构件的拼装 ... 189
- 任务 5 钢构件成品检验、管理和包装 ... 207
- 任务 6 钢结构涂装工程 ... 212

项目 4 钢结构安装施工 ... 227

- 任务 1 钢构件安装准备 ... 228

任务2 单层厂房钢结构工程施工 …………………………………………… 248

任务3 多、高层钢结构工程施工 …………………………………………… 265

任务4 钢网架工程施工 ……………………………………………………… 282

参考文献 ………………………………………………………………………… 307

项目 1 建筑用钢结构材料及其检测

项目描述

近十几年来,中国大地上建立起一座座钢结构建筑(构筑)物,代表着中国经济和科技的高速发展,是现代化建设和经济实力大增的具体体现,同时也表明钢结构产业在我国建筑业中的地位也在日益提高。

随着我国科技的发展、钢材品质的进步、钢结构科研项目的投入、国内设计水平的大力提升,以及制造施工水平的国际化接轨,钢结构的重要性和优越性已被我国所肯定。建造钢结构工程是一种趋势,是建筑的发展方向。

由于我国钢铁工业取得了突飞猛进的发展,钢材产量一路飙升。钢铁企业通过结构调整和技术改造使钢铁产品的品种及材质有了明显改善,现代化钢铁企业的产品技术指标不断提高,这为钢结构的发展提供了坚实基础。如今,钢结构已广泛应用于国民经济基本建设的各个领域。

因此,需要了解钢结构的类型、特点、应用,建筑钢结构用钢材、连接材料、涂装材料的性能。

学习方法

抓核心:遵循"熟练识图→精准施工→质量管控→组织验收"知识链。

重实操:不仅要有必需的理论知识,更要有较强的操作技能,认真完成配备的实训内容,多去实训基地观察、动手操作,提高自己解决问题的能力。

举一反三:在掌握基本知识的基础上,不断总结,举一反三、以不变应万变,了解建筑钢结构用钢材、连接材料、涂装材料的选用及验收等。

知识目标

了解钢结构的特点、应用范围及在我国的发展现状;

熟悉钢结构基本结构形式及选型;

掌握建筑钢结构用钢材的类别、选用及影响因素;

掌握钢材的主要性能和鉴定方法;

掌握钢结构涂装工程的材料、施工、检验方法等。

技能目标

能分析出钢结构不同体系的特点及所组成部件类型；
能对建筑钢结构用钢材、连接材料、涂装材料进行选用及验收。

素质目标

认真负责，团结合作，维护集体的荣誉和利益；
努力学习专业技术知识，不断提高专业技能；
遵纪守法，具有良好的职业道德；
严格执行建设行业有关标准、规范、规程和制度。

任务 1　钢结构基础知识

任务描述

由于使用功能及结构组成方式不同，钢结构种类繁多、形式各异。例如房屋建筑中，有大量的钢结构厂房、高层钢结构建筑、大跨度钢管桁架、钢网架建筑、悬索结构及索膜结构建筑等。在公路和铁路方面，有板梁桥、桁架桥、拱桥、悬索桥、斜张桥等各种形式的钢桥。钢塔及钢桅杆则广泛用作输电线塔、电视广播发射塔。此外，还有海上钢结构钻井平台、钢质卫星发射塔架等。

尽管这些钢结构建筑（构筑）物的用途、形式各不相同，但它们都是由钢板或型钢经过加工，制作各种基本构件，再将这些基本构件（如拉杆、压杆、梁、柱等）通过焊接和螺栓连接等组成结构。

因此，我们需要了解钢结构的基本形式、特点、应用范围等。

知识学习

1.1.1　钢结构基本结构形式及选型

1. 轻钢门式刚架结构

单层钢结构厂房一般为轻钢门式刚架结构。刚架结构通常是由直线形杆件（梁和柱）通过刚性节点连接起来的结构。工程中习惯把梁与柱之间为铰接的单层结构称为排架，多层多跨的刚架结构则常称为框架。我们讨论的刚架是单层刚架，因单层单跨或多跨刚架"门"字形的外形之故，习惯上称为门式刚架。

单层刚架结构的杆件较少，一般为大跨度结构，内部空间较大，便于利用。且刚架一般由直杆组成，制作方便，因此，在实际工程特别是工业建筑中应用非常广泛。斜梁为折线形的门式刚架类似于拱的受力特点，更具有受力性能良好、施工方便、造价较低和造型美观等优点。由于斜梁是折线形的,使室内空间加大,适于双坡屋顶的单层中、小型建筑,在工业厂房、体育馆、礼堂和食堂等民用建筑中得到广泛应用。但门式刚架刚度较差,受荷载后产生跨变,因此用于工业厂房时,吊车起重量一般不超过10 t。

图1-1-1对比了门式刚架与外形相同的排架在垂直均布荷载作用下的弯矩图。刚架由于横梁与立柱整体刚性连接,节点B和C是刚性节点,能够承受并传递弯矩,这样就减少了横梁中的跨中弯矩峰值。排架由于横梁与立柱为铰接,节点B、C为铰接点,故在均布荷载作用下,横梁的弯矩图与简支梁相同,跨中弯矩峰值比刚架大得多。但与拱结构相比,刚架仍然属于以受弯为主的结构,材料强度不能充分发挥作用,这就造成了门式刚架结构与拱相比自重大,用料多,适用跨度受到限制。

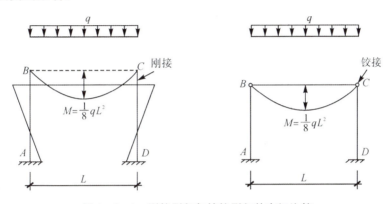

图1-1-1 刚接刚架与铰接刚架的弯矩比较

门式刚架按结构组成和构造的不同,可分为无铰刚架、两铰刚架和三铰刚架三种(见图1-1-2)。在相同荷载作用下,这三种刚架的内力分布和大小是有差别的,其经济技术效果也不相同。门式刚架结构的受力优于排架结构,因刚架梁柱节点处为刚接,梁柱互为约束。在竖向荷载作用下,由于柱对梁的约束作用而减小了梁跨中的弯矩和挠度。在水平荷载作用下,由于梁对柱的约束作用减少了柱内的弯矩和侧向变形,如图1-1-3所示。因此,门式刚架结构的承载力和刚度都大于排架结构。

无铰门式刚架的柱脚与基础固接,为三次超静定结构,刚度大,结构内力分布比较均匀,但柱底弯矩比较大,对基础和地基的要求较高。因柱脚存在弯矩、轴向压力和水平剪力共同作用于基础,基础材料用量较大。无铰门式刚架超静定次数高,刚度较大,当地基发生不均匀沉降时,在结构内产生附加内力,所以在地基条件较差时需慎用。

两铰门式刚架应用最为普遍,其柱脚与基础铰接,为一次超静定结构,在竖向荷载或水平荷载作用下,刚架内弯矩比无铰门式刚架大。其优点是刚架柱脚铰接,基础无弯矩作用,计算和构造简单,省料省工;当基础有转角时,对结构内力没有影响。但当两柱脚发生不均匀沉降时,则将在结构内产生一定的附加内力。

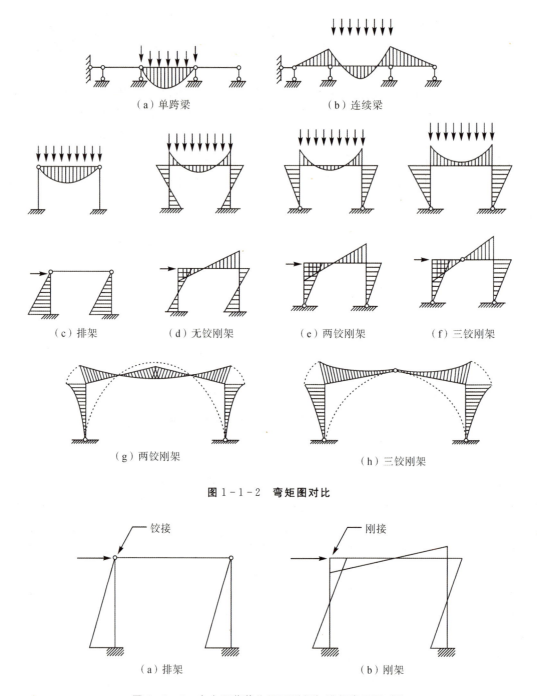

图 1-1-2 弯矩图对比

图 1-1-3 在水平荷载作用下刚架与排架弯矩图对比

　　三铰门式刚架在屋脊节点处设置永久性铰,柱脚铰接,为静定结构,温差、地基的变形或基础的不均匀沉降对结构内力没有影响。三铰和两铰门式刚架材料用量相近,但三铰刚架的梁柱节点弯矩略大,刚度较差,不能用于有桥式吊车的厂房,仅用于无吊车或小吨位悬挂吊车的建筑。三种不同型式的刚架弯矩图如图 1-1-4 所示。

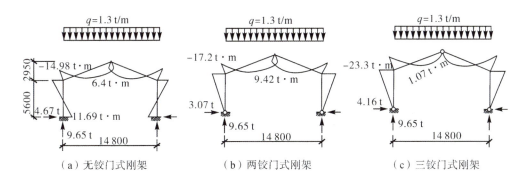

(a) 无铰门式刚架　　　　(b) 两铰门式刚架　　　　(c) 三铰门式刚架

图 1-1-4　三种不同型式的刚架弯矩图

实际工程中大多采用两铰门式刚架以及由它们组成的多跨结构,如图 1-1-5 所示。无铰门式刚架很少使用。

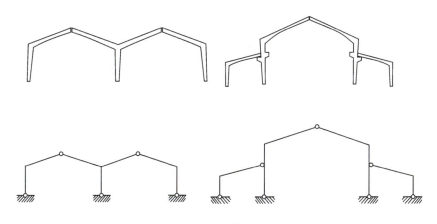

图 1-1-5　多跨刚架的形式

门式刚架的高跨比、梁柱线刚度比、支座位移、温度变化等均是影响门式刚架结构内力的因素,门式刚架结构选型时应予以考虑。

2. 钢框架结构

钢框架结构是指沿房屋的纵向和横向用钢梁和钢柱组成的框架结构,来作为承重和抵抗侧力的结构,钢框架结构可分为焊接箱形截面(或 H 型钢柱)——钢梁钢框架加支撑两种结构类型。钢框架结构用于不超过 6 层住宅时,其墙体可采用轻质材料。其优点是结构自重小,抗震性能良好,施工速度快。钢框架加支撑结构可实现 7～15 层住宅。经济技术指标略高于钢筋混凝土结构。

1) 框架结构的受力特点

(1) 荷载作用:

框架结构承受的作用包括竖向荷载和水平荷载。竖向荷载包括结构自重及楼(屋)面活荷载,一般为分布荷载,有时也存在集中荷载。水平荷载有风荷载和地震作用。框架结构是一个空间结构体系,沿房屋的长向和短向可分别视为纵向框架和横向框架。纵、横向框架分别承受纵向和横向水平荷载。

(2)竖向荷载传递路线:

现浇平板楼(屋)盖荷载主要向距离较近的梁上传递,然后再传递给钢柱。

(3)受力分析:

①在多层框架结构中,影响结构内力的主要是竖向荷载,而结构变形则主要考虑梁在竖向荷载作用下的挠度,一般不考虑结构侧移对建筑物的使用功能和结构可靠性的影响。随着房屋高度增大,增加最快的是结构位移,弯矩次之。

②框架结构在水平荷载作用下。其侧移由两部分组成:一部分侧移由柱和梁的弯曲变形产生。框架下部的梁、柱内力大,层间变形也大,愈到上部层间变形愈小;另一部分侧移由柱的轴向变形产生。在两部分侧移中第一部分侧移是主要的,随着建筑高度加大,第二部分变形所占比例逐渐加大。

③一般将框架结构的梁、柱节点视为刚接节点,柱固结于基础顶面,所以框架结构为高次超静定结构。

2)框架结构在竖向荷载和水平荷载作用下的内力图

框架结构在竖向荷载和水平荷载作用下的计算简图及内力图如图1-1-6所示。

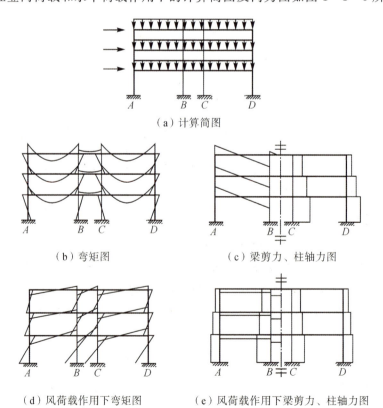

(a)计算简图

(b)弯矩图 (c)梁剪力、柱轴力图

(d)风荷载作用下弯矩图 (e)风荷载作用下梁剪力、柱轴力图

图1-1-6 框架结构在竖向荷载和水平荷载作用下的计算简图及内力图

3. 钢网架结构

网架结构是由很多杆件通过节点,按照一定规律组成的空间杆系结构。网架结构根据外形可分为平板网架和曲面网架。通常情况下,平板网架称为网架;曲面网架称为网壳,如图1-1-7所示。网壳结构是曲面型的网格结构,兼有杆系结构和薄壳结构的特性,受力合理,覆盖跨度大,是一种颇受国内外关注、半个世纪以来发展最快、有着广阔发展前景的空间结构。

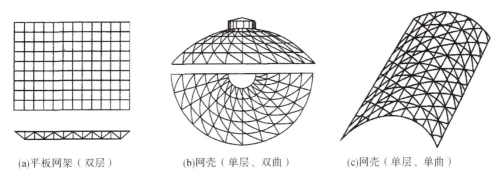

(a)平板网架(双层)　　(b)网壳(单层、双曲)　　(c)网壳(单层、单曲)

图1-1-7　网架、网壳形式

网架、网壳结构中的杆件,既为受力杆件,又互为支撑杆件,协同工作,整体性和稳定性好,空间刚度大,能有效承受非对称荷载、集中荷载和动荷载的作用,具有较好的抗震性能。

在节点荷载作用下,各杆件主要承受轴向的拉力和压力,能充分发挥材料的强度,节省钢材。

网架、网壳结构不仅实现了利用较小规格的杆件建造大跨度结构,而且结构占用空间较小,更能有效利用空间,如在网架和多层网壳结构上下弦之间的空间布置各种设备及管道等。网架、网壳结构平面布置灵活,适用于矩形、圆形、椭圆形、多边形、扇形等多种建筑平面,建筑造型新颖、轻巧、壮观,极富表现力,深受建筑师和业主的青睐。

由于网架、网壳结构能适应不同跨度、不同平面形状、不同支承条件、不同功能需要的建筑物,不仅中小跨度的工业与民用建筑有应用,而且被大量应用于中大跨度的体育馆、展览馆、大会堂、影剧院、车站、飞机库、厂房、仓库等建筑中。

4. 索膜结构

索膜结构的连接必须要满足结构受力要求和耐久要求,具体连接构造见图1-1-8。

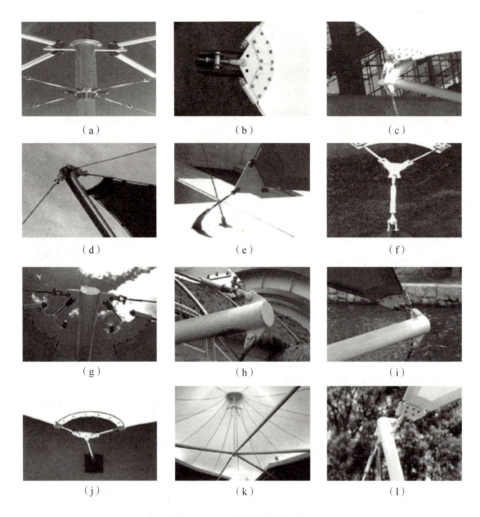

图 1-1-8 索膜连接构造

5. 管桁架结构

桁架结构是指由杆件在端部相互连接而组成的格子式结构,管桁架是指结构中的杆件均为圆管杆件。管桁架中的杆件大部分情况下只受轴线拉力或压力,应力在截面上均匀分布,因而容易发挥材料的作用,这些特点使得桁架结构用料经济,结构自重小。易于构成各种外形以适应不同的用途,譬如可以做成简支桁架、拱、框架及塔架等,因而桁架结构在现今的许多大跨度的场馆建筑,如会展中心、体育场馆或其他一些大型公共建筑中得到了广泛运用。

管桁架同网架比,杆件较少,节点美观,不会出现较大的球节点,利用大跨度空间管桁架结构,可以建造出各种体态轻盈的大跨度结构,在公共民用建筑中,尤其是在大型会展和体育场馆建设中,有着广泛推广应用的发展前景。

1.1.2 钢结构的特点

1. 钢结构的优点

(1)材质均匀且可靠性高:钢材的组织结构均匀,接近于各向同性匀质体,钢结构的实际工作性能比较符合目前采用的理论计算结果,故可靠性较高。

(2)强度高且重量轻:钢材强度较高,弹性模量也高,因而钢结构构件小而轻,在同样的受力情况下钢材自重较小,可以作成跨度较大的结构,由于杆件小,也便于安装和运输。

(3)塑性和韧性好:钢结构的塑性和韧性好,适于承受冲击和动力荷载,有较好的抗震性能。

(4)具有可焊性:可焊性是指钢材在焊接过程中和焊接后,都能保持焊接部分不开裂的完整性的性质。由于焊接技术的发展,焊接结构的采用,使钢结构的连接大为简化。

(5)便于机械化制造:钢结构由轧制型材和钢板在工厂中制成,便于机械化制造,生产效率高,速度快,成品精度较高,质量易于保证。

(6)安装方便且施工周期短:钢结构安装方便和施工期限短可以尽快地发挥投资的经济效益。

(7)密封性好:钢结构的水密性和气密性都较好可制成常压和高压容器结构和大直径的管道。

(8)耐热性好:实验证明钢材在常温到150 ℃时性能变化不大,因而钢结构适用于热工车间。

2. 钢结构的缺点

(1)耐火性差:钢材表面温度达到300~400 ℃以后,强度和弹性模量显著下降,600 ℃时基本降为零,所以钢结构的耐火性较差。

(2)耐腐蚀性较差:钢结构在潮湿和腐蚀介质的环境中容易发生锈蚀,需要定期维护。

1.1.3 钢结构的应用范围

目前中国钢结构市场的主角是工业项目,建筑用钢结构市场仍未得到充分发展,这是国内钢结构企业和钢材生产企业的潜在发展机遇。

我国未来在下列几个领域内钢结构量会增加:电厂的主厂房和锅炉钢架用钢,包括核电厂厂房用钢、风力发电用钢等;交通工程中的桥梁;市政建设用钢结构,如地铁和轻轨工程、城市立交桥、高架桥、环保工程、城市公共设施及临时房屋等;管桁架结构大跨体育建筑;钢结构住宅。

由于钢材和钢结构的特点,钢结构应用于各种工程结构中,合理的应用范围大体如下:

(1)重工业厂房的承重骨架和吊车梁:冶金企业的炼钢和轧钢车间、重型机械厂的水压机、热加工装配车间等,这些车间一般高度和跨度都较大,有重级工作的大吨位吊车或设备震动大。

(2)大跨度屋架结构:公共建筑中的体育馆、大会堂、影剧院等,工业建筑中的飞机装配车间,飞机检修库等。

(3)大跨度桥梁:跨度较大的公路和铁路桥梁等多用钢结构。

(4)多层和高层建筑:工业建筑中的多层框架,民用建筑中跨度较大的多层和高层框架。

(5)塔桅等高耸结构:输电线路塔架、无线电广播发射桅杆、电视播映发射塔、环境气象塔、卫星或火箭发射塔等高耸结构多采用钢结构。

(6)容器、管道等壳体结构:储液罐、储气罐、大直径输油(气)管道、水工压力管道以及炉体结构。

(7)移动式结构:水工阀门、射电望远镜、移动式采油平台等。

(8)可拆卸、搬移的结构:装配式活动的房屋、流动式展览馆、军用桥梁等采用钢结构特别合适。

(9)轻型结构:跨度不大屋面轻的工业和商业房屋常采用冷弯薄壁型钢结构或由角钢等组成的轻型钢结构。

(10)抗震要求较高的工程结构中。

1.1.4 钢结构的现状与发展

1. 钢结构应用现状和发展趋势分析

钢结构代表了世界建筑发展的潮流,大的新的高层钢结构建筑在不断涌现。然而钢结构的合理应用范围不仅取决于钢结构本身的特性,还受到国民经济发展的制约。目前,我国经济的稳定发展和钢铁产业的快速发展,特别是从1996年钢产量突破1亿吨以后,去年超过5亿吨,国家对钢铁产业的发展政策有了明显的转变,从而使钢结构得到了重视并迅速发展。

2. 我国建筑钢结构用钢材呈四大发展趋势

建筑结构用钢材主要是指中厚板、薄板(4～6 mm普通板)、镀锌卷板、中小型钢(工、槽、角钢)、热轧H型钢、焊管(直缝管及螺旋管)以及冷弯型(C型钢、Z型钢、矩管、主管)等,根据近年来钢结构应用技术的发展,这些品种在应用上呈四大发展趋势:

(1)中厚板成为应用的主导品种;

(2)热轧H型钢及冷弯型薄壁型钢等经济型材供需会增加;

(3)大中型角钢用量减少;

(4)热轧工字钢、槽钢的应用也呈减少趋势。

从产品品种及规格方面看,我国国产钢的品种也基本满足当前建筑钢结构发展及应用的需求,呈现出钢结构用钢兴盛的态势。

1. 工作任务

通过现场教学,掌握钢结构建筑的类型,组成构件名称、形式、作用,能分析出力的传递路径。

2. 实施过程

1）资料查询

利用在线开放课程、网络资源等查找相关资料，收集钢结构基础知识相关内容。

2）引导文

(1) 填空题。

① 钢结构是由多种规格尺寸的_____和_____等钢材，按设计要求裁剪加工成众多的零件，经过_____、_____、_____、_____等工序后制成各种基本构件，然后将这些基本构件通过焊接和螺栓等连接方式连接而成的结构。

② 钢结构基本结构形式有_____、_____、_____、_____、_____等。

(2) 选择题。

① (　　) 门式刚架在工业厂房中应用最为普遍？
A. 两铰　　　　　　B. 三铰　　　　　　C. 无铰　　　　　　D. 都不常用

② 钢结构具有良好的抗震性能是因为(　　)。
A. 钢材的强度高　　　　　　　　　　B. 钢结构的质量轻
C. 钢材具有良好的吸能内力和延性　　D. 钢结构材质均匀

③ 建筑钢材主要的钢种有(　　)。
A. 热轧型钢　　　　B. 碳素钢　　　　　C. 冷弯薄壁型钢　　D. 不锈钢

④ 当温度 $T>600\ ℃$ 时，钢材材料性能的变化是(　　)。
A. 强度很低，变形增大　　　　　　B. 强度很低，变形减小
C. 强度很高，变形减小　　　　　　D. 强度很高，变形增大

⑤ 在结构发生断裂破坏之前，有明显先兆的情况是(　　)的典型特征。
A. 强度破坏　　　　B. 稳定破坏　　　　C. 脆性破坏　　　　D. 塑性破坏

⑥ 钢材的性能因温度而变化，在负温范围内钢材的塑性和韧性(　　)。
A. 不变　　　　　　　　　　　　　　B. 降低
C. 升高　　　　　　　　　　　　　　D. 稍有提高，但变化不大

(3) 简答题。

① 简述钢结构在我国的发展简史及前景。

② 简述钢结构的特点及其应用。

③简述建筑钢结构的结构类型并分析其受力情况。

3)任务实施

通过观察已建钢结构建筑物(或典型钢结构模型),认知梁、板、柱、网架、网桥、桁架、焊缝、螺栓、支撑、隅撑、檩条等构件的名称、形式、作用,并能分析出力的传递。

知识拓展

2016年9月,国务院办公厅发布《关于大力发展装配式建筑的指导意见》,以装配式建筑为代表的新型建筑工业化得到社会的普遍关注。2020年8月,住房和城乡建设部等九部门联合发文提出,加快新型建筑工业化发展,以通过新一代信息技术驱动,以工程全寿命期系统化集成设计、精益化生产施工为主要手段,整合工程全产业链、价值链和创新链,实现工程建设高效益、高质量、低消耗、低排放的建筑工业化。与此同时,各地方政府均针对装配式建筑颁布具体的实施意见、规划和行动方案,积极通过税费优惠、用地支持、财政补贴、容积率奖励等多种方法给予产业发展充分激励。

毋庸置疑,装配式建筑已经成为建筑行业的风口。装配式建筑有多种类型,如预制混凝土、轻钢结构、传统钢结构等。2020年年初,湖北"火神山""雷神山"医院的快速建造,使箱式钢结构集成建筑模块再次引起社会的关注。除了适用于临时医院、疫情应急隔离中心外,箱式钢结构集成建筑模块也能被应用在永久建筑规范的酒店、住宅公寓、学生公寓、员工宿舍、营地房、数据中心、商业中心、旅游度假中心、展示中心等项目。箱式钢结构集成建筑模块体系作为一种创新的建筑体系,是当今新型工业化建筑的发展方向。

任务2 建筑钢结构钢材的选用

任务描述

钢材作为建筑钢结构的主要材料,了解钢材的强度、塑性、冷弯、韧性、可焊性以及影响钢材性能变化的各种因素,才能根据钢结构所受的荷载、所处的工作环境,选择符合要求的钢材。

因此,需要掌握建筑钢结构用钢材的性能和影响因素,熟悉钢材的选择、检验及验收方法等。

1.2.1 钢材的主要性能分析

1. 钢材在单向一次拉伸下的工作性能

图 1-2-1 给出了相应钢材的单调拉伸应力-应变曲线。由低碳钢和低合金钢的试验曲线看出,在比例极限 σ_p 以前钢材的工作是弹性的;比例极限以后,进入了弹塑性阶段;达到了屈服点 f_y 后,出现了一段纯塑性变形,也称为塑性平台;此后强度又有所提高,出现所谓自强阶段,直至产生颈缩而破坏。破坏时的残余延伸率表示钢材的塑性性能。调质处理的低合金钢没有明显的屈服点和塑性平台。这类钢的屈服点是以卸载后试件中残余应变为 0.2% 所对应的应力人为定义的,称为名义屈服点或 $f_{0.2}$。

由图 1-2-1 可以看到,屈服点以前的应变很小,如把钢材的弹性工作阶段提高到屈服点,且不考虑自强阶段,则可把应力-应变曲线简化为图 1-2-1 左侧所示的两条直线,称为理想弹塑性体的工作曲线。它表示钢材在屈服点以前应力与应变关系符合胡克定律,接近理想弹性体工作;屈服点以后塑性平台阶段又近似于理想的塑性体工作。这一简化,与实际误差不大,却大大方便了计算,成为钢结构弹性设计和塑性设计的理论基础。

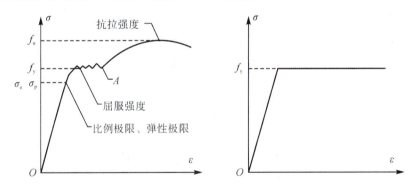

图 1-2-1 标准试件拉伸应力-应变曲线和钢材理想弹塑性的应力-应变曲线

图 1-2-2 为标准试件和 Q235 钢单向受拉应力-应变曲线。试验一般都是在标准条件下进行,即:试件的尺寸符合国家标准,表面光滑,没有孔洞、刻槽等缺陷;荷载分级逐次增加,直到试件破坏;室温为 20 ℃ 左右。

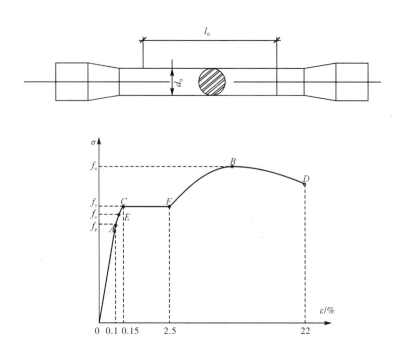

图 1-2-2 标准试件和 Q235 钢材的拉伸应力-应变曲线

拉伸曲线反映了钢材的力学特性，描述如下：

①弹性阶段（OAE 段）：OA 直线的斜率称为弹性模量 E，f_p 称为比例极限，f_e 称为弹性极限。

②弹塑性阶段（EC 段）：σ 与 ε 不呈比例，除弹性变形外还有塑性变形，f_y 称为屈服强度，又叫屈服点（yield point，材料力学中用 σ_s 表示）。

③屈服阶段（CF 段）：钢材完全屈服，σ 不增加（保持 f_y），而 ε 骤增。

④强化阶段（FB 段）：屈服阶段后，钢材内部组织重新排列，抵抗外力的能力增强。

⑤颈缩阶段（BD 段）：应力超过 f_u 后，试件出现"颈缩"而断裂，f_u 称为抗拉强度（tensile strength，材料力学中用 σ_b 表示）。

钢材的单调拉伸应力-应变曲线提供了三个重要的力学性能指标：抗拉强度 f_u、伸长率 δ 和屈服点 f_y。抗拉强度 A 是钢材一项重要的强度指标，它反映钢材受拉时所能承受的极限应力。伸长率 δ 是衡量钢材断裂前所具有的塑性变形能力的指标，以试件破坏后在标定长度内的残余应变表示。取圆试件直径的 5 倍或 10 倍为标定长度，其相应伸长率分别用 δ_5 或 δ_{10} 表示。屈服点 f_y 是钢结构设计中应力允许达到的最大限值，因为当构件中的应力达到屈服点时，结构会因过度的塑性变形而不适于继续承载。承重结构的钢材应满足相应国家标准对上述三项力学性能指标的要求。

断面收缩率 ψ 是试样拉断后，颈缩处横断面积的最大缩减量与原始横断面积的百分比，也是单调拉伸试验提供的一个塑性指标。ψ 越大，塑性越好。由单调拉伸试验还可以看出钢材的韧性好坏。韧性可以用材料破坏过程中单位体积吸收的总能量来衡量，包括弹性能和非弹性能两部分,其数值等于应力-应变曲线下的总面积,详见图 1-2-2。

$$\delta = \frac{l_1 - l_0}{l_0} \times 100\% \qquad \Psi = \frac{A_0 - A_1}{A_0} \times 100\% \qquad (1.2.1)$$

式中,l_0——试件拉伸前标距长度;

l_1——试件拉断后原标距间长度;

A_0——试件截面面积;

A_1——拉断后颈缩区的截面面积。

钢材的伸长率愈大,钢材塑性愈好。

2. 钢材的其他性能

1)冷弯性能

钢材的冷弯性能由冷弯试验确定。试验时,根据钢材的牌号和不同的板厚,按国家相关标准规定的弯心直径,在试验机上把试件弯曲180°(见图1-2-3),以试件表面和侧面不出现裂纹和分层为合格。冷弯试验不仅能检验材料承受规定的弯曲变形能力的大小,还能显示其内部的冶金缺陷,因此是判断钢材塑性变形能力和冶金质量的综合指标。焊接承重结构以及重要的非焊接承重结构采用的钢材,均应具有冷弯试验的合格保证。

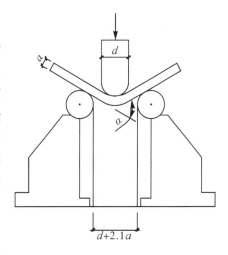

图 1-2-3 冷弯试验

2)冲击韧性

由单调拉伸试验获得的韧性没有考虑应力集中和动荷作用的影响,只能用来比较不同钢材在正常情况下的韧性好坏。冲击韧性也称缺口韧性是评定带有缺口的钢材在冲击荷载作用下抵抗脆性破坏能力的指标,通常用带有夏比V形缺口的标准试件做冲击试验(见图1-2-4),以击断试件所消耗的冲击功大小来衡量钢材抵抗脆性破坏的能力。冲击韧性也叫冲击功。

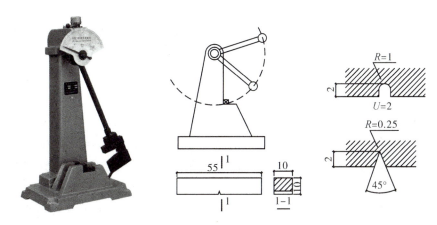

图 1-2-4 冲击韧性试验和标准试件

试验表明,钢材的冲击韧性值随温度的降低而降低,但不同牌号和质量等级钢材的降低规律又有很大的不同。因此,在寒冷地区承受动力作用的重要承重结构,应根据其工作温度和所用钢材牌号,对钢材提出相当温度下的冲击韧性指标的要求,以防脆性破坏发生。

$$\alpha_K = \frac{A_K}{A}(\text{N} \cdot \text{m/cm}^2) \tag{1.2.2}$$

式中,α_K ——冲击韧性值;

A_K ——试验机的冲击功,N·m;

A ——缺口处净截面面积,cm²。

3. 钢材的破坏形式

钢材有两种完全不同的破坏形式:塑性破坏和脆性破坏。钢结构所用的钢材在正常使用条件下,虽然有较高的塑性和韧性,但在某些条件下,仍然存在发生脆性破坏的可能性。

塑性破坏的主要特征是:破坏前具有较大的塑性变形,常在钢材表面出现明显的相互垂直交错的锈迹剥落线。只有当构件中的应力达到抗拉强度后才会发生破坏,破坏后的断口呈纤维状,色泽发暗。由于塑性破坏前总有较大的塑性变形发生,且变形持续时间较长,容易被发现和抢修加固,因此不易发生严重后果。钢材塑性破坏前的较大塑性变形能力,可以实现构件和结构中的内力重分布,钢结构的塑性设计就是建立在这种足够的塑性变形能力上。

脆性破坏的主要特征是:破坏前塑性变形很小,或根本没有塑性变形,而突然迅速断裂。破坏后的断口平直,呈有光泽的晶粒状或有人字纹。由于破坏前没有任何预兆,破坏速度又极快,无法察觉和补救,而且一旦发生常引发整个结构的破坏,后果非常严重,因此在钢结构的设计、施工和使用过程中,要特别注意防止这种破坏的发生。

1.2.2 钢材性能的影响因素

1)化学成分的影响

钢材中的主要化学成分是铁(Fe,在碳素结构钢中约占99%),其余的元素仅以少量出现,有碳(C)、硅(Si)、锰(Mn)、磷(P)、硫(S)、氧(O)、氮(N)、钛(Ti)、钒(V)。

(1)碳:碳是决定钢材性能的最重要元素。随着含碳量的提高,钢的强度逐渐增高,但塑性和韧性下降,冷弯性能、焊接性能和抗锈蚀性能等也变差。

碳素钢按碳的含量区分,小于0.25%的为低碳钢,介于0.25%和0.6%之间的为中碳钢,大于0.6%的为高碳钢。含碳量超过0.3%时,钢材的抗拉强度很高,但却没有明显的屈服点,且塑性很小。含碳量超过0.2%时,钢材的焊接性能将开始恶化。

因此,规范推荐的钢材,含碳量均不超过0.22%,对于焊接结构则严格控制在0.2%以内。

(2)硅:硅是作为脱氧剂存在钢中,是钢中的有益元素。硅含量较低(小于1.0%)时,能提高钢材的强度,而对塑性和韧性无明显影响。

(3)锰:锰在炼钢时被用来脱氧去硫,是钢中的有益元素。锰具有很强的脱氧去硫能力,能消除或减轻氧、硫所引起的热脆性,能提高钢材的强度和硬度。

(4)磷:磷是钢中有害元素。随着磷含量的增加,钢材的强度、屈强比、硬度均提高,而塑性和韧性显著降低。特别是温度愈低,对塑性和韧性的影响愈大,加大钢材的冷脆性。

(5)硫:硫是钢中的有害元素。硫的存在会加大钢材的热脆性,降低钢材的各种机械性能,也使钢材的可焊性、冲击韧性、耐疲劳性和抗腐蚀性等均降低。

(6)氧:氧是钢中的有害元素。随着氧含量的增加,钢材的强度有所提高,但塑性特别是韧性显著降低,可焊性变差。氧的存在会造成钢材的热脆性。

(7)氮:氮对钢材性能的影响与碳、磷相似,随着氮含量的增加,可使钢材的强度提高,但塑性特别是韧性显著降低,可焊性变差,冷脆性加剧。氮在铝、铌、钒等元素的配合下可以减少其不利影响,改善钢材性能,可作为低合金钢的合金元素使用。

(8)钛:钛是强脱氧剂。钛能显著提高强度,改善韧性、可焊性,但稍降低塑性。钛是常用的微量合金元素。

(9)钒:钒是弱脱氧剂。钒加入钢中可减弱碳和氮的不利影响,有效地提高强度,但有时也会增加焊接淬硬倾向,钒也是常用的微量合金元素。

2)钢材的焊接性能

钢材的焊接性能受含碳量和合金元素含量的影响。当含碳量在 0.12%~0.20% 时,碳素钢的焊接性能最好;含碳量超过上述范围时,焊缝及热影响区容易变脆。

一般 Q235A 的含碳量较高,且含碳量不作为交货条件,因此这一牌号通常不能用于焊接构件。而 Q235B、Q235C、Q235D 的含碳量控制在上述的适宜范围之内,是适合焊接使用的普通碳素钢牌号。

钢材焊接性能的优劣除了与钢材的碳当量有直接关系之外,还与母材厚度、焊接方法、焊接工艺参数以及结构形式等条件有关。目前,国内外都采用可焊性试验的方法来检验钢材的焊接性能,从而制订重要结构和构件的焊接制度和工艺。

3)钢材的硬化

钢材加载到屈服点以后卸载,然后再次加载,会使钢材的屈服强度提高,弹性范围加大,而塑性降低的现象称为钢材的硬化。

钢材的硬化有三种情况:时效硬化、冷作硬化(或应变硬化)和应变时效硬化。

时效硬化是随着时间的推移出现的硬化。钢材内部的氮逐渐从铁中析出形成自由的氮化物,阻止了晶粒之间的滑移,从而约束了钢材的塑性发展。

冷作硬化是钢材在常温下冷加工(拉、拔、弯、冲切等)过程中发生的硬化。

4)应力集中的影响

当构件截面有突变(孔洞、缺口等)时,截面应力分布将不再均匀,突变处将产生高于平均应力 3~4 倍的局部高峰应力。这种现象称为应力集中,如图 1-2-5 所示。

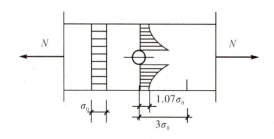

图 1-2-5　缺口处应力集中分布

5) 荷载类型的影响

荷载可分为静力和动力两大类。静力荷载中的永久荷载属于一次加载，活荷载可看作重复加载。动力荷载中的冲击荷载属于一次快速加载，吊车梁所受的吊车荷载以及建筑结构所承受的地震作用则属于连续交变荷载，或称循环荷载。

6) 温度的影响

温度升高时钢材的强度和弹性模量变化的总趋势是降低的，但在 150 ℃ 以下时变化不大。当温度在 250 ℃ 时，钢材的抗拉强度有较大提高，同时塑性、韧性变差，发生所谓的"蓝脆"破坏。当温度超过 300 ℃ 后，其强度和弹性模量开始显著下降，而塑性开始显著增大，钢材产生徐变。达到 600 ℃ 时，强度几乎为零。

温度下降到负温时，钢材的强度虽有提高，但塑性、韧性降低，脆性增加，出现脆性转变温度。

1.2.3　建筑钢材的类别及选用

1. 建筑用钢的种类

我国的建筑用钢主要为碳素结构钢和低合金高强度结构钢两种，优质碳素结构钢在冷拔碳素钢丝和连接用紧固件中也有应用。另外，厚度方向性能钢板、焊接结构用耐候钢、铸钢等在某些情况下也有应用。

1) 碳素结构钢

按国家标准《碳素结构钢》(GB/T 700—2006)生产的钢材共有 Q195、Q215、Q235、Q255 和 Q275 五种，板材厚度不大于 16 mm，塑性、韧性均较好。该牌号钢材又根据化学成分和冲击韧性的不同划分为 A、B、C、D 共 4 个质量等级，按字母顺序由 A 到 D，表示质量等级由低到高。"F"代表沸腾钢，"b"代表半镇静钢，符号"Z"和"TZ"分别代表镇静钢和特种镇静钢。在具体标注时"Z"和"TZ"可以省略。例如 Q235B 代表屈服点为 235 N/mm² 的 B 级镇静钢。

2) 低合金高强度结构钢

按国家标准《低合金高强度结构钢》(GB/T 1591—2018)生产的钢材共有 Q295、Q345、Q390、Q420 和 Q460 五种牌号，板材厚度不大于 16 mm 的相应牌号钢材的屈服点分别为 295、

345、390、420 和 460 N/mm²。这些钢的含碳量不大于 0.20%,强度的提高主要依靠添加少量几种合金元素来达到,合金元素的总量低于 5%,故称为低合金高强度钢。其中 Q345、Q390 和 Q420 均按化学成分和冲击韧性划分为 A、B、C、D、E 共 5 个质量等级,字母顺序越靠后钢材质量越高。这三种牌号的钢材均有较高的强度和较好的塑性、韧性、焊接性能,被规范选为承重结构用钢。

3)优质碳素结构钢

优质碳素结构钢与碳素结构钢的区别在于钢中含杂质元素较少,磷、硫等有害元素的含量均不大于 0.035%,其他缺陷的限制也较严格,具有较好的综合性能。

4)其他建筑用钢

在某些情况下,要采用一些有别于上述牌号的钢材时,其材质应符合国家的相关标准。例如,当焊接承重结构为防止钢材的层状撕裂而采用 Z 向钢时,应符合《厚度方向性能钢板》(GB/T 5313—2010)的规定。

2. 钢材规格

钢结构所用钢材主要为热轧成型的钢板和型钢,以及冷加工成型的冷轧薄钢板和冷弯薄壁型钢等。为了减少制作工作量和降低造价,钢结构的设计和制作者应对钢材的规格有较全面的了解。

1)钢板

钢板有厚钢板、薄钢板、扁钢(或带钢)之分。厚钢板常用做大型梁、柱等实腹式构件的翼缘和腹板,以及节点板等;薄钢板主要用来制造冷弯薄壁型钢;扁钢可用做焊接组合梁、柱的翼缘板、各种连接板、加劲肋等,钢板截面的表示方法为在符号"—"后加"宽度×厚度",如—200 mm×20 mm等。钢板的供应规格如下:

厚钢板:厚度 4.5～60 mm,宽度 600 mm～3000 mm,长度 4～12 m;

薄钢板:厚度 0.35～4 mm,宽度 500～1500 mm,长度 0.5～4 m;

扁钢:厚度 4～60 mm,宽度 12～200 mm,长度 3～9 m。

2)热轧型钢

常用的有角钢、工字钢、槽钢等,见图 1-2-6。

角钢分为等边(等肢)的和不等边(不等肢)的两种,主要用来制作桁架等格构式结构的杆件和支撑等连接杆件。角钢型号的表示方法为在符号"L"后加"长边宽×短边宽×厚度"(对不等边角钢,如L125×80×8),或加"边长×厚度"(对等边角钢,如L125×8)。目前我国生产的角钢最大边长为 200 mm,角钢的供应长度一般为 4～19 m。

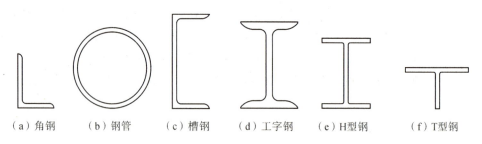

(a) 角钢　　(b) 钢管　　(c) 槽钢　　(d) 工字钢　　(e) H 型钢　　(f) T 型钢

图 1-2-6　热轧型钢

工字钢有普通工字钢、轻型工字钢和 H 型钢三种。

普通工字钢的型号用符号"I"后加截面高度的厘米数来表示,20 号以上的工字钢,又按腹板的厚度不同,分为 a、b 或 a、b、c 等类别,例如 I20a 表示高度为 200 mm,腹板厚度为 a 类的工字钢。

H 型钢与普通工字钢相比,其翼缘板的内外表面平行,便于与其他构件连接。H 型钢的基本类型可分为宽翼缘(HW)、中翼缘(HM)及窄翼缘(HN)三类。还可剖分成 T 型钢供应,代号分别为 TW、TM、TN。H 型钢和相应的 T 型钢的型号分别为代号后加"高度 H×宽度 B×腹板厚度 t_1×翼缘厚度 t_2",例如 HW400×400×13×21 和 TW200×400×13×21 等。宽翼缘和中翼缘 H 型钢可用于钢柱等受压构件,窄翼缘 H 型钢则适用于钢梁等受弯构件。

槽钢有普通槽钢和轻型槽钢两种。适于作檩条等双向受弯的构件,也可用其组成组合或格构式构件。槽钢的型号与工字钢相似,例如 I32a 指截面高度 320 mm,腹板较薄的槽钢。目前国内生产的最大型号为 I40c。供货长度为 5～19 m。

钢管有无缝钢管和焊接钢管两种。由于回转半径较大,常用作桁架、网架、网壳等平面和空间格构式结构的杆件;在钢管混凝土柱中也有广泛的应用。型号可用代号"D"后加"外径 d×壁厚 t"表示,如 D180×8 等。

3) 冷弯薄壁型钢

采用 1.5～6 mm 的钢板经冷弯和辊压成形的型材,或采用 0.4～1.6 mm 的薄钢板经辊压成型的压型钢板,其截面形式和尺寸均可按受力特点合理设计,能充分利用钢材的强度、节约钢材,在国内外轻钢建筑结构中被广泛地应用。

3. 钢材的选择

1) 钢材选用原则和建议

钢材的选用既要确保结构物的安全可靠,又要经济合理,必须慎重对待。为了保证承重结构的承载能力,防止在一定条件下出现脆性破坏,应根据结构的重要性、荷载特征、连接方法、工作环境、应力状态和钢材厚度等因素综合考虑,选用合适牌号和质量等级的钢材。

一般而言,对于直接承受动力荷载的构件和结构(如吊车梁、工作平台梁或直接承受车辆荷载的栈桥构件等)、重要的构件或结构(如桁架、屋面楼面大梁、框架横梁及其他受拉力较大的类似结构和构件等)、采用焊接连接的结构,以及处于低温下工作的结构,应采用质量较高的钢材。

对承受静力荷载的受拉及受弯的重要焊接构件和结构,宜选用较薄的型钢和板材构成;当选用的型材或板材的厚度较大时,宜采用质量较高的钢材,以防钢材中较大的残余拉应力和缺陷等与外力共同作用形成三向拉应力场,引起脆性破坏。

承重结构采用的钢材应具有抗拉强度、伸长率、屈服强度和硫、磷含量的合格保证,对焊接结构尚应具有含碳量的合格保证。焊接承重结构以及重要的非焊接承重结构采用的钢材,还应具有冷弯试验的合格保证。

为了简化订货,选择钢材时要尽量统一规格,减少钢材牌号和型材的种类,还要考虑市场的供应情况和制造厂的工艺可能性。对于某些拼接组合结构(如焊接组合梁、桁架等)可以选用两种不同牌号的钢材,受力大、由强度控制的部分(如组合梁的翼缘、桁架的弦杆等),用强度高的钢材;受力小、由稳定控制的部分(如组合梁的腹板、桁架的腹杆等),用强度低的钢材,可达到经济合理的目的。

2)国内外钢材的互换问题

随着经济全球化时代的到来,不少国外钢材进入了中国的建筑领域。由于各国的钢材标准不同,在使用国外钢材时,必须全面了解不同牌号钢材的质量保证项目,包括化学成分和机械性能,检查厂家提供的质保书,并应进行抽样复验,其复验结果应符合现行国家产品标准和设计要求,方可与我国相应的钢材进行代换。

1.2.4 钢材的检验及验收

1. 一般要求

钢结构工程采用的钢材,都应具有质量证明书,当对钢材的质量有疑义时,可按国家现行有关标准的规定进行抽样检验。钢材通用的检验项目、取样数量和试验方法参见表1-2-1。钢材应成批进行验收,每批由同一牌号、同一尺寸、同一交货状态组成,重量不得大于60 t。有A级钢或B级钢允许同一牌号、同一质量等级、同一冶炼和浇筑方法、不同炉罐号组成混合批,但每批不得多于6个炉罐号,且每炉罐号含碳量之差不得大于0.02%,含锰量之差不得大于0.15%。

表1-2-1 钢材通用检验项目规定

序号	检验项目	取样数量/个	取样方法	试验方法参考
1	化学分析	1(每炉罐号)	GB 222	GB 223
2	拉伸	1	GB 2975	GB 228、GB 6397
3	弯曲	1	GB 2975	GB 232
4	常温冲击	3	GB 2975	GB/T 229
5	低温冲击	3	GB 2975	GB/T 229

符合下列情况的,钢结构工程用的钢材须同时具备材质质量保证书和试验报告:

①国外进口的钢材;

②钢材不同批次混淆；

③钢材质量保证书的项目少于设计要求(应提供缺少项目对应的试验报告单)；

④设计有特殊要求的钢结构用钢材。

2. 钢材性能复验

1) 化学成分分析

化学成分复试是钢材复试中的常见项目，对钢厂生产能力有怀疑，钢材表面铭牌标记不清，钢号不明时一般都要取样做化学成分分析。

按国家标准规定，复验属于成品分析，试样必须在钢材具有代表性的部位采取。化学分析用试样样屑，可以钻取、刨取或用其他工具机制取。采样时严禁接触油类，防止油类中的碳使复试结果发生偏差；为防止浮锈物和表面脱碳等影响试验结果，必须去除钢材表面锈蚀或氧化铁皮并有足够的深度。

2) 钢材性能试验

钢材性能复试项目中主要是力学性能和工艺性能复试。由于钢材轧制方向等方面原因，钢材各个部位的性能不尽相同，按标准规定截取试样才能正确反映钢材的性能。

(1) 试样切取位置。

①板材试样。对钢板和宽度大于或等于 400 mm 的扁钢，应在距离一边约 1/4 板宽位置切取。

②型材试样。球扁钢、T 型钢、角钢、槽钢、工字钢等类型钢的切取部位见图 1-2-7。

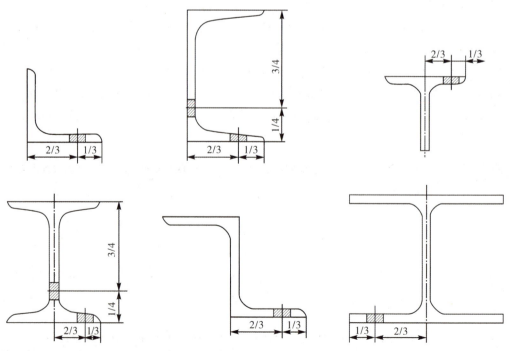

图 1-2-7 各种型材试样切取位置

③管材试样。对于外径小于 30 mm 的钢管,应取整个管段作试样;当外径大于 30 mm 时,应剖管取纵向或横向试样;对大口径钢管,其壁厚小于 8 mm 时,应取条状试样;当壁厚大于 8 mm 时,也可加工成圆形比例试样,见图 1-2-8。

(a) 全横截面试样　　　　　　　　(b) 矩形横截面试样

图 1-2-8　管材试样切取位置

(2) 试样切取方法。

①拉伸试样。板材试样主轴线与最终轧制方向垂直;型钢试样主轴线与最终轧制方向平行。

②冲击试样。纵向冲击试样主轴线与最终轧制方向平行;横向冲击试样主轴线与最终轧制方向垂直。

(3) 试验方法。

①钢材拉伸试验应符合国家标准《金属材料室温拉伸实验方法》(GB/T 228-2016)的规定。

②钢材冲击试验应符合国家标准《金属材料夏比摆锤冲击试验方法》(GB/T 229-2007)的规定。

③钢材弯曲试验应符合国家标准《金属弯曲试验方法》(GB 232-88)的规定。

3. 试验取样数量

常用钢材化学成分分析和钢材性能试验取样数量见表 1-2-2。

表 1-2-2　钢材化学成分分析和钢材性能试验取样数量

检验项目标准名称及标准号	化学成分	拉伸试验	弯曲试验	常温冲击	低温冲击	时效冲击	表面	厚度方向性能	超声波探伤
碳素结构钢 GB/T 700-2006	1/每炉罐号	1/批	1/批	3/批	3/批	—	—	—	—
优质碳素结构钢 GB/T 699-2005	1/每炉罐号	2/批	—	2/批	—	—	—	—	—
低合金高强度结构钢 GB/T 1591-2018	1/每炉罐号	1/批	1/批	3/批	3/批	—	—	—	—

续表

检验项目 标准名称及标准号	化学成分	拉伸试验	弯曲试验	常温冲击	低温冲击	时效冲击	表面	厚度方向性能	超声波探伤
耐候结构钢 GB/T 4172—2008	1/每炉罐号	1/批	1/批	3/批	—	—	—	—	—
高耐候结构钢 GB/T 4171—2008	1/每炉罐号	1/批	1/批	3/批	—	—	—	—	—
桥梁用结构钢 GB/T 714—2015	1/每炉罐号	1/批	1/批	3/批	—	2/批	逐张	—	—
高层建筑用钢板 YB 4104—2000	1/每炉罐号	1/批	1/批	3/批	—	—	—	3/批	逐张

4. 钢材的验收

钢材的验收是保证钢结构工程质量的重要环节,应该按照规定执行。钢材验收应达到以下要求:

①钢材的品种和数量是否与订货单一致。

②钢材的质量保证书是否与钢材上打印的记号相符。

③核对钢材的规格尺寸,测量钢材尺寸是否符合标准规定,尤其是钢板厚度的偏差。

④钢材表面质量检验,表面不允许有结疤、裂纹、折叠和分层等缺陷,钢材表面的锈蚀深度不得超过其厚度负偏差值的一半,有以上问题的钢材应另行堆放,以便研究处理。

任务实施

1. 工作任务

常温、静载下进行钢材轴向拉伸试验,掌握钢材的受力性能和特点,掌握如屈服强度、抗拉强度、断面收缩率等力学性能指标的计算方法。

2. 实施过程

1)资料查询

利用在线开放课程、网络资源等查找相关资料,收集钢材力学性能试验机相关资料。

2)引导文

(1)填空题。

①Q235B.F 是钢结构中最常用钢种之一,其屈服强度为_____,质量等级为_____,脱氧方法为_____,与其相匹配的手工电弧焊条是_____。

②钢结构中常用钢材的种类有_____、_____、专用结构钢、Z 向钢和耐候钢。

③钢结构对钢材的要求是_____、_____和_____。

④钢材的两种破坏形式为_____和_____。

⑤符号 HW 400×400×13×21 表示_____。

⑥钢材的化学成分中属于有利元素的有_____,不利元素的有_____。

⑦钢材的强度指标是_____、_____。

⑧钢材的主要力学性能是指钢材的_____、_____、_____、_____和_____。

⑨Q235 钢号中的质量等级 A 到 D,表示质量的由_____到_____,质量高低主要是以对_____的要求划分。

⑩碳对钢材性能的影响很大,一般来说随着含碳量的提高,钢材的塑性和韧性逐渐_____。

(2)选择题。

①随着钢材厚度的增加,下列说法正确的是(　　)。

A. 钢材的抗拉、抗压、抗弯、抗剪强度均下降

B. 钢材的抗拉、抗压、抗弯、抗剪强度均有所提高

C. 钢材的抗拉、抗压、抗弯强度提高,而抗剪强度下降

D. 钢号而定

②当温度 $T>600$ ℃时,钢材材料性能的变化是(　　)。

A. 强度很低,变形增大　　　　　　B. 强度很低,变形减小

C. 强度很高,变形减小　　　　　　D. 强度很高,变形增大

③在结构发生断裂破坏之前,有明显先兆的情况是(　　)的典型特征。

A. 脆性破坏　　　　B. 塑性破坏　　　　C. 强度破坏　　　　D. 稳定破坏

④钢结构的缺点有(　　)。

A. 轻质高强　　　　B. 材质均匀　　　　C. 易腐蚀　　　　D. 施工周期短

⑤钢材的塑性指标为(　　)。

A. δ_2　　　　B. δ_{10}　　　　C. δ_0　　　　D. δ_1

⑥建筑钢材主要的钢种有(　　)。

A. 热轧型钢　　　　B. 碳素钢　　　　C. 冷弯薄壁型钢　　　　D. 不锈钢

⑦符号 L 125×80×10 表示(　　)。

A. 等肢角钢　　　　B. 不等肢角钢　　　　C. 钢板　　　　D. 槽钢

⑧体现钢材塑性性能的指标是(　　)。

A. 屈服强度　　　　B. 强屈比　　　　C. 延伸率　　　　D. 抗拉强度

⑨钢结构采用的钢材应具有的性能(　　)。

A. 较好的抗拉强度　　　　　　　　B. 良好的加工性能
C. 低廉的价格　　　　　　　　　　D. 塑性和韧性没有要求

(3) 简答题。
① 简述建筑钢结构用钢材的性能要求。

② 简述建筑钢结构用钢材的影响因素。

③ 简述建筑钢材的品种及规格。

④ 简述建筑钢材的取样及验收。

3) 任务实施
① 了解试验机的性能；
② 根据钢材的类型,选取试样的形状、尺寸；
③ 预估材料的抗拉强度,估算最大拉力；
④ 测定试样原始横截面积；
⑤ 在试样的原始标距长度范围内用划线机；
⑥ 选用与试样相适应的夹具,安装试样；
⑦ 试验加载；

⑧测量试件；

⑨数据整理并计算钢材的力学性能指标。

注意事项：

①根据估算最大拉力的40%～80%作为量程，以选择合适的试验机；

②用划线机等分10个分格点，并确定标距的端点，以便观察标距范围内沿轴向变形的情况和试样破坏后测定断后延伸率；

③测定试样原始横截面面积时，应在标距的两端及中间处的两个相互垂直的方向上各测一次横截面直径，取其算术平均值，选用三处测得的直径最小值，并以此值计算横截面面积；

④安装试样时，应快速调节万能试验机的夹头位置，将指针调零，并将自动绘图装置调好。经指导教师检查后即可开始试验；

⑤在试验加载过程中，要均匀缓慢地进行加载。对于低碳钢试样的拉伸试验，要注意观察拉伸过程四个阶段中的各种现象。并记下屈服载荷值、最大载荷值。对于高强钢试样，只需测定其最大载荷值，试样被拉断后立即停机，并取下试样；

⑥对于拉断后的试样，应分别测量断裂后的标距和颈缩处的最小直径；

⑦按照国标GB/T 228中的规定测定标距时，将试样断裂后的两段在断口处紧密地对接起来，直接测量原标距两端的距离。测定断面收缩率时，在试样颈缩最小处两个相互垂直的方向上测量其直径，取其算术平均值计算其断面收缩率。

知识拓展

为什么2019年国家在政策上开始强调装配式钢结构？

政策原因对于装配式钢结构的发展及其重要，国家对钢结构的政策从节约用钢、合理用钢转向鼓励用钢，这为钢结构建筑的发展提供了有力保证。

2019年推广装配式钢结构的原因在于：

①钢结构全装配式住宅体系在农村或偏远郊区有独一无二的优势。钢材相对于混凝土重量轻，运输较为方便，部分农村公路等级较低难以承受运输混凝土墙板的卡车。钢结构干作业法施工更为方便，不需要打地基，同时也能做到完全的螺栓连接，技术要求不高，而预制混凝土连接需要难度较大的灌浆套筒技术。虽然钢结构具有易腐蚀、隔音差等问题，但对于农村低层住宅而言影响不大。

②钢结构于混凝土结构越来越具有替代的作用。这一点主要表现在：钢结构污染治理成本较低，土建项目在施工现场产生的粉尘较多，是可吸附颗粒物的重要来源之一。国家为了环保而开始控制水泥的产量，进而导致水泥成本上升，钢材价格反而处于一个相对稳定的状态，预制混凝土结构原材料成本上升。由于建筑业是一个劳动力聚集型行业，劳动力成本在土建项目里的占比较高，钢结构现场施工周期较混凝土结构短，劳动力成本较低。

③目前市场上采用装配式预制混凝土结构的住宅占比已经较高,但套筒灌浆工艺存在安全性能不完善的问题,在快速发展中需要重新放慢脚步去论证。钢结构采用焊接、螺栓连接,不存在安全方面的问题,同时钢结构经过20多年的发展,不再是一个新型的建筑结构,大部分设计院目前都有钢结构设计人员,这就为钢结构的普及提供了必要的条件。因此政府开始从政策上引导装配式钢结构的发展。这次应对疫情也证明在一些公共建筑的建设上钢结构的优势十分明显。

④自2015年末实施供给侧改革后,钢材社会库存量仍处于高位,推广具有市场广阔应用前景和具有自主知识产权的装配式钢结构建筑体系和钢结构住宅体系可以解决过剩产能,引导市场消费,推动钢结构建筑在我国的大面积推广和使用。

因此,在政策和自身特性下,装配式钢结构住宅体系在农村大有可为,其次在PC结构竖向套筒灌浆技术尚存在安全隐患的问题下,城市也应该适当增加钢结构公共建筑和住宅的比例。

任务3　钢结构连接及检测

任务描述

钢结构连接常用焊缝连接、螺栓连接或铆钉连接。就建筑钢结构而言,其多采用焊缝连接和螺栓连接。

因此,需要掌握焊缝连接的焊接方法、构造要求、质量检验及强度验算等,掌握螺栓连接的构造要求、质量检验及强度验算等。

知识学习

1.3.1　焊接连接

1. 手工电弧焊用焊接材料

手工电弧焊是利用电弧产生的热量熔化被焊金属的一种手工操作焊接方法。由于它所需的设备简单,操作灵活,对空间不同位置、不同接头形成的焊缝均能方便地进行焊接,因此,目前它仍被广泛使用,见图1-3-1。

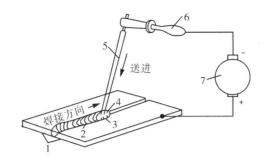

1—工件；2—焊缝；3—熔池；4—电弧；5—焊条；6—焊钳；7—电焊机。

图 1-3-1 手工电弧焊焊接过程

依靠电弧的热量进行焊接的方法称为电弧焊，手工电弧焊是用手工操作焊条进行焊接的一种电弧焊，是钢结构焊接中最常用的方法。焊条和焊件就是两个电极，产生电弧，电弧产生大量的热量，熔化焊条和焊件，焊条端部熔化形成熔滴，过渡到熔化的焊件的母材上融合，形成熔池并进行一系列复杂的物理——冶金反应。随着电弧的移动，液态熔池逐步冷却、结晶，形成焊缝。在高温作用下，冷敷于电焊条钢芯上的药皮熔融成熔渣，覆盖在熔池金属表面，它不仅能保护高温的熔池金属不与空气中有害的氧、氮发生化学反应，并且还能参与熔池的化学反应和渗入合金等，在冷却凝固的金属表面，形成保护渣壳。

手工焊的焊接材料为电焊条，它由钢芯和包在钢芯外的药皮组成。

（1）钢芯。

钢芯（焊芯）的作用主要是导电，并在焊条端部形成具有一定成分的熔敷金属。焊芯可用各种不同的钢材制造。焊芯的成分直接影响熔敷金属的成分和性能，因此，要求焊芯尽量减少有害元素的含量，除了限制 S、P 外，有些焊条已要求焊芯控制 As、Sb、Sn 等元素。

（2）药皮。

焊条药皮又可称为涂料，把它涂在焊芯上主要是为了便于焊接操作，以及保证熔敷金属具有一定的成分和性能。焊条药皮可以采用氧化物、碳酸盐、硅酸盐、有机物、氟化物、铁合金及化工产品等上百种原料粉末，按照一定的配方比例混合而成。各种原料根据其在焊条药皮中的作用，可分成下列几类：

稳定剂：使焊条容易引弧及在焊接过程中能保持电弧稳定燃烧。凡易电离的物质均能稳弧。一般采用碱金属及碱土金属的化合物，如碳酸钾、碳酸钠、大理石等。

造渣剂：焊接时能形成具有一定物理化学性能的熔渣，覆盖在熔化金属表面，保护焊接熔池及改善焊缝成形。

脱氧剂：通过焊接过程中进行的冶金化学反应，以降低焊缝金属中的含氧量，提高焊缝机械性能。主要脱氧剂有锰铁、硅铁、钛铁等。

造气剂：在电弧高温作用下，能进行分解放出气体，以保护电弧及熔池，防止周围空气中的氧和氮的侵入。

合金剂:用来补偿焊接过程中合金元素的烧损及向焊缝过渡合金元素,以保证焊缝金属获得必要的化学成分及性能等。

增塑润滑剂:增加药皮粉料在焊条压涂过程的塑性、滑性及流动性,以提高焊条的压涂质量,减小偏心度。

黏结剂:使药皮粉料在压涂过程中具有一定的黏性,能与焊芯牢固地粘接,并使焊条药皮在烘干后具有一定的强度。

(3)电焊条的分类。

①按焊条的用途分类:通常焊条按用途可分为十大类,如表1-3-1所示。

表1-3-1 焊条大类的划分

序号	焊条大类	代号 拼音	代号 汉字
1	结构钢焊条	J	结
2	钼及铬钼耐热钢焊条	R	热
3	铬不锈钢焊条	G	铬
3	铬镍不锈钢焊条	A	奥
4	堆焊焊条	D	堆
5	低温钢焊条	W	温
6	铸铁焊条	Z	铸
7	镍及镍合金焊条	Ni	镍
8	铜及铜合金焊条	T	铜
9	铝及铝合金焊条	L	铝
10	特殊用途焊条	TS	特

注:焊条牌号的标注以拼音为主,如J422。

②按熔渣的碱度分类:通常可分为两大类,酸性焊条和碱性焊条。酸性焊条焊接工艺性能好,成形整洁,去渣容易,不易产生气孔和夹渣等缺陷。但由于药皮的氧化性较强,致使合金元素的烧损也大,焊缝金属的机械性能(尤其是冲击韧性)比较低。酸性焊条一般均可用交直流电源。典型的酸性焊条是J422。

碱性焊条焊接的焊缝机械性能良好,特别是冲击韧性比较高,因此主要用于重要结构的焊接。必须注意,由于氟化物的粉尘有害于焊工身体健康,应加强现场的通风排气,以改善劳动条件。典型的碱性焊条有J507。

③按焊条药皮的主要成分分类:焊条药皮由多种原料组成,按照药皮的主要成分可以确定焊条的药皮类型。例如,当药皮中含有30%以上的二氧化钛及20%以下的钙、镁的碳酸盐时,

就称为钛钙型。药皮类型分类见表1-3-2。

表1-3-2 焊条牌号中末位数字的意义

数字	药皮类型	特点	电源
1	氧化钛型(酸性)	焊接工艺性好,适用于各种位置焊接,特别适用于薄板焊接;焊缝金属塑性和抗裂性能较差	交流或直流
2	钛钙型(酸性)	焊接工艺性好,适用于各种位置焊接	
3	钛铁矿型(酸性)	焊接工艺性好,适用于各种位置焊接	
4	氧化铁型(酸性)	焊接工艺性较差,焊缝金属抗裂性能较好,适宜中厚板平焊、立焊及仰焊操作性能较差	
5	纤维素型(酸性)	焊接工艺性较差,焊缝金属抗裂性能良好,适用于含碳量较高的中厚板焊接、立焊及仰焊操作性能较差	
6	低氢型(碱性)	焊接工艺性一般,焊缝金属具有特别良好的抗热裂性能和机械性能,适宜于焊接重要结构	直流
7			

(4)电焊条牌号与型号。

①焊条牌号:

焊条牌号是对焊条产品的具体命名。它是根据焊条的主要用途及性能特点来命名的。每种焊条产品只有一个牌号,但多种牌号的焊条可以同时对应于一种型号。焊条牌号通常以一个汉语拼音字母(或汉字)与三位数字表示。

结构钢焊条:焊条牌号如J422,其中"J"表示结构钢焊条,第一、二位数字"42"则表示焊缝金属的抗拉强度等级(单位用MPa表示,数值乘以10),末位数字"2"表示药皮类型及焊接电源的种类,见表1-3-2。

奥氏体铬镍不锈钢焊条:焊条牌号如A132,其中"A"表示奥氏体不锈钢焊条;第一位数字表示焊缝金属主要化学成分组成等级,"1"等级表示含Cr量约为19%,含Ni量约为10%;第二位数字表示同一焊缝金属主要化学成分组成等级中的不同牌号、品种,以此来区别镍铬之外的其他成分的不同;末位数字表示药皮类型和焊接电源种类,见表1-3-2。

②焊条型号:

焊条型号是以焊条国家标准为依据、反映焊条主要特性的一种表示方法。焊条型号根据焊缝金属的力学性能、药皮类型、焊接位置和焊接电流种类划分。

碳钢焊条:型号如E4315,其中"E"表示焊条;前两位数字表示熔敷金属抗拉强度的最小值(单位用MPa表示,数值乘以10);第三位数字表示焊条的焊接位置,"0"及"1"表示焊条适用于全位置焊接(平、立、仰、横),"2"表示焊条适用于平焊及平角焊,"4"适用于向下立焊;第三位和第四位数字组合时表示焊接电流种类及药皮类型。

简要介绍常用的几种焊条:

a. E4303、E5003 型焊条

这类焊条为钛钙型。药皮中含30%以上的氧化钛和20%以下的钙或镁的碳酸盐矿,熔渣流动性良好,脱渣容易,电弧稳定,熔深适中,飞溅少,焊波整齐。这类焊条适用于全位置焊接,焊接电流为交流或直流正、反接,主要用于焊接较重要的碳钢结构。

b. E4315、E5015 型焊条

这两类焊条为低氢钠型,药皮的主要组成物是碳酸盐矿和萤石。其碱度较高,熔渣流动性好,焊接工艺性能一般,焊波较粗,角焊缝略凸,熔深适中,脱渣性较好,焊接时要求焊条干燥,并采用短弧焊。这类焊条可全位置焊接,焊接电源为直流反接,其熔敷金属具有良好的抗裂性和力学性能。主要用于焊接重要的低碳钢结构及与焊条强度相当的低合金钢结构,也被用于焊接高硫钢和涂漆钢。

c. E4316、E5016 型焊条

这两类焊条为低氢钾型,药皮在 E4315 和 E5015 型的基础上添加了稳弧剂,如铝镁合金或钾水玻璃等,其电弧稳定,工艺性能好,焊接位置与 E4315 和 E5015 型焊条相似,焊接电源为交流或直流反接。这类焊条的熔敷金属具有良好的抗裂性和力学性能。主要用于焊接重要的低碳钢结构,也可焊接与焊条强度相当的低合金钢结构。

低合金钢焊条:焊条型号如 E5018 - A1,低合金钢型号编制方法与碳钢焊条基本相同,但后缀字母为熔敷金属的化学成分分类代号,并以短横线"-"与前面数字分开。如还具有附加化学成分时,附加化学成分直接用元素符号表示,并用短横线"-"与前面后缀字母分开,举例如下:

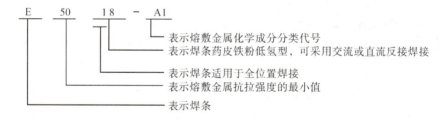

不锈钢焊条:焊条型号如 E308 - 15,字母 E 表示焊条,"E"后面的数字表示熔敷金属化学成分分类代号,如有特殊要求的化学成分,该化学成分用元素符号表示放在数字的后面,短横线"-"后面的两位数字表示焊条药皮类型、焊接位置及焊接电流种类,见表 1-3-3。

表 1-3-3 不锈钢焊条类型分类

焊条类型	焊接电流	焊接位置
EXXX(X)-17	直流反接	全位置
EXXX(X)-26		平焊、横焊
EXXX(X)-16	交流或直流反接	全位置
EXXX(X)-15		
EXXX(X)-25		平焊、横焊

举例如下：

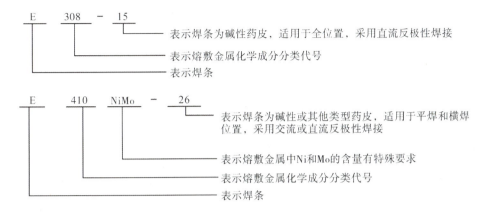

型号为 E308 的焊条，其代号"308"与美国、日本等工业发达国家的不锈钢材的牌号相同。世界上大多数工业国家都是将不锈钢焊条型号与不锈钢材代号相一致，这样有利于焊条的选择和使用，也便于进行国际交往。

2. 埋弧焊用焊接材料

埋弧焊是电弧在可熔化的颗粒状焊剂覆盖下燃烧的一种电弧焊。原理如下：向熔池连续不断送进的裸焊丝，既是金属电极，也是填充材料，电弧在焊剂层下燃烧，将焊丝、母材熔化而形成熔池。熔融的焊剂成为熔渣，覆盖在液态金属熔池的表面，使高温熔池金属与空气隔开。焊剂形成熔渣除了起保护作用外，还与熔化金属参与冶金反应，从而影响焊缝金属的化学成分。

埋弧焊示意图见图 1-3-2 和图 1-3-3，焊剂 2 由焊剂漏斗 3 流出后，均匀地堆敷在装配好的工件 1 上，焊丝 4 由送丝机构经送丝滚轮 5 和导电嘴 6 送入焊接电弧区。焊接电源的两端分别接在导电嘴和工件上。送丝机构、焊剂漏斗及控制盘通常都装在一台小车上以实现焊接电弧的移动。

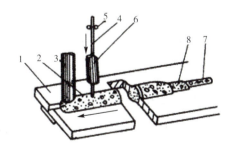

1—工件；2—焊剂；3—焊剂漏斗；4—焊丝；
5—送丝滚轮；6—导电嘴；7—焊缝；8—渣壳。

图 1-3-2 埋弧自动焊焊接过程

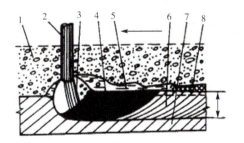

1—焊剂；2—焊丝；3—电弧；4—熔池金属；
5—熔渣；6—焊缝；7—工件；8—渣壳。

图 1-3-3 埋弧焊时焊缝的形成过程

焊接过程是通过操作控制盘上的按钮开关来实现自动控制的。焊接过程中，在工件被焊处覆盖着一层30～50 mm厚的粒状焊剂，连续送进的焊丝在焊剂层下与焊件间产生电弧，电弧的热量使焊丝、工件和焊剂熔化，形成金属熔池，使它们与空气隔绝。随着焊机自动向前移动，电弧不断熔化前方的焊件金属、焊丝及焊剂，而熔池后方的边缘开始冷却凝固形成焊缝，液态熔渣随后也冷凝形成坚硬的渣壳。未熔化的焊剂可回收使用。

埋弧焊用焊丝的作用相当于手工电弧焊焊条的钢芯。焊丝牌号的表示方法与钢号的表示方法类似，只是在牌号的前面加上"H"。强度钢用焊丝牌号如 H08、H08A、H10Mn2 等，H 后面的头两个数字表示焊丝平均含碳量的万分之几，焊丝中如果有合金元素，则将它们用元素符号依次写在碳含量的后面。当元素的含量在1%左右时，只写元素名称，不注含量；若元素含量达到或超过2%时，则依次将含量的百分数写在该元素的后面。若牌号最后带有 A 字，表示为硫、磷含量较少的优质焊丝。

埋弧焊用焊剂的作用相当于手工焊焊条的药皮。国产焊剂主要依据化学成分分类，其编号方法是在牌号前面加 HJ（焊剂），如 HJ431。牌号后面的第一位数字表示氧化锰的平均含量，如"4"表示含 MnO＞30%；第二位数字表示二氧化硅、氟化钙的平均含量，如"3"表示高硅低氟型（SiO_2＞30%，CaF_2＜10%）；末位数字表示同类焊剂的不同序号。

使用不同牌号的焊丝与焊剂搭配施焊，可以得到具有不同机械性能的焊缝金属。国家标准《埋弧焊用非合金钢及细晶粒钢实心焊丝、药芯焊丝和焊丝-焊剂组合分类要求》(GB/T 5293－2018)规定焊剂型号的表示方法如下：

例如型号为 HJ401－H08A 的焊剂，它表示这种埋弧焊用焊剂采用 H08A 焊丝按本标准所规定的焊接工艺参数焊接试板，其试样状态为焊态时，焊缝金属的抗拉强度为412～550 MPa，屈服强度不小于330 MPa，伸长率不小于22%，在 0 ℃时冲击值不小于34.3 J/cm^2。因此，焊剂的型号既告诉了我们应配用哪种焊丝，又向我们提供了焊缝金属的机械性能指标。

3. 焊条、焊丝及焊剂的选用

选用电焊条时考虑的因素较多，其最基本的要求是要能够形成机械性能与基体金属一致的焊缝；其次，在化学成分方面，如基体金属有一定合金成分的钢种，那么焊条也应符合或接近该钢种的要求；还应根据焊接位置及板厚确定药皮类型。

埋弧焊用焊丝及焊剂的选用同样应当考虑上述问题。

表1-3-4介绍常用钢号推荐选用的焊接材料，表1-3-5介绍不同钢号相焊推荐选用的焊接材料。

表 1-3-4 常用钢号推荐选用的焊接材料

钢号	手弧焊		埋弧焊		
	焊条		焊丝钢号	焊剂	
	型号	牌号		型号	牌号
Q235-A.F Q235-A 10,20	E4303	J422	H08H08Mn	HJ401-H08A	HJ431
20R、20HP、20g	E4316	J426	H08A H08MnA	HJ401-H08A	HJ431
	E4315	J427			
09Mn2V	E5515-C1	W707Ni	H08Mn2MoVA	—	HJ250
16Mn 16MnR 16MnRC	E5003	J502	H10MnSiH10Mn2	HJ401-H08A	HJ431
	E5016	J506		HJ402-H10Mn2	HJ350
	E5015	J507			
15MnV 15MnVR 15MnVRC	E5003	J502	H08MnMoA H10MnSi H10Mn2	HJ401-H08A	HJ431
	E5016	J506		HJ402-H10Mn2	HJ350
	E5015	J507			
	E5515-G	J557			
ICr18Ni9Ti	E308-16	A102	H0Cr20Ni10Ti	—	HJ260
	E308-15	A107			
	E347-16	A132			
	E347-15	A137			
0Cr19Ni9	E308-16	A102	—	—	—
	E308-15	A107			
0Cr18Ni9Ti	E347-16	A132	H0Cr20Ni10Ti	—	HJ260
	E347-15	A137			
0Cr18Ni11Ti	E347-16	A132	—	—	—
	E347-15	A137			
00Cr18Ni10	E308L-16	A002	H00Cr21Ni10	—	HJ260
00Cr19Ni11	E308L-16	A002	—	—	—
	E316L-16	A002	H0Cr20Ni14Mo3	—	HJ260
	E318-16	A212			
0Cr19Ni13Mo3	E317-16	A242	—	—	—
0Cr13	E410-16	G202	—	—	—
	E410-15	G207			

表1-3-5　不同钢号相焊推荐选用的焊接材料

类别	接头钢号	手弧焊 焊条		埋弧焊 焊丝钢号	焊剂	
		型号	牌号		型号	牌号
碳素钢、低合金钢和低合金钢相焊	Q235-A+16Mn	E4303	J422	H08、H08Mn	HJ401-H08A	HJ431
	20、20R+16MnR、16MnRc	E4315	J427	H08MnA	HJ401-H08A	HJ431
		E5015	J507			
	20R+20MnMo	E4315	J427	H08MnA	HJ401-H08A	HJ431
		E5015	J507			
	20R、Q235-A+15MnMoV	E4315	J427	—	—	—
		E5015	J507			
	Q235-A+18MnMo NbR	E4315	J427	H08A、H08MnA	HJ401-H08A	HJ431
		E5015	J507		HJ402-H10Mn2	HJ350
碳素钢、碳锰低合金钢和铬钼低合金钢相焊	Q235-A+15CrMo	E4315	J427	H08、H08MnA	HJ401-H08A	HJ431
	Q235-A+1Cr5Mo					
	16MnR+15CrMo	E5015	J507	—	—	—
其他钢号和奥氏体高合金钢相焊	Q235-A+0Cr18Ni9Ti	E309-16	A302	—	—	—
		E309MO-16	A312			
	20R+0Cr18Ni9Ti	E309-16	A302	—	—	—
		E309MO-16	A312			
	16MnR+0Cr18Ni9Ti	E309-16	A302	—	—	—
		E309MO-16	A312			

4. 焊接缺陷和质量检验

1）焊接缺陷

（1）焊接变形。

工件焊后一般都会产生变形，如果变形量超过允许值，就会影响使用。焊接变形的例子如图1-3-4所示。产生的主要原因是焊件不均匀地局部加热和冷却。因为焊接时，焊件仅在局部区域被加热到高温，离焊缝愈近，温度愈高，膨胀也愈大。但是，加热区域的金属因受到周围温度较低的金属阻止，却不能自由膨胀；而冷却时又由于周围金属的牵制不能自由地收缩。结果这部分加热的金属存在拉应力，而其他部分的金属则存在与之平衡的压应力。当这些应力超过金属的屈服极限时，将产生焊接变形；当超过金属的强度极限时，则会出现裂缝。

焊接变形可分为线性缩短、角变形、弯曲变形、扭曲变形、波浪形失稳变形等。

线性缩短：是指焊件收缩引起的长度缩短和宽度变窄的变形，分为纵向缩短和横向缩短。

角变形：是由于焊缝截面形状在厚度方向上不对称所引起的，在厚度方向上产生的变形。

波浪变形：大面积薄板拼焊时，在内应力作用下产生失稳而使板面产生翘曲成为波浪形变形。

扭曲变形：焊后构件的角变形沿构件纵轴方向数值不同及构件翼缘与腹板的纵向收缩不一致，综合而形成的变形形态。扭曲变形一旦产生则难以矫正。主要由于装配质量不好，工件搁置不正，焊接顺序和方向安排不当造成的，在施工中特别要引起注意。

构件和结构的变形使其外形不符合设计图纸和验收要求不仅影响最后装配工序的正常进行，而且还有可能降低结构的承载能力。如已产生角变形的对接和搭接构件在受拉时将引起附加弯矩，其附加应力严重时可导致结构的超载破坏。

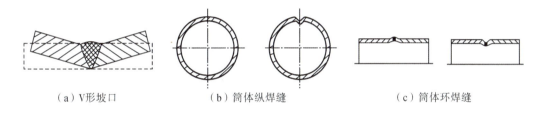

(a) V形坡口　　(b) 筒体纵焊缝　　(c) 筒体环焊缝

图1-3-4　焊接变形示意图

(2) 焊缝的外部缺陷。

以下五种缺陷存在于焊缝的外表，肉眼就能发现，并可及时补焊。如果操作熟练，一般是可以避免的，五种缺陷如图1-3-5所示。

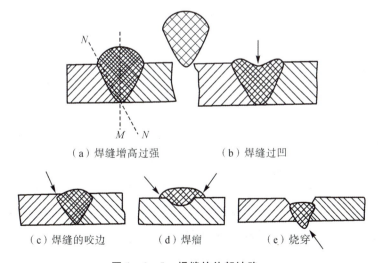

(a) 焊缝增高过强　　(b) 焊缝过凹

(c) 焊缝的咬边　　(d) 焊瘤　　(e) 烧穿

图1-3-5　焊缝的外部缺陷

焊缝增强过高：当焊接坡口的角度开得太小或焊接电流过小时，均会出现这种现象。焊件焊缝的危险平面已从 $M-M$ 平面过渡到熔合区的 $N-N$ 平面，由于应力集中易发生破坏，因此，为提高压力容器的疲劳寿命，要求将焊缝的增强高铲平。

焊缝过凹：因焊缝工作截面的减小而使接头处的强度降低。

焊缝咬边：在工件上沿焊缝边缘所形成的凹陷叫咬边。它不仅减少了接头工作截面，而且在咬边处造成严重的应力集中。

焊瘤：熔化金属流到熔池边缘未熔化的工件上，堆积形成焊瘤，它与工件没有熔合。焊瘤对静载强度无影响，但会引起应力集中，使动载强度降低。

烧穿：烧穿是指部分熔化金属从焊缝反面漏出，甚至烧穿成洞，它使接头强度下降。

(3) 焊缝的内部缺陷。

①未焊透：未焊透是指工件与焊缝金属或焊缝层间局部未熔合的一种缺陷。未焊透减弱了焊缝工作截面，造成严重的应力集中，大大降低接头强度，它往往成为焊缝开裂的根源。

未焊透缺陷产生的原因：坡口设计不良，间隙过小，操作不熟练等。

防止措施：选用合理的坡口形式，保证组对间隙，选用合适的规范参数，提高操作技术。

②夹渣：焊缝中夹有非金属熔渣，即称夹渣。夹渣减少了焊缝工作截面，造成应力集中，会降低焊缝强度和冲击韧性。

造成夹渣的原因有：多道焊层清理不干净；电流过小，焊接速度快，熔渣来不及浮出；焊条或焊炬角度不当，焊工操作不熟练，坡口设计不合理，焊条形状不良。

防止措施：彻底清理层间焊道；合理选用坡口，改善焊层成形，提高操作技术。

③气孔：焊缝金属在高温时，吸收了过多的气体（如 H_2）或由于熔池内部冶金反应产生的气体（如 CO），在熔池冷却凝固时来不及排出，而在焊缝内部或表面形成孔穴，即为气孔。气孔的存在减少了焊缝有效工作截面，降低接头的机械强度。若有穿透性或连续性气孔存在，会严重影响焊件的密封性。

气孔造成的主要原因：焊条、焊剂潮湿，药皮剥落；坡口表面有油、水、锈污等未清理干净；电弧过长，熔池面积过大；保护气体流量小，纯度低；焊炬摆动大，焊丝搅拌熔池不充分；焊接环境湿度大，焊工操作不熟练。

防止措施：不得使用药皮剥落、开裂、变质、偏心和焊芯锈蚀的焊条，对焊条和焊剂要进行烘烤；认真处理坡口；控制焊接电流和电弧长度；提高操作技术，改善焊接环境。

④裂纹：焊接过程中或焊接以后，在焊接接头区域内所出现的金属局部破裂叫裂纹。裂纹可能产生在焊缝上，也可能产生在焊缝两侧的热影响区。有时产生在金属表面，有时产生在金属内部。通常按照裂纹产生的机理不同，可分为热裂纹和冷裂纹两类。

2) 焊接的检验

对焊接接头进行必要的检验是保证焊接质量的重要措施。因此，工件焊完后应根据产品技术要求对焊缝进行相应的检验,凡是技术要求所不允许的缺陷,需及时进行返修。焊接质量的检验包括外观检查、无损探伤和机械性能试验三个方面。这三者是互相补充的,而以无损探伤为主。

(1)外观检查。

外观检查一般以肉眼观察为主,有时用5~20倍的放大镜进行观察。通过外观检查,可发现焊缝表面缺陷,如咬边、焊瘤、表面裂纹、气孔、夹渣及焊穿等。焊缝的外形尺寸还可采用焊口检测器或样板进行测量。

(2)无损探伤。

隐藏在焊缝内部的夹渣、气孔、裂纹等缺陷的检验。目前使用最普遍的是采用X射线检验,还有超声波探伤和磁力探伤。

X射线检验是利用X射线对焊缝照相,根据底片影像来判断内部有无缺陷、缺陷多少和类型。再根据产品技术要求评定焊缝是否合格。

超声波探伤的基本原理如图1-3-6所示。

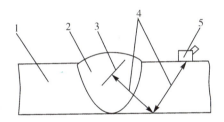

1—工件;2—焊缝;3—缺陷;4—超声波束;5—探头。

图1-3-6 超声波探伤原理示意图

超声波束由探头发出,传到金属中,当超声波束传到金属与空气界面时,它会发生折射而通过焊缝。如果焊缝中有缺陷,超声波束就反射到探头而被接受,这时荧光屏上就出现了反射波。根据这些反射波与正常波比较、鉴别,就可以确定缺陷的大小及位置。超声波探伤比X光照相简便得多,因而得到广泛应用。但超声波探伤往往只能凭操作经验作出判断,而且不能留下检验根据。

对于离焊缝表面不深的内部缺陷和表面极微小的裂纹,还可采用磁力探伤。

(3)水压试验和气压试验。

对于要求密封性的受压容器,须进行水压试验和(或)进行气压试验,以检查焊缝的密封性和承压能力。其方法是向容器内注入1.25~1.5倍工作压力的清水或等于工作压力的气体(多数用空气),停留一定的时间,然后观察容器内的压力下降情况,并在外部观察有无渗漏现象,根据这些可评定焊缝是否合格。

(4)焊接试板的机械性能试验。

无损探伤可以发现焊缝内在的缺陷,但不能说明焊缝热影响区的金属的机械性能如何,因此有时对焊接接头要做拉力、冲击、弯曲等试验。这些试验由试验板完成。所用试验板最好与圆筒纵缝一起焊成,以保证施工条件一致。然后将试验板进行机械性能试验。实际生产中,一般只对新钢种的焊接接头进行这方面的试验。

3)焊接残余变形

焊接残余变形是指因焊接而引起的焊件尺寸的改变,主要影响因素包括:

(1)焊缝截面积的影响:焊缝面积越大,冷却时引起的塑性变形量越大。焊缝面积对纵向、横向及角变形的影响趋势是一致的,而且起主要的影响。

(2)焊接热输入的影响:一般情况下,热输入大时,加热的高温区范围大,冷却速度慢,使接头塑性变形区增大。对纵向、横向及角变形都有变形增大的影响。

(3)工件的预热、层间温度影响:预热、层间温度越高,相当于热输入增大,使冷却速度慢,收缩变形增大。

(4)焊接方法的影响:各种焊接方法的热输入差别较大,在其他条件相同情况下,收缩变形值不同。

(5)接头形式的影响:焊接热输入、焊缝截面积、焊接方法等因素条件相同时,不同的接头形式对纵向、横向及角变形量有不同的影响。

(6)焊接层数的影响:横向收缩在对接接头多层焊时,第一道焊缝的横向收缩符合对接焊的一般条件和变形规律,第一层以后相当于无间隙对接焊,接近于盖面焊时已与堆焊的条件和变形规律相似,因此收缩变形相对较小;纵向变形,多层焊时的纵向收缩变形比单层焊时小得多,而且焊的层数越多,纵向变形越小。

1.3.2 螺栓连接

钢结构常用的紧固件有高强度螺栓连接副、普通螺栓连接副、锚栓、自攻钉、拉铆钉、射钉等。前三种主要用于承重构件的连接,后三种主要用于附属构件及围护体系的连接。一个螺栓连接副包括螺栓、螺母、垫圈三部分;螺栓球网架中的高强度螺栓连接副,包含螺栓、套筒和销钉三部分。

螺栓作为钢结构主要连接紧固件,通常用于钢结构中构件间的连接、固定、定位等,钢结构中使用的连接螺栓一般分为普通螺栓和高强度螺栓两种。普通螺栓通常采用Q235钢材制成,安装时使用普通扳手拧紧;高强度螺栓则采用高强度钢材经热处理后制成,用能控制扭矩或螺栓拉力的特制扳手拧到规定的预拉力值,把被连接件高度夹紧。

1. 普通螺栓连接

钢结构普通螺栓连接即将螺栓、螺母、垫圈机械地和连接件连接在一起形成的一种连接方式。一般受力较大的结构或承受动荷载的结构,当采用普通螺栓连接时,螺栓应采用精制螺栓以减小接头的变形量。精制螺栓连接是一种紧配合连接,即螺栓孔径和螺栓直径差一般在0.2~

0.5 mm,有的要求螺栓孔径和螺栓直径相等,施工时需要强行打入。精制螺栓连接加工费用高、施工难度大,工程上已极少使用,并逐渐被高强度螺栓连接所替代。

1)普通螺栓的材性和规格

普通螺栓分为 A、B、C 三个等级。常用的螺栓有 M16、M20、M24、M30,M 为螺栓符号。螺栓按照性能等级分为 3.6、4.6、4.8、5.6、5.8、6.8、8.8、9.8、10.9、12.9 十个等级,其中 8.8 级以上(含 8.8 级)螺栓材质为低碳合金钢或中碳钢并经过热处理(淬火、回火),通称为高强度螺栓,8.8 级以下通称为普通螺栓。

螺栓性能等级标号由两部分数字组成,分别表示螺栓的公称抗拉强度和材质的屈强比。如性能等级 4.6 级的螺栓其含义为:第一部分数字(4.6 中的"4")为螺栓材质公称抗拉强度(N/mm^2)的 1/100;第二部分数字(4.6 中的"6")为螺栓材质的屈强比的 10 倍;两部分数字的乘积(4×6="24")为螺栓材质公称屈服点的(N/mm^2)的 1/10。

普通螺栓按照形式可分为六角头螺栓、双头螺栓、沉头螺栓等;按照制作精度可分为 A、B、C 级三个等级,A、B 级为精制螺栓,C 级为粗制螺栓,钢结构用连接螺栓,除特殊说明外,一般即为普通粗制 C 级螺栓。

2)螺母

钢结构常用的螺母,其公称高度 h 大于或等于 $0.8D$(D 为与其相匹配的螺栓直径),螺母强度设计应选用与其相匹配螺栓中最高性能等级的螺栓强度,当螺母拧紧到螺栓保证荷载时,必须不发生螺纹脱扣。

螺母性能等级分为 4、5、6、8、9、10、12 等,其中 8 级(含 8 级)以上螺母与高强度螺栓匹配,8 级以下螺母与低强度螺栓匹配。

螺母的螺纹应和螺栓相一致,一般应为粗牙螺纹(除非特殊说明用细牙螺纹),螺母的机械性能主要是螺母的保证应力和强度,其值应符合《紧固件机械性能螺母》(GB/T 3098.2—2015)的规定。

3)垫圈

常用钢结构连接的垫圈,按形状及其使用功能可以分成以下几类:

圆平垫圈:一般放置于紧固螺栓头及螺母的支承面下面,用以增加螺栓头及螺母的支承面,同时防止被连接件表面损伤;

方形垫圈:一般放置于地脚螺栓头及螺母的支承面下面,用以增加支承面及遮盖较大螺栓孔眼;

斜垫圈:主要用于工字钢、槽钢翼缘倾斜面的垫平,使螺母支承面垂直于螺杆,避免紧固时造成螺母支承面和被连接的倾斜面局部接触;

弹簧垫圈:防止螺栓拧紧后在动载作用下的振动和松动,依靠垫圈的弹性功能及斜口摩擦面防止螺栓的松动,一般用于有动荷载(振动)或经常拆卸的结构连接处。

4)普通螺栓的安装

(1)一般要求。

普通螺栓作为永久性连接螺栓时,应符合下列要求:

①对一般的螺栓连接,螺栓头和螺母下面应放置平垫圈,以增大承压面积。

②螺栓头下面放置的垫圈一般不应多于2个,螺母头下的垫圈一般应多于1个。

③对于设计有要求放松的螺栓、锚固螺栓应采用有放松装置的螺母或弹簧垫圈,或用人工方法采取放松措施。

④对于承受动荷载或重要部位的螺栓连接,应按设计要求放置弹簧垫圈,弹簧垫圈必须设置在螺母一侧。

⑤对于工字钢、槽钢类型钢应尽量使用斜垫圈,使螺母和螺栓头部的支承面垂直于螺杆。

(2)螺栓直径及长度的选择。

螺栓直径:原则上应由设计人员按等强原则通过计算确定,但对一个工程来讲,螺栓直径规格应尽可能少,有的还需要适当归类,便于施工和管理。

螺栓长度:通常是指螺栓螺头内侧面到螺杆端头的长度,一般都是以 5 mm 进制;从螺栓的标准规格上可以看出,螺纹的长度基本不变,显而易见,影响螺栓长度的因素主要有:被连接件的厚度、螺母高度、垫圈的数量及厚度等。

(3)常用螺栓连接形式。

常用螺栓连接形式主要有:平接连接、搭接连接、T型连接等连接方式。

(4)螺栓的布置。

螺栓的连接接头中螺栓的排列布置主要有并列和交错排列两种形式,螺栓间的间距确定既要考虑连接效果(连接强度和变形),同时要考虑螺栓的施工要求。

(5)螺栓孔。

对于精制螺栓(A、B级螺栓),螺栓孔必须是Ⅰ类孔,应具有 H12 的精度,孔壁表面粗糙度 Ra 不应大于 12.5 μm,为保证上述精度要求必须钻孔成型。

对于粗制螺栓(C级螺栓),螺栓孔为Ⅱ类孔,孔壁表面粗糙度 Ra 不应大于 25 μm,其允许偏差:直径为 0~1.0 mm;圆度为 2.0 mm;垂直度为 $0.03t$ 且不大于 2.0 mm(t 为连接板的厚度)。

(6)螺栓的紧固及其检验。

普通螺栓连接对螺栓紧固轴力没有要求,因此螺栓的紧固施工以操作者的手感及连接接头的外形控制为准,保证被连接接触面能密贴,无明显的间隙。螺栓的紧固次序应从中间开始,对称向两边进行;对大型接头应采用复拧,即两次紧固方法,保证接头内各个螺栓能均匀受力。

普通螺栓连接螺栓紧固检验比较简单,即用 3 kg 小锤,一手扶螺栓(或螺母)头,另一手用锤敲,要求螺栓(或螺母)头不偏移、不颤动、不松动,锤声比较干脆,否则说明螺栓紧固质量不好,需要重新紧固施工。

2. 高强度螺栓连接

1)高强度螺栓连接的一般规定

高强度螺栓连接在施工前应对连接副实物和摩擦面进行检验和复验,合格后才能进入安装施工。

对每一个连接接头,应先用临时螺栓或冲钉定位,为防止损伤螺纹引起扭矩系数的变化,严禁把高强度螺栓作为临时螺栓使用。对一个接头来说,临时螺栓和冲钉的数量原则上应根据该接头可能承担的荷载计算确定,并应符合下列规定:

①不得少于安装螺栓总数的1/3;

②不得少于两个临时螺栓;

③冲钉穿入数量不宜多于临时螺栓的30%。

高强度螺栓的穿入,应在结构中心位置调整后进行,其穿入方向应以施工方便为准,力求一致;安装时要注意垫圈的正反面,即:螺母带圆台面的一侧应朝向垫圈有倒角的一侧;对于大六角头高强度螺栓连接副靠近螺头一侧的垫圈,其有倒角的一侧朝向螺栓头。

高强度螺栓的安装应能自由穿入孔,严禁强行穿入,如不能自由穿入时,该孔应用铰刀进行修整,修整后孔的最大直径应小于1.2倍螺栓直径。修孔时,为了防止铁屑落入板迭缝中,铰孔前应将四周螺栓全部拧紧,使板迭密贴后再进行,严禁采用气割扩孔。

高强度螺栓连接中连接钢板的孔径略大于螺栓直径,并必须采取钻孔成型方法,钻孔后的钢板表面应平整、孔边无飞边和毛刺,连接板表面应无焊接飞溅物、油污等,螺栓孔孔径及允许偏差见表1-3-6。

表1-3-6 螺栓孔径允许偏差值

名称		直径及允许偏差/mm						
螺栓	直径	12	16	20	22	24	27	30
	允许偏差	±0.43	±0.52				±0.84	
螺栓孔	直径	13.5	17.5	22	24	26	30	33
	允许偏差	±0.43	±0.52			±0.84		
圆度(最大和最小直径)		1.00			1.50			
中心线倾斜度		应不小于板厚的3%,且单层板不得大于2.0 mm,多层板叠组合不得大于3.0 mm						

高强度螺栓连接板螺栓孔的孔距及边距除应符合规范要求外,还应考虑专用施工机具的可操作空间。

高强度螺栓在终拧以后,螺栓丝扣外露应为 2～3 扣,其中允许有 10% 的螺栓丝扣外露 1 扣或 4 扣。

2)大六角头高强度螺栓连接施工

扭矩法施工:对大六角头高强度螺栓连接副来说,当扭矩系数 k 确定之后,由于螺栓的轴力(预拉力)P 是由设计规定的,则螺栓应施加的扭矩值 M 就可以根据相关公式计算确定,根据计算确定的施工扭矩值,使用扭矩扳手(手支、电动、风动)按施工扭矩值进行终拧,这就是扭矩法施工的原理。

转角法施工:因扭矩系数的离散性,特别是螺栓制造质量或施工管理不善,扭矩系数超过标准值(平均值和变异系数),在这种情况下采用扭矩法施工,即用扭矩值控制螺栓轴力的方法就会出现较大的误差,欠拧或超拧问题突出。为解决这一问题,引入转角法施工,即利用螺母旋转角度以控制螺杆弹性伸长量来控制螺栓轴向力的方法。

试验结果表明,螺栓在初拧以后,螺母的旋转角度与螺栓轴向力成对应关系,当螺栓受拉处于弹性范围内,两者呈线性关系,因此根据这一线性关系,在确定了螺栓的施工预拉力(一般为 1.1 倍设计预拉力)后,就很容易得到螺母的旋转角度,施工操作人员按照此旋转角度紧固施工,就可以满足设计上对螺栓预拉力的要求,这就是转角法施工的基本原理。

转角法施工次序如下:

初拧:采用定扭扳手,从栓群中心顺序向外拧紧螺栓。

初拧检查:一般采用敲击法,即用小锤逐个检查,目的是防止螺栓漏拧。

划线:初拧后对螺栓逐个进行划线。

终拧:用专用扳手使螺母再旋转一下额定角度,螺栓群坚固的顺序同初拧。

终拧检查:对终拧后的螺栓逐个检查螺母旋转角度是否符合要求,可用量角器检查螺栓与螺母上划线的相对转角。

做标记:对终拧完的螺栓用不同颜色笔做出明显的标记,以防漏拧和重拧,并供质检人员检查。

3)扭剪型高强度螺栓连接施工

扭剪型高强度螺栓连接副紧固施工相对于大六角头高强度螺栓连接副紧固施工要简便得多,正常的情况采用专用的电动扳手进行终拧,梅花头被拧掉标志着终拧的结束,对检查人员来说也很直观明了,只要检查梅花头掉没掉就可以了。

为了减少接头中螺栓群间相互影响及消除连接板面间的缝隙,坚固要分初拧和终拧两个步骤进行,对于超大型的接头还要进行复拧。扭剪型高强度螺栓连接副的初拧扭矩可适当加大,一般初拧螺栓轴力可以控制在螺栓终拧轴力值的 50%～80%,对常用规格的高强度螺栓(M20、M22、M24)初拧扭矩可以控制在 400～600 N·m,若用转角法初拧,初拧转角控制在

45°～75°，一般以 60°为宜。

由于扭剪型高强度螺栓是利用螺尾梅花头切口的扭断力矩来控制坚固扭矩的，所以用专用扳手进行终拧时，螺母一定要处于转动状态，即在螺母转动一定角度后扭断切口，才能起到控制终拧扭矩的作用。否则由于初拧扭矩达到可超过切口扭断扭矩或出现其他一些不正常情况，终拧时螺母不再转动切口即被拧断，失去了控制作用，螺栓坚固状态成为未知，造成工程安全隐患。

扭剪型高强度螺栓终拧过程如下：

先将扳手内套筒套入梅花头上，再轻压扳手，再将外套筒套在螺母上。完成本项操后最好晃动一下扳手，确认内、外套筒均已套好，且调整套筒与连接板面垂直。

按下扳手开关，外套筒旋转，直至切口拧断。

切口断裂，扳手开关关闭，将外套筒从螺母上卸下，此时注意拿稳扳手，特别是高空作业。

启动顶杆开关，将内套筒中已拧掉的梅花头顶出，梅花头应收集在专用容器内，禁止随便丢弃，特别是高空坠落伤人。

4）高强度螺栓连接摩擦面处理方式

影响摩擦面抗滑移系数的因素有摩擦面处理方法及生锈时间；摩擦面状态；连接母材钢种；连接板厚度；环境温度；摩擦面重复使用。

（1）摩擦面的处理方法。

喷砂（丸）法：利用压缩空气为动力，将砂（丸）直接喷射到钢材表面，使钢材表面达到一定的粗糙度，将铁锈除掉，经喷砂（丸）后的钢材表面呈铁灰色。这种方法一般效果较好，质量容易达到，目前大型金属结构厂基本上都采用此方法。实验结果表明，经过喷砂（丸）处理过的摩擦面，在露天生锈一段时间，安装前除掉浮锈，此方案能够得到比较大的抗滑移系数值，理想的生锈时间为 60～90 d。

酸洗法：一般将加工完的构件浸入酸洗槽中，停留一段时间，然后放入石灰槽中，中和后用清水清洗，酸洗后钢板表面应无轧制铁皮，呈银灰色。这种方法的优点是处理简便，省时间，缺点主要是残留酸液极易引起钢板腐蚀，特别是在焊缝及边角处。因此已较少使用。实验结果表明，酸洗后生锈 60～90 d，表面粗糙度可达 45～50 μm。

砂轮打磨法：对于小型工程或已有建筑物加固改造工程，常常采用手工方法进行摩擦面处理，砂轮打磨是最直接、最简便的方法。在用砂轮机打磨钢材表面时，砂轮打磨方向垂直于受力方向，打磨范围应为 4 倍的螺栓直径。打磨时应注意钢材表面不能有明显的打磨凹坑。实验结果表明，砂轮打磨以后，露天生锈 60～90 d，摩擦面粗糙度可达 50～55 μm。

钢丝刷人工除锈：用钢丝刷将摩擦面处的铁磷、浮锈、尘埃、油污等污物刷掉，使钢材表面露出金属光泽，保留原轧制表面，此方法一般用在不重要的结构或受力不大的连接处，试验结果表明，此法处理过的摩擦面抗滑移系数值能达到 0.3 左右。

5)高强度螺栓连接施工的检验项目

(1)主要检验项目。

螺栓实物最小荷载检验;扭剪型高强度螺栓连接副预拉力复验;高强度螺栓连接副扭矩检验;高强度大六角头螺栓连接副扭矩系数复验;高强度螺栓连接摩擦面的抗滑系数检验。

(2)主控项目。

钢结构制作和安装单位应按《钢结构工程施工质量验收规范》(GB 50205—2001)的有关规定分别进行高强度螺栓连接摩擦面的抗滑系数试验和复验,现场处理的构件摩擦面应单独进行摩擦面的抗滑系数试验,其结果应符合设计要求。

高强度大六角头螺栓连接副终拧完成后的1~48 h内应进行终拧扭矩检查,检查结果应符合规范规定。检查数量:按节点数抽查10%,且不应少于10个节点;每个被抽查节点按螺栓数抽查10%,且不应少于2个。

扭剪型高强度螺栓连接副终拧后,除因构造原因无法使用专用扳手拧掉梅花头者外,未在终拧中拧掉梅花头的螺栓数不应大于该节点螺栓数5%。对所有梅花头未拧掉的扭剪型高强度螺栓连接副应采用扭矩法或转角法进行终拧并做标记,且按上述规定进行终拧扭矩检查。检查数量:按节点数抽查10%,且不应少于10个节点;被抽查点中梅花头未拧掉的扭剪型高强度螺栓连接副全数进行终拧扭矩检查。

(3)一般项目。

高强度螺栓连接副的施拧顺序和初拧、复拧扭矩应符合设计要求和国家现行行业标准《钢结构高强度螺栓连接技术规程》(JGJ 82—2011)的规定。

高强度螺栓连接副终拧后,螺栓丝扣外露应为2~3扣,其中允许有10%的螺栓丝扣外露1扣或4扣。检查数量:按节点数抽查5%,且不应少于10个。

高强度螺栓连接摩擦面应保持干燥、整洁,不应有飞边、毛刺、焊接飞溅物、焊疤、氧化铁皮、污垢等,除设计要求外摩擦面不应涂漆。

高强度螺栓应自由穿入螺栓孔。高强度螺栓孔不应采用气割扩孔,扩孔数量应征得设计同意,扩孔后的孔径不应超过$1.2D$(D为螺栓直径)。

螺栓球节点网架总拼完成后,高强度螺栓与球节点应紧固连接,高强度螺栓拧入螺栓球内的螺纹长度不应小于$1.0D$(D为螺栓直径),连接处不应出现有间隙、松动等未拧紧情况。

1.3.3 钢结构检验

1. 检验方法

钢结构焊接常用的检验方法,有破坏性检验和非破坏性检验两种。应针对钢结构的性质和对焊缝质量的要求来选择合理的检验方法。对重要结构或要求焊缝金属强度与被焊金属等强度的对接焊接,必须采用精确的检验方法,如表1-3-7所示。

表1-3-7 焊缝不同质量级别的检验方法

焊缝质量级别	检查方法	检查数量	备注
一级	外观检查	全部	有疑点时用磁粉复验
	超声波检查	全部	
	X射线检查	抽查焊缝长度的2%,至少应有一张底片	缺陷超出规范规定时,应加倍透照,如不合格,应100%透照
二级	外观检查	全部	—
	超声波检查	抽查焊缝长度的50%	有疑点时,用X射线透照复验,如发现有超标缺陷,应用超声波全部检查
三级	外观检查	全部	

对于不同类型的焊接接头和不同的材料,可以根据图样要求或者有关规定,选择一种或几种检验方法,以确保质量。

一般焊接产品均需进行外观检验,即利用肉眼或者放大镜观察焊缝表面有无缺陷;利用焊接检验尺等来测量焊缝的外形尺寸是否符合要求,对于较重要的焊接结构,还需根据技术要求进行内部缺陷的检查,如表1-3-8所示。

表1-3-8 常用焊缝内部缺陷的检验方法

检验方法	能探出的缺陷	可检验的厚度	缺陷判断
磁粉检验	表面及近表面的缺陷(微观裂纹、未焊透、气孔等)	表面及近表面	根据磁粉分布情况判断缺陷位置,不能确定缺陷深度
超声波检验	内部缺陷(裂纹、未焊透、气孔、夹渣等)	焊件厚度上限几乎不受限制,下限一般为8~10 mm,最薄为2 mm	根据荧光屏上的信号,可当场判断有无缺陷,缺陷位置和大致尺寸,但判断缺陷的种类较困难
X射线检验	内部缺陷(裂纹、未焊透、气孔、夹渣等)	0.1~0.6 mm(50 kV) 1~5 mm(100 kV) ≤25 mm(150 kV) ≤60 mm(250 kV)	从照相底片上能直接判断缺陷种类、大小和分布情况。对平面形缺陷(如裂纹)不如超声波检验容易判断
γ射线检验		60~150 mm(镭能源) 60~150 mm(钴60能源) 1~65 mm(铱192能源)	

为了评定焊接接头的承载能力,可以将焊接接头制成试棒(或试件),进行拉伸、弯曲、冲击

等力学性能试验。

当需要了解焊缝的化学成分华润焊接接头的金相组织时,可对焊缝进行化学分析或对焊接接头进行化学分析。

2. 检验工具

钢结构焊接常用的检验工具是焊接检验尺。常用来:①测量型钢、板材及管道的错口;②测量型钢、板材及管道的坡口角度;③测量型钢、板材及管道的对口间隙;④测量焊缝高度;⑤测量角焊缝高度;⑥测量焊缝宽度以及焊接后的平直度等。

3. 焊缝外观检验

焊缝外观检验主要是查看焊缝成型是否良好,焊道与焊道过渡是否平滑,焊渣、飞溅物等是否清理干净。

焊缝外观检查时,应先将焊缝上的污垢除净后,凭肉眼目视焊缝,必要时用5～20倍的放大镜,看焊缝是否存在咬边、弧坑、焊瘤、夹渣、裂纹、气孔、未焊透等缺陷。

4. 焊缝无损探伤

焊缝无损探伤不但具有探伤速度快、效率高、轻便实用的特点,而且对焊缝内危险性缺陷(裂缝、未焊接、未熔合)检验的灵敏度较高,成本低,只是探伤结果较难判断,受人为因素影响较大,且探测结果不能直接记录存档。

焊缝无损探伤应符合下列要求:

(1)无损检测应在外观检查合格后进行;

(2)焊缝无损检测报告签发人员必须持有相应探伤方法的Ⅱ级或者Ⅱ级以上资格证书;

(3)设计要求全焊透的焊缝,其内部缺陷的检验应符合下列要求:

①一级焊缝应进行100%的检验,其合格等级应为现行的国家标准《焊缝无损检测—超声检测—技术、检测等级和评定》(GB/T 11345—2013)B级检验的Ⅱ级或者Ⅱ级以上。

②二级焊缝应进行抽检,抽检比例不应小于20%,其合格等级应为现行的国家标准《焊缝无损检测—超声检测—技术、检测等级和评定》(GB/T 11345—2013)B级检验的Ⅲ级或者Ⅲ级以上。

③全焊透的三级焊缝可不进行无损检测。

(4)焊接球节点网架焊缝、螺栓球节点网架焊缝的超声波探伤方法及缺陷等级应符合国家现行标准《钢结构超声波探伤及质量分级法》(JG/T 203—2007)的规定。

5. 焊缝破坏性检验

1)力学性能检验

焊接接头的力学性能试验主要包括四种,其试验内容如下:

①焊接接头的拉伸试验。拉伸试验不仅可以测定焊接接头的强度和塑性,同时还可以发现焊缝断口处的缺陷,并能验证所用焊材和工艺是否正确。拉伸试验按规范《金属材料 拉伸试验 第1部分:室温试验方法》(GB/T 228.1—2010)进行。

②焊接接头的弯曲试验。弯曲试验是用来检验焊接接头的塑性,还可以反映出接头各区域的塑性差别,暴露焊接缺陷和考核熔合线的结合质量。弯曲试验按规范《焊接接头弯曲试验方法》(GB/T 2653—2008)进行。

③焊接接头的冲击试验。冲击试验用以考核焊缝金属和焊接接头的冲击韧性和缺口敏感性。冲击试验按规范《焊接接头冲击试验方法》(GB/T 2650—2008)进行。

④焊接接头的硬度试验。硬度试验可以测定焊缝和热影响区的硬度,还可以估算出材料的强度,用以比较出焊接接头各区域的性能差别及热影响区的淬硬倾向。

2) 折断面检验

为了保证焊缝在剖面处断开,可预先在焊缝表面沿焊缝方向刻一条沟槽,槽深约为厚度的1/3,然后用拉力机或锤子将试样折断。在折断面上可以发现各种肉眼可见的焊接缺陷,如气孔、夹渣、未焊透和裂缝等,还可以判断断口是韧性破坏还是脆性破坏。

焊缝折断面检验具有简单、迅速、易行和不需要特殊仪器和设备的优点,可在生产和安装现场广泛应用。

3) 钻孔检验

对焊缝进行局部钻孔检查,是在没有条件进行非破坏性检验的条件下采用的,一般可检查焊缝内部的气孔、夹渣、未焊透和裂纹等缺陷。

4) 金相组织检验

焊接金相组织检验主要是观察、研究焊接热过程所造成的金相组织变化和微观缺陷。金相检验可分为宏观金相检验与微观金相检验。

金相检验的方法是在焊接试件上截取试样,经过打磨、抛光、侵蚀等步骤,然后在金相显微镜下进行观察。

6. 焊缝缺陷的返修

焊缝查出缺陷后,必须明确标定缺陷的位置、性质、尺寸、深度部位,并制订相应的焊缝返修方法。

1) 外观缺陷返修

外观缺陷的返修比较简单,当焊缝表面缺陷超过相应的质量验收标准时,对气孔、夹渣、焊瘤、余高过大等缺陷应用砂轮打磨、铲凿、钻、铣等方法去除,必要时应进行补焊;对焊缝尺寸不足、咬边、弧坑未填满等缺陷应进行焊补。

2）无损检测缺陷返修

经无损检测确定焊缝内部存在超标缺陷时，应进行返修。返修应符合下列规定：

(1)返修前应由施工企业编写返修方案；

(2)应根据无损检测确定缺口位置、深度，用砂轮打磨等方法清除缺陷；

(3)清除缺陷时应将刨槽加工成四侧边斜面角大于10度的坡口，并应修整表面；

(4)焊补时应在坡口内引弧，熄弧时应填满弧坑，多层焊的焊层之间接头应错开，焊缝长度不应小于100 mm；当焊缝长度超过500 mm时，应采用分段退焊法；

(5)返修部位应连续焊成；

(6)焊接修补的预热温度应比相同条件下正常焊接的温度高；

(7)焊缝正反面各作为一个部位，同一部位返修不宜超过2次；

(8)对两次返修后仍不合格的部位应重新修订返修方案，经工程技术负责人审批并报监理工程师认可后方可执行；

(9)返修焊接应填报返修施工记录及返修前后的无损检测报告，作为工程验收及存档资料。

任务实施

1. 工作任务

对已建钢结构建筑物（或钢结构缩尺模型）焊缝进行超声波探伤无损检测。通过现场教学，掌握钢结构焊缝超声波探伤的原理、操作方法及判定规则。

2. 实施过程

1）资料查询

利用在线开放课程、网络资源等查找相关资料，收集钢结构焊缝无损探伤知识相关内容。

2）引导文

(1)填空题。

①对接焊缝常用的坡口形式有_____、半边V形、V形、_____、K形和_____等。

②普通螺栓的性能等级为4.6级。"4"表示_____。小数点后面的"6"表示_____。

③对接焊缝不采用引弧板施焊时，每条焊缝的长度计算时应减去_____ mm。

④焊缝质量检验一般可用外观检查及内部无损检验，前者检查_____，后者检查_____。

⑤当不同强度的两钢材进行连接时，宜采用与_____相适应的焊条。

⑥钢结构连接用螺栓性能等级分为_____级，其中_____以上的为高强度螺栓。

⑦螺栓性能等级标号有两部分数字组成,分别表示螺栓材料的_____和_____。

⑧钢结构连接常用的连接方式是_____、_____或_____。

⑨焊条型号 E4315,前两位数字表示_____,第三位数字表示_____,第三位和第四位数字组合时表示_____。

⑩焊缝的外部缺陷有_____、_____、_____、_____和_____五种。

(2)选择题。

①高强度螺栓连接副是一整套的含义,包括(　　)。

A. 一个螺栓、两个螺母　　　　　　　　B. 一个螺栓、一个螺母

C. 一个螺栓、一个螺母和一至两个垫圈　　D. 一个螺栓、两个螺母和一至两个垫圈

②螺栓长度大小通常是指螺栓螺头内测到螺栓端头的长度,一般都是以(　　)进制。

A. 6 mm　　　　B. 5 mm　　　　C. 8 mm　　　　D. 10 mm

③结构的涂装环境温度应符合涂料产品说明书的规定,若无规定时,环境温度应在(　　)之间。

A. 6～8 ℃　　　B. 2～40 ℃　　　C. 5～38 ℃　　　D. 8～40 ℃

④钢结构刷完涂料至少在(　　)内应保护免受雨淋。

A. 6 h　　　　B. 2 h　　　　C. 8 h　　　　D. 4 h

⑤精制螺栓连接是一种紧配合连接,即螺栓孔径和螺栓直径差一般在(　　)mm。

A. 0.02～0.05　　B. 0.05～0.1　　C. 0.1～0.2　　D. 0.2～0.5

⑥高强度螺栓的安装应能自由穿入孔,严禁强行穿入,如不能自由穿入时,该孔应用(　　)进行修整。

A. 铰刀　　　　B. 扩孔机　　　　C. 锉刀　　　　D. 电钻

⑦钢结构安装时,螺栓的紧固次序应按(　　)进行。

A. 从两边对称向中间后四周　　　　B. 从中间开始对称向两边

C. 从一端向另一端　　　　　　　　D. 从中间向四周扩散

⑧依据《钢结构设计规范》的规定,影响强度螺栓摩擦系数 μ 的是(　　)

A. 连接表面的处理方法　　　　　　B. 螺栓杆的直径

C. 螺栓的性能等级　　　　　　　　D. 荷载的作用方式

⑨在焊接施工过程中,应该采取措施尽量减小残余应力和残余变形的发生,下列哪一选项的措施是错误的(　　)。

A. 直焊缝的分段焊接　　　　　　　B. 焊件的预热处理

C. 固定焊件周边　　　　　　　　　D. 直焊缝的分层焊接

⑩钢结构施工中,螺丝杆、螺母、垫圈应配套使用,螺纹应高出螺帽(　　)以防使用时松扣降低顶紧力。

A.3扣　　　　　　B.5扣　　　　　　C.6扣　　　　　　D.8扣

(3)简答题。

①简述钢结构连接材料的分类及相关验收要求。

②螺栓性能等级的表示方法有哪些?

③比较大六角头螺栓与扭剪型螺栓性能与应用的差别。

④螺栓是否越紧越好,并分析原因。

3)任务实施

①了解探伤仪、探头、耦合剂的类型,作用;

②修整探测面;

③涂抹耦合剂;

④探伤作业;

⑤评定缺陷。

注意事项:

①探伤人员应了解工件的材质、结构、曲率、厚度、焊接方法、焊缝种类、坡口形式、焊缝余高及背面衬垫、沟槽等情况。检测前应认真学习规范《钢结构超声波探伤及质量分级法》(JG/T 203—2017)。

②根据质量要求,检验等级分为A、B、C三级。检验工作的难度系数按A、B、C顺序逐渐增高。应根据工件的材质、结构、焊接方法、受力状态选用检验级别,如设计和结构上无特别指定,钢结构焊缝质量的超声波探伤宜选用B级检验。

A 级检验采用一种角度探头在焊缝的单面单侧进行检验,只对允许扫查到的焊缝截面进行探测。一般不要求作横向缺陷的检验。母材厚度大于 50 mm 时,不得采用 A 级检验。

B 级检验宜采用一种角度探头在焊缝的单面双侧进行检验,对整个焊缝截面进行探测。母材厚度大于 100 mm 时,采用双面双侧检验。当受构件的几何条件限制时,可在焊缝的双面单侧采用两种角度的探头进行探伤。条件允许时要求作横向缺陷的检验。

C 级检验至少要采用两种角度探头,在焊缝的单面双侧进行检验。同时要做两个扫查方向和两种探头角度的横向缺陷检验。母材厚度大于 100 mm 时,宜采用双面双侧检验。

③检测前,应对超声仪的主要技术指标(如斜探头入射点、斜率 k 值或角度)进行检查确认,根据所测工件的尺寸,调整仪器时间基线,绘制距离波幅(DAC)曲线。

④检测前应对探测面进行修整或打磨,清除焊接飞溅、油垢及其他杂质,表面粗糙度不应超过 6.3 μm。采用一次反射或串列式扫查检测时,一侧修整或打磨区域宽度应大于 $2.5K_\delta$;采用直射检测时,一侧修整或打磨区域宽度应大于 $1.5K_\delta$。

⑤耦合剂应具有良好透声性和适宜流动性,不应对材料和人体有损伤作用,同时应便于检测后清理。当工件处于水平面上检测时,宜选用液体类耦合剂;当工件处于竖立面检测时,宜选用糊状类耦合剂。

⑥探伤灵敏度不应低于评定线灵敏度。扫查速度不应大于 150 mm/s,相邻两次探头移动间隔应有探头宽度 10% 的重叠。为查找缺陷,扫查方式有锯齿形扫查、斜平行扫查和平行扫查等。为确定缺陷的位置、方向、形状、观察缺陷动态波形,采用前后、左右、转角、环绕等四种探头扫查方式。

⑦对所有反射波幅超过定量线的缺陷,均应确定其位置、最大反射波幅所在区域和缺陷指示长度。缺陷指示长度的测定可用降低 6 dB 相对灵敏度测长法和端点峰值测长法。

⑧最大反射波幅位于 Ⅱ 区的非危险性缺陷,根据缺陷指示长度 ΔL 进行评级。不同检验等级,不同焊缝质量评定等级的缺陷指示长度限值应符合表 1-3-9 要求(除裂纹和未熔合)。

表 1-3-9　各种不同判定等级的缺陷指示长度限制

评定等级	板厚		
	A	B	C
	4~50	4~300	4~300
Ⅰ	$2T/3, \geqslant 12$	$T/3, 10 \leqslant T \leqslant 30$	$T/3, 10 \leqslant T \leqslant 20$
Ⅱ	$3T/4, \geqslant 15$	$2T/3, 20 \leqslant T \leqslant 50$	$T/2, 10 \leqslant T \leqslant 30$
Ⅲ	$T, \geqslant 20$	$3T/4, 30 \leqslant T \leqslant 75$	$2T/3, 15 \leqslant T \leqslant 50$
Ⅳ	超过Ⅲ级者		
T 为坡口加工侧母材板厚,母材板厚不同时,以较薄侧板厚为准。			

注:最大反射波幅不超过评定线(未达到Ⅰ区)的缺陷均评为Ⅰ级。

最大反射波幅超过评定线,但低于定量线的非裂纹类缺陷均评为Ⅰ级。

最大反射波幅超过评定线的缺陷,检测人员判定为裂纹等危害性缺陷时,无论其波幅和尺寸如何均评定为Ⅳ级。

除非危险性的点状缺陷外,最大反射波幅位于Ⅲ区的缺陷,无论其指示长度如何,均评定为Ⅳ级。

不合格的缺陷应予以返修,返修部位及热影响区应重新进行评定。

知识拓展

钢结构检测技术即钢结构力学性能检测、钢结构紧固件力学性能检测、钢结构金相检测分析、钢结构化学成分分析、钢结构无损检测、钢结构应力测试和监控、涂料检测、盐雾试验等成套检测技术的集成。

钢材力学性能检测是对钢结构所使用的钢材力学性能进行检测,如拉伸、弯曲、冲击、硬度等。

紧固件力学性能检测是对钢结构所使用的紧固件力学性能进行检测,如抗滑移系数、轴力等。

金相检测分析是对钢结构所使用的钢材进行金相分析,如显微组织分析、显微硬度测试等。

化学成分分析是对钢结构所使用的钢材进行化学成分分析。

钢结构无损检测常用方法有:超声检测 Ultrasonic Testing(UT)、射线检测 Radiographic Testing(RT)、磁粉检测 Magnetic particle Testing(MT)、渗透检验 Penetrant Testing(PT)、超声波衍射时差法检测 Time of Flight Diffraction(TOFD)等。射线和超声检测主要用于内部缺陷的检测;磁粉检测主要用于铁磁体材料制件的表面和近表面缺陷的检测;渗透检测主要用于非多孔性金属材料和非金属材料制件的表面开口缺陷的检测;铁磁性材料表面检测时,宜采用磁粉检测;超声波衍射时差法,主要用于特种设备的缺陷评价检测。

钢结构应力测试和监控是对钢结构安装以及卸载过程中关键部位的应力变化进行测试与监控。

涂料检测是对钢结构表面涂装所用的涂料进行检测。

任务 4　钢结构涂装材料及检测

任务描述

钢结构具有强度高、韧性好、制作方便、施工速度快、建设周期短等一系列优点,钢结构在建筑工程中应用日益增多。但是钢结构也存在容易腐蚀的缺点,钢结构的腐蚀不仅造成经济损失,还直接影响到结构安全,因此做好钢结构的防腐工作具有重要的经济和社会意义。

因此,我们不仅需要掌握钢结构涂装工程的材料、施工、检验,还要能够在施工中加强管理,以提高钢结构的寿命和节约使用成本。

知识学习

1.4.1　防腐涂装工程

众所周知,钢结构最大的缺点是易于锈蚀,钢结构在各种大气环境下使用,产生腐蚀,是一种自然现象,新建造的钢结构一般都需仔细除锈、镀锌或刷涂料,此后每隔一定的时间还需重新维修。为了防止或减轻钢结构的腐蚀,目前国内外基本采用涂装方法进行防护。

1. 防腐涂料的组成和作用

涂料是一种可涂布于物体表面并能形成一层具有保护、装饰和其他功能的薄膜的组合物。涂料和油漆的区别是:涂料中包含油漆,油漆仅限于非水溶剂涂料。

涂料主要由成膜物质、溶剂、颜料、助剂等组成。

成膜物质主要指聚合物树脂,其主要功能是将涂料中其他不挥发性物质结合在一起,在被涂物表面形成均匀连续并具有一定力学强度的薄膜的物质。

溶剂是指能够溶解树脂或稀释涂料黏度,帮助成膜,并能在成膜后挥发掉的一类物质。早些年溶剂几乎都是有机溶剂。近几年随着环保相关法律的加强和人们环保意识的加强,溶剂型的涂料正在逐步退出市场,这将是近几年在涂料界正在进行的一场变革。

颜料主要是指一些分散于基料和涂膜中的一类微细不溶固体。其主要作用是使得涂膜带有色彩和不透明性(也有透明性颜料)。颜料主要是为了提高涂料的美感,满足人们的个性化需求。

助剂的作用主要是为了改变涂料某些性能而添加的,如催干剂(催化剂)、润湿剂、流平剂、分散剂、稳定剂和其他的一些功能助剂。需要补充的是,助剂虽然添加很少,但作用是非常明显和重要的,有很多问题,树脂设计方面解决不了的,可以考虑通过助剂的选择来解决。

2. 防腐涂料的分类

(1)按功能分:粉末涂料、防腐涂料、防火涂料、防水涂料等。

(2)按化学结构分:硝基漆、聚酯漆、聚氨酯漆、醇酸漆、乳胶漆等。

(3)按使用对象分:木器漆、船舶漆、汽车漆、金属漆、皮革漆等。

(4)按使用次序分:腻子、封闭底漆、底漆、面漆等。

(5)按常规分类:油性涂料(油漆)和水性涂料(乳胶漆)。

(6)按组分来分:单组分漆(只有一个组分,调整黏度,如硝基漆)和多组分漆(包括三组分、两组分漆,使用时必须按要求比例将各组分混合调配。如聚酯漆、地板漆等)。

(7)按光泽来分:

亮光漆:涂层干燥后,呈现较高光泽(光泽 90°~105°)。

柔哑光漆:涂层干燥后,呈现亮不刺眼光泽(光泽 65°~75°)。

半光漆:涂层干燥后,呈现中等光泽(光泽 45°~55°)。

哑光漆:涂层干燥后,呈现较低光泽(光泽 20°~30°)。

无光漆:涂层干燥后,呈现浅淡光泽(光泽 15°以下)。

(8)按涂装效果来分:

透明清漆(俗称清水漆):涂刷后能显现基材原有的颜色和花纹。有色透明清漆:清漆中添加染料,涂刷后能显现基材原有的花纹,但基材原有颜色已改变。

实色漆(俗称混水漆):涂刷后能显现油漆颜色,看不到原基材色纹材质。

质感涂料:真石漆、浮雕漆、仿瓷釉、沙面漆、喷塑等。

艺术效果:裂纹漆、锤纹漆、仿皮漆、闪银漆、桔纹漆等。

按使用部位:内墙漆、外墙漆、地坪漆、路标漆、烟囱漆等。

3. 涂料、涂层的性能检验

1)涂料性能检验

涂料产品性能检验包括:外观和透明度、颜色、细度、黏度、固体含量等项目。

(1)外观和透明度检验:检验不含颜料的涂料产品,如检测清漆、清油等是否含有机械杂质和浑浊物的方法,称为外观和透明度测定法。

(2)颜色检验:对不含颜料的涂料产品是检验其原色的深浅程度;对于含有颜料的涂料产品,是检验其表面颜色的配制是否符合规定的标准色卡。

(3)细度检验:测定色漆或漆浆内颜料、填料及机械杂质等颗粒细度的方法称涂料细度测定法。

(4)黏度检验:液体在外力作用下,分子间相互作用而产生阻碍其分子间相对运动的能力称为液体的黏度。黏度表示方法有:绝对黏度、运动黏度、比黏度和条件黏度。涂料产品采用条件黏度表示法。

(5)结皮性检验:测定涂料的结皮性,主要是检验涂料在密封桶内和开桶后的结皮情况。

(6)触变性测定:触变性是指涂料在搅拌和振荡时呈流动状态,而在静止后仍能恢复到原来的凝胶状的一种胶体物性。

涂料施工性能包括遮盖力测定、流平性测定、涂刷法测定、使用量测定等。

2)涂层性能检验

涂层是由底漆、中间漆、面漆的漆膜组合而成,测定其各项性能,具有实用价值。涂层和漆膜的性能有漆膜柔韧性、漆膜耐冲击性、漆膜附着力、漆膜硬度、光泽度、耐水性、耐磨性、耐候性、耐湿性、耐盐雾性、耐霉菌性、耐化学试剂性等。

漆膜附着力是指漆膜对底材黏合的牢固强度,以级表示,用附着力试验仪测定,分七个等级,第一级附着力最佳,第七级最差。附着力好坏,直接影响涂装的质量和效果。

3)钢结构涂装防腐涂料的选用与检验取样

钢结构涂装防腐涂料,宜选用醇酸树脂、氯化橡胶、氯磺化聚乙烯、环氧树脂、聚氨酯、有机硅等品种。

选用涂料时,首先应选符合已有国家或行业标准的品种,其次选用符合已有企业标准的品种,无标准的产品不得选用。

涂料进场应有产品出厂合格证,并应取样复验,符合产品质量标准后,方可使用。取样方法应符合现行国家标准《色漆、清漆和色漆与清漆用原材料取样》(GB/T 3186—2006)规定;取样数目和取样量按下列规定执行:

(1)取样数目

涂料使用前,应按交货验收的数量,对同一生产厂生产的相同包装的产品进行随机取样,取样数目应大于$\sqrt{\frac{n}{2}}n$(n为交货产品桶数)。

(2)取样量

取样应同时取两份,每份0.25 kg,其中一份做检验,另一份密封储存备用。

4)漆膜性能的检验

漆膜按《漆膜一般制备法》(GB/T 1727—1992)制作。

1.4.2 防火涂装工程

火灾作为一种人为灾害是指火源失去控制,蔓延发展而给人民生命财产造成损失的一种灾害性燃烧现象,它对国民经济和人类环境造成巨大的损失和破坏。随着国民经济的高速发展和钢产量的不断提高,近年来,钢结构被广泛地应用于各类建筑工程中,钢结构本身具有一定的耐热性,温度在250 ℃以内,钢的性质变化很小;温度达到300 ℃以后,强度逐渐下降;达到450～600 ℃时,强度为零。因此钢结构防火性能比钢筋混凝土结构差,一般用于温度不高于250 ℃的场合,所以研究钢结构防火有着十分重大的意义。我国目前按建筑设计防火规范进行钢结构设计,只要保证钢构件的耐火极限大于规范要求的耐火极限即可。

钢结构构件的防火构造可分为外包混凝土材料,外包钢丝网水泥砂浆,外包防火板材,外喷防火涂料等几种构造形式,喷涂钢结构防火涂料与其他构造方式相比较具有施工方便、不过多增加结构自重、技术先进等优点,目前被广泛应用于钢结构防火工程。

1. 防火涂料的类型

钢结构防火涂料按不同厚度分为超薄型、薄涂型、厚涂型三类;按施工环境不同分为室内、露天两类;按所用黏结剂的不同分为有机类、无机类;按涂层受热后的状态分为膨胀型和非膨胀型。

超薄型钢结构防火涂料是指涂层厚度3 mm以内(含3 mm),装饰效果较好,高温时能膨胀发泡,耐火极限一般在2 h以内的钢结构防火涂料。薄涂型钢结构防火涂料是指涂层厚度大于3 mm,小于等于7 mm,有一定装饰效果,高温时膨胀增厚,耐火极限在2 h以内的钢结构防火涂料。厚涂型钢结构防火涂料是指涂层厚度大于7 mm,小于等于45 mm,呈粒状面,密度较小,热导率低,耐火极限在2 h以上的钢结构防火涂料。

2. 防火涂料的阻燃机理

①防火涂料本身具有难燃烧或不燃烧性,使被保护的基材不直接与空气接触而延迟基材着火燃烧。

②防火涂料具有较低导热系数,可以延迟火焰温度向基材的传递。

③防火涂料遇火受热分解出不可燃的惰性气体,可冲淡被保护基材受热分解出的可燃性气体,抑制燃烧。

④燃烧被认为是游离基引起的连锁反应,而含氮的防火涂料受热分解出如NO、NH_3等基团,与有机游离基化合,中断连锁反应,降低燃烧速度。

⑤膨胀型防火涂料遇火膨胀发泡,形成泡沫隔热层,封闭被保护的基材,阻止基材燃烧。

3. 防火涂料的选用

①室内裸露钢结构,轻型屋架钢结构及有装饰要求的钢结构,当规定其耐火极限在1.5 h以下时,宜选用薄涂型钢结构防火涂料。

②室内隐蔽钢结构,高层全钢结构及多层厂房钢结构,当规定其耐火极限在2 h以上时,应选用厚涂型钢结构防火涂料。

③半露天或某些潮湿环境的钢结构,露天钢结构应选用室外钢结构防火涂料。

4. 涂料性能与检测

涂料的性能包括干燥时间、初期干燥抗裂性、黏结强度、抗压强度、导热率、抗震性、抗弯性、耐水性、耐冻融循环、耐火性能、耐酸性、耐碱性等。

耐火试验时,试件平放在卧式燃烧炉上,三面受火,试验结果以钢结构防水涂层厚度(mm)和耐火极限(h)表示。

任务实施

1. 工作任务

对已建钢结构建筑物(或钢结构缩尺模型)进行涂层厚度检测。通过现场教学,掌握钢结构涂层厚度检测的原理、操作方法及判定规则。

2. 实施过程

1) 资料查询

利用在线开放课程、网络资源等查找相关资料,收集钢结构涂层检测知识的相关内容。

2) 引导文

(1) 填空题。

①钢结构构件的防腐施涂的刷涂法的施涂顺序一般为_____、先左后右、_____、先内后外。

②涂料经涂敷施工形成漆膜后,具有_____作用、_____作用、标志作用和特殊作用。

③涂料名称由三部分组成,即_____、_____、_____。

④为了区别同一类型涂料的名称,在名称之前须有型号,涂料型号以一个汉语拼音字母和几个阿拉伯数字组成。字母表示_____,第一、二位数字表示_____;第三、四位数字表示_____。涂料产品序号用来区分同一类别的不同品种,表示油在树脂中所占的比例。

⑤漆膜附着力是指_____,以级表示。

⑥钢结构构件的防火构造可分为_____,外包钢丝网水泥砂浆,外包防火板材,_____等几种构造形式。

⑦涂料产品性能检验包括:_____、_____、细度、_____、固体含量等项目。

⑧涂料施工性能包括_____、_____、_____、使用量测定等。

⑨涂料是一种材料,这种材料可以用不同的施工工艺涂覆在物件表面,形成黏附牢固、具有一定强度、连续的固态薄膜。这样形成的膜通称涂膜,又称_____。

⑩涂料是覆盖于物体表面且能形成坚韧_____的物料的总称。

(2)选择题。

①对钢结构构件进行涂饰时,(　　)适用于油性基料的涂料。
　A.弹涂法　　　　　B.刷涂法　　　　　C.擦拭法　　　　　D.喷涂法

②钢结构防火涂料的黏结强度及(　　)应符合国家现行标准规定。
　A.抗拉压强度　　　B.抗拉强度　　　　C.抗弯剪强度　　　D.拉伸长度

③涂料组成中没有颜料和体质颜料的透明体称为(　　)。
　A.色漆　　　　　　B.清漆　　　　　　C.腻子　　　　　　D.面漆

④涂料组成中具有颜料和体质颜料韵不透明体称(　　)。
　A.色漆　　　　　　B.清漆　　　　　　C.腻子　　　　　　D.面漆

⑤涂料组成中加有大量体质颜料的稠原浆状体称(　　)。
　A.色漆　　　　　　B.清漆　　　　　　C.腻子　　　　　　D.面漆

⑥黏度表示方法有:绝对黏度、运动黏度、比黏度和条件黏度。涂料产品采用(　　)表示法。
　A.绝对黏度　　　　B.运动黏度　　　　C.比黏度　　　　　D.条件黏度

⑦漆膜附着力的好坏,直接影响涂装的质量和效果。附着力用附着力试验仪测定,分七个等级,(　　)附着力最佳。
　A.零级　　　　　　B.一级　　　　　　C.A级　　　　　　D.七级

⑧钢结构本身具有一定的耐热性,温度达到(　　)℃以后,强度逐渐下降。
　A.200　　　　　　 B.250　　　　　　 C.300　　　　　　 D.450

⑨室内裸露钢结构,轻型屋架钢结构及有装饰要求的钢结构,当规定其耐火极限在(　　)h以下时,宜选用薄涂型钢结构防火涂料。
　A.1.5　　　　　　 B.2.0　　　　　　 C.3.0　　　　　　 D.3.5

⑩半露天或某些潮湿环境的钢结构,露天钢结构应选用(　　)钢结构防火涂料。
　A.薄涂型　　　　　B.厚涂型　　　　　C.室外　　　　　　D.室内

(3)简答题。

①简述防火涂料的阻燃机理。

②简述如何选用防火涂料。

3)任务实施

①了解涂层测厚仪的类型,作用;

②了解探针、卡尺的类型,作用;

③确定检测位置；

④校对仪器；

⑤检测涂层厚度；

⑥结果评价。

注意事项：

①防腐涂层厚度的检测应在涂层干燥后进行。检测时构件表面不应有结露。

②检测位置应具有代表性。检测前应清除测试点表面的涂层、灰尘、油污等。每个构件检测5处，每处以3个相距不小于50 mm测点的平均值作为该处涂层厚度的代表值。以构件上所有测试点的平均值作为该构件涂层厚度的代表值。测点部位的涂层应与钢材附着良好。

③使用涂层测厚仪检测时，宜避免电磁干扰（如焊接等）。

④防腐、防火涂层厚度检测，应经外观检查无明显缺陷后进行。防火涂料不应有误涂、漏涂，涂层表面不应存在脱皮和返锈等缺陷，涂层应均匀、无明显皱皮、流坠、针眼和气泡等。

⑤楼板和墙体的防火涂层厚度检测，可选两相邻纵、横轴线相交的面积为一个构件，在其对角线上，每米选1个测点，每个构件不应少于5个测点。

⑥梁、柱及桁架杆件的防火涂层厚度检测，在构件长度内每隔3 m取一个截面，且每个构件不应少于两个截面进行检测。

⑦测试时，将探头与测点表面垂直接触，探头距试件边缘不宜小于10 mm，并保持1～2 s，读取仪器显示的测量值，对测试值进行打印或记录并依次进行测量。测点距试件边缘或内转角处的距离不宜小于20 mm。

⑧在测点处，将仪器的探针或窄片垂直插入防火涂层直至钢材防腐涂层表面，记录标尺读数，测试值应精确到0.5 mm。

⑨以同一截面测点的平均值作为该截面涂层厚度的代表值，以构件所有测点厚度的平均值作为该构件防火涂层厚度的代表值。

⑩每处涂层厚度的代表值不应小于设计厚度的85%，构件涂层厚度的代表值不应小于设计厚度。

知识拓展

近年来，钢结构住宅在欧美国家已成为主流建筑。由于钢铁的高强度和稳定的性能，韧性好而且适合于批量生产等优点而成为最佳建筑结构材料，一些先进城市的厂房、大楼、桥梁、大型公共工程，均采用钢结构建造。美国大约70%的非民居和两层及以下的建筑均采用了轻钢刚架体系。然而，最令人担忧的是钢结构建筑的锈蚀和不耐高温。

因此，在实际施工中常对钢结构构件表面进行涂装保护，以延长钢结构的使用寿命和增加安全性能，使其不受腐蚀和提高抗火性能。

项目 2　钢结构连接及构件校核

项目描述

钢结构是由型钢、钢板等构件通过连接构成的,各构件再通过安装连接构成整个结构。因此,连接方式及其质量优劣直接影响钢结构的工作性能,连接在钢结构中处于重要的枢纽地位。

因此,需要了解钢结构连接的形式及其破坏形式,钢结构连接的构造要求,钢结构的理论基础,钢结构梁、柱、柱脚的计算,钢结构梁梁连接、梁柱连接、柱脚、屋架节点的构造要求,钢结构体系的受力及分析方法等内容。

学习方法

抓核心:遵循"熟练识图→ 精准施工→ 质量管控→ 组织验收"知识链。

重实操:不仅要有必需的理论知识,更要有较强的操作技能,认真完成配备的实训内容,多去实训基地观察、动手操作,提高自己解决问题的能力。

举一反三:在掌握基本知识的基础上,不断总结,举一反三,以不变应万变。了解钢结构连接方式、构造要求,轴心受力构件、受弯构件的构造要求等。

知识目标

掌握钢结构的连接方式及计算;

掌握焊缝和螺栓的构造要求;

掌握轴心受力构件和受弯构件的强度、刚度、稳定性验算方法;

掌握受弯构件局部稳定的概念、设置加劲肋的规定及构造要求;

了解梁的拼接、次梁与主梁连接的构造要求;

了解钢屋架的结构组成及结构布置;

掌握屋架支撑的作用、类型及布置要求,钢屋架的节点构造要求。

技能目标

能分析钢结构连接的方式及其破坏形式;

能对钢结构梁、柱、柱脚等构件进行验算;

能分析钢结构连接的构造要求;

能分析钢结构梁梁连接、梁柱连接、柱脚、屋架节点的构造要求。

素质目标

认真负责,团结合作,维护集体的荣誉和利益;

努力学习专业技术知识,不断提高专业技能;

遵纪守法,具有良好的职业道德;

严格执行建设行业有关标准、规范、规程和制度。

任务1　钢结构连接构造及验算

任务描述

钢结构的连接方法有焊缝连接、螺栓连接和铆钉连接三种(见图2-1-1),其中铆钉连接因费料费工,现在已基本不被采用。

焊缝连接是目前钢结构最主要的连接方法。其优点是构造简单,加工方便,节约钢材,连接的刚度大,密封性能好,易于采用自动化作业。但焊缝连接会产生残余应力和残余变形,且连接的塑性和韧性较差。

螺栓连接可分为普通螺栓连接和高强度螺栓连接两种。普通螺栓分为A、B、C三级。其中A级和B级为精制螺栓,较少采用。C级螺栓为粗制螺栓,加工粗糙,尺寸不很准确,但传递拉力的性能尚好,且成本低,故多用于承受拉力的安装螺栓连接、次要结构和可拆卸结构的受剪连接及安装时的临时连接。高强度螺栓连接的优点是施工简便、受力好、耐疲劳、可拆换、工作安全可靠。因此,已广泛用于钢结构连接中,尤其适用于承受动力荷载的结构中。

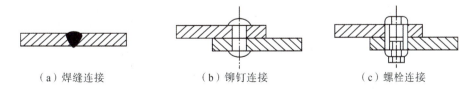

(a) 焊缝连接　　　　(b) 铆钉连接　　　　(c) 螺栓连接

图2-1-1　钢结构的连接方法

因此,需要掌握钢结构焊缝连接、螺栓连接的构造要求、受力特点,以及在各种荷载作用下的受力计算等,能够在施工过程中对临时结构进行分析和验算。

知识学习

2.1.1 焊缝连接

1. 焊缝的形式与构造

焊缝连接可分为对接、搭接、T形连接和角接四种形式（见图2-1-2）。

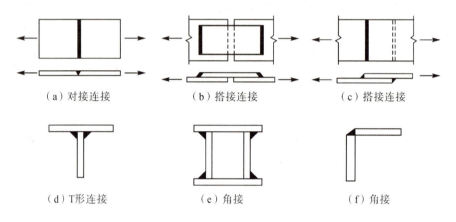

图2-1-2 焊接连接的形式

焊缝的形式是指焊缝本身的截面形式，主要有对接焊缝和角焊缝两种形式（见图2-1-3）。

图2-1-3 焊接的基本形式

1）对接焊缝

（1）对接焊缝的截面形式。

对接焊缝传力均匀平顺，无明显的应力集中，受力性能较好。但对接焊缝连接要求下料和装配的尺寸准确，保证相连板件间有适当空隙，还需要将焊件边缘开坡口，制造费工。用对接焊缝连接的板件常开成各种形式的坡口，焊缝金属填充在坡口内。对接焊缝板边的坡口形式有I形、单边V形、V形、J形、U形、K形和X形等（见图2-1-4）。

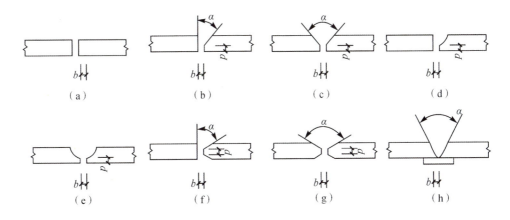

图 2-1-4 对接焊缝的坡口形式

(2) 对接焊缝的构造。

当焊件厚度很小($t \leq 6$ mm)时,可采用 I 形坡口;对于一般厚度(6 mm $< t \leq 20$ mm)的焊件,可采用单边 V 形或 V 形坡口,以便斜坡口和间隙 b 组成一个焊条能够运转的空间,使焊缝易于焊透;对于厚度较厚的焊件($t > 20$ mm),应采用 U 形、K 形或 X 形坡口。

对接焊缝施焊时的起点和终点,常因起弧和灭弧出现弧坑等缺陷,此处极易产生裂纹和应力集中,对承受动力荷载的结构尤为不利。为避免焊口缺陷,可在焊缝两端设引弧板(见图 2-1-5),起弧灭弧只在这里发生,焊完后将引弧板切除,并将板边沿受力方向修磨平整。

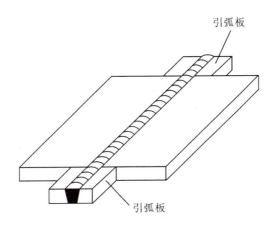

图 2-1-5 对接焊缝施焊用引弧板

在对接焊缝的拼接处,当焊件的宽度不同或厚度相差 4 mm 以上时,应分别在宽度方向或厚度方向从一侧或两侧做成坡度不大于 1/4(对承受动荷载的结构)或 1/2.5(对承受静荷载的结构)(见图 2-1-6),以使截面平缓过渡,使构件传力平顺,减少应力集中。当厚度不同时,坡口形式应根据较薄焊件厚度来取用,焊缝的计算厚度等于较薄焊件的厚度。

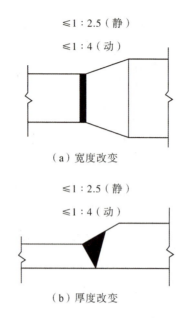

图 2-1-6　变截面钢板的拼接

2）角焊缝

角焊缝位于板件边缘，传力不均匀，受力情况复杂，受力不均匀容易引起应力集中；但因不需开坡口，尺寸和位置要求精度稍低，使用灵活，制造方便，故得到广泛应用。

(1)角焊缝的截面形式。

角焊缝按两焊脚边的夹角可分为直角角焊缝(见图 2-1-7(a)、(b)、(c))和斜角角焊缝(见图 2-1-7(d)、(e)、(f)、(g))两种。在建筑钢结构中，最常用的是直角角焊缝，斜角角焊缝主要用于钢管结构中。角焊缝按其与外力作用方向的不同可分为平行于外力作用方向的侧面角焊缝、垂直于外力作用方向的正面角焊缝(或称端焊缝)和与外力作用方向斜交的斜向角焊缝三种(见图 2-1-8)。

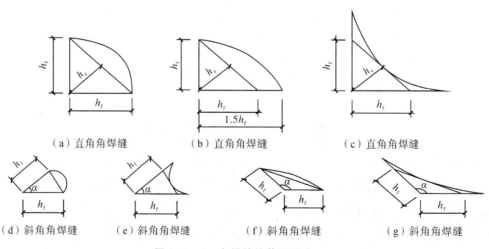

图 2-1-7　角焊缝的截面形式

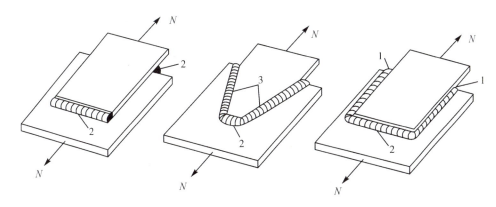

1—侧面角焊缝；2—正面角焊缝；3—斜向角焊缝。

图 2-1-8 角焊缝的受力形式

(2) 角焊缝的构造。

①最小焊脚尺寸：为保证角焊缝的最小承载能力，并防止焊缝因冷却过快而产生裂纹，角焊缝的最小焊脚尺寸应满足：$h_{fmin} \geqslant 1.5\sqrt{t_{max}}$，其中 t_{max} 为较厚焊件的板厚（单位 mm）。对于自动焊，最小焊脚尺寸可减小 1 mm；对于 T 形连接的单面角焊缝则应增加 1 mm；当焊件厚度等于或小于 4 mm 时，则 h_{fmin} 应与焊件同厚。

②最大焊脚尺寸：角焊缝的焊脚尺寸过大，焊缝收缩时将产生较大的焊接残余应力和残余变形，且热影响区扩大易产生脆裂，较薄焊件易烧穿。板件边缘的角焊缝与板件边缘等厚时，施焊时易产生咬边现象。角焊缝的最大焊脚尺寸应满足：$h_{fmax} \leqslant 1.2t_{min}$，其中 t_{min} 为较薄焊件的板厚（单位 mm）。当贴着板边缘施焊时，h_{fmax} 尚应满足下列要求：当焊件边缘厚度 $t \leqslant 6$ mm 时，取 $h_{fmax} \leqslant t_1$；当焊件边缘厚度 $t > 6$ mm 时，取 $h_{fmax} \leqslant t_1 - (1 \sim 2)$ mm。

③最小计算长度：角焊缝的焊缝长度过短，焊件局部受热严重，且施焊时起落弧坑相距过近，加之其他缺陷的存在，就可能使焊缝不够可靠。因此，《钢结构设计标准》（GB 50017—2017）规定角焊缝的最小计算长度应满足 $l_w \geqslant 8 h$，且 $l_w \geqslant 40$ mm。

④侧面角焊缝的最大计算长度：由于角焊缝的应力分布沿长度方向是不均匀的，两端大，中间小。当侧焊缝长度太长时，焊缝两端应力可能达到极限而破坏，而焊缝中部的应力还较低，这种应力分布不均匀对承受动荷载的结构尤为不利。因此，《钢结构设计标准》（GB 50017—2017）规定侧焊缝的计算长度不宜大于 $60h_f$（静荷载）或 $40h_f$（动荷载）。但当内力沿侧焊缝全长分布时则不受此限。

⑤在搭接连接中，为减小因焊缝收缩产生过大的残余应力及因偏心产生的附加弯矩，要求搭接长度不小于较小焊件厚度的 5 倍，且不小于 25 mm（见图 2-1-9）。

⑥板件的端部仅用两侧缝连接时（图 2-1-10），为避免应力传递过于弯折而致使板件应力

过于不均匀,应使焊缝长度 $l_w \geqslant b$;同时,为避免因焊缝收缩引起板件变形拱曲过大,应满足 $b \leqslant 16t$(当 $t > 12$ mm 时)或 190 mm(当 $t \leqslant 12$ mm 时)。若不满足此规定则应加焊端缝。

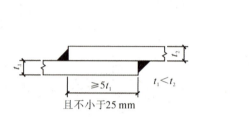

图 2-1-9 搭接长度要求   图 2-1-10 仅两侧焊缝连接的构造要求

⑦当角焊缝的端部在焊件的转角处时,为避免起落弧缺陷发生在应力集中较大的转角处,宜连续地绕过转角加焊 $2h_f$,并计入焊缝的有效长度之内(图 2-1-11)。

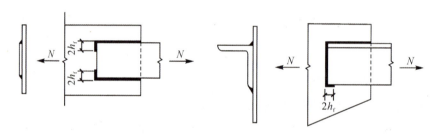

图 2-1-11 角焊缝的绕角焊

2. 焊缝的计算

1)对接焊缝

本书只介绍焊透对接焊缝的计算。

(1)轴心受力对接焊缝的计算:

对接焊缝受垂直于焊缝长度方向的轴心力(拉力或压力)(见图 2-1-12(a))时,其焊缝强度按下式计算

$$\sigma = \frac{N}{A_w} = \frac{N}{l_w t} \leqslant f_t^w \text{ 或 } f_c^w \tag{2.1.1}$$

式中,N——轴心力(拉力或压力);

l_w——焊缝的计算长度,当未采用引弧板施焊时,每条焊缝取实际长度减去 10 mm,当采用引弧板施焊时,取焊缝的实际长度;

t——在对接接头中取连接件的较小厚度,在 T 形接头中取腹板厚度;

A_w——焊缝的计算截面面积,$A_w = l_w t$;

f_t^w、f_c^w——对接焊缝的抗拉、抗压强度设计值。

如果采用直焊缝不能满足强度要求时,可采用斜对接焊缝(见图2-1-12(b))。计算表明,焊缝与作用力间的夹角满足:$\tan\theta \leqslant 1.5$ 时,斜焊缝的强度不低于母材强度,可不再进行验算。但斜对接焊缝比正对接焊缝费料,不宜多用。

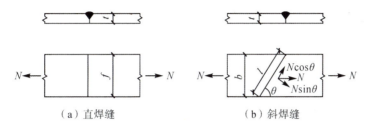

(a)直焊缝　　　　(b)斜焊缝

图 2-1-12　轴心受力对接焊缝

(2)弯矩、剪力共同作用时对接焊缝的计算:

对接焊缝在弯矩和剪力共同作用下,应分别验算其最大正应力和剪应力(见图2-1-13)。正应力和剪应力的计算公式如下:

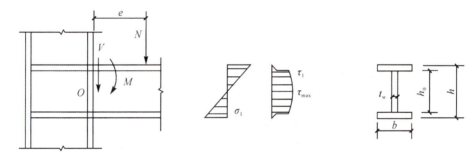

图 2-1-13　对接焊缝受弯矩和剪力共同作用

$$\sigma_{max} = \frac{M}{W_w} \leqslant f_t^w \text{ 或 } f_c^w \qquad (2.1.2)$$

$$\tau_{max} = 1.5\frac{V}{I_w t} \leqslant f_v^w \qquad (2.1.3a)$$

$$\tau_{max} = \frac{VS_w}{I_w t} \leqslant f_v^w \qquad (2.1.3b)$$

式中,σ_{max}、τ_{max}——最大正应力和最大剪应力;

M、V——焊缝承受的弯矩和剪力;

I_w、W_w——焊缝计算截面的惯性矩和抵抗矩;

S_w——计算剪应力处以上(或以下)焊缝计算截面对中和轴的面积矩;

f_v^w——对接焊缝的抗剪强度设计值;

f_t^w, f_c^w——对接焊缝的抗拉、抗压强度设计值。

对于矩形焊缝截面,因最大正(或剪)应力处正好剪(或正)应力为零,故可按式(2.1.2)、式(2.1.3)分别进行验算。对于工字形或 T 形焊缝截面,除按式(2.1.2)和式(2.1.3)验算外,在同时承受较大正应力 σ_1 和较大剪应力 τ_1 处(图 2-1-13 中梁腹板横向对接焊缝的端部),则还应按下式验算其折算应力:

$$\sqrt{\sigma_1^2 + 3\tau_1^2} \leqslant 1.1 f_\mathrm{t}^\mathrm{w} \tag{2.1.4}$$

$$\sigma_1 = \sigma_\mathrm{max}\frac{h_0}{h}, \quad \tau_1 = \frac{VS_\mathrm{w1}}{I_\mathrm{w} t_\mathrm{w}}$$

式中,系数 1.1——考虑要验算折算应力的地方只是局部区域,在该区域同时遇到材料最坏的概率是很小的,因此将强度设计值提高 10%。

t_w——工字形截面腹板厚度。

2)角焊缝

(1)直角角焊缝的受力特点

角焊缝(见图 2-1-14)受力后,其应力状态极为复杂。直角角焊缝的大量试验结果表明:侧焊缝的破坏截面以 45°喉部截面居多;而端焊缝则多数不在该截面破坏,并且端焊缝的破坏强度是侧焊缝的 1.35~1.55 倍。因此,为了保证安全,假定直角角焊缝的破坏截面在 45°喉部截面处,即图 2-1-14 中的 AE 截面,AE 截面(不考虑余高)为计算时采用的截面,称为有效截面,其截面高度为 h_e,截面面积为 $h_\mathrm{e} l_\mathrm{w}$。

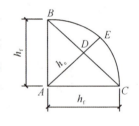

图 2-1-14 角焊缝截面

正是由于角焊缝的应力分布十分复杂,且正面焊缝与侧面焊缝工作差别很大,要精确计算很困难。因此,计算时均按破坏时计算截面上的平均应力来确定其强度,并采用统一的强度设计值 f_f^w,见表 2-1-1。

表 2-1-1 焊缝的强度设计值(N/mm²)

焊接方法和焊条型号	构件钢材		对接焊缝				角焊缝
	牌号	厚度或直径/mm	抗压 f_c^w	焊缝质量为下列等级时,抗拉 f_t^w		抗剪 f_v^w	抗拉、抗压和抗剪 f_f^w
				一级、二级	三级		
自动焊、半自动焊和 E43 型焊条的手工焊	Q235 钢	≤16	215	215	185	125	160
		>16~40	205	205	175	120	
		>40~60	200	200	170	115	
		>60~100	190	190	160	110	

续表

焊接方法和焊条型号	构件钢材		对接焊缝				角焊缝
	牌号	厚度或直径/mm	抗压 f_c^w	焊缝质量为下列等级时,抗拉 f_t^w		抗剪 f_v^w	抗拉、抗压和抗剪 f_f^w
				一级、二级	三级		
自动焊、半自动焊和E50型焊条的手工焊	Q345钢	>16~35	295	295	250	170	200
		>35~50	265	265	225	155	
		>50~100	250	250	210	145	
自动焊、半自动焊和E55型焊条的手工焊	Q390钢	≤16	350	350	300	205	220
		>16~35	335	335	285	190	
		>35~50	315	315	270	180	
		>50~100	295	295	250	180	
自动焊、半自动焊和E55型焊条的手工焊	Q420钢	≤16	380	380	320	220	220
		>16~35	360	360	305	210	
		>35~50	340	340	290	195	
		>50~100	325	325	275	185	

注:1.自动焊和半自动焊所采用的焊丝和焊剂,应保证其熔敷金属的力学性能不低于现行国家标准《埋弧焊用非合金钢及细晶粒钢实心焊丝、药芯焊丝和焊丝-焊剂组合分类要求》(GB/T 5293—2018)和《埋弧焊用热强钢实心焊丝、药芯焊丝和焊丝-焊剂》(GB/T 12470—2018)中相关的规定;

2.焊缝质量等级应符合现行国家标准《钢结构工程施工质量验收规范》GB 50205—2001的规定。其中厚度小于8 mm钢材的对接焊缝,不宜用超声波探伤确定焊缝质量等级;

3.对接焊缝抗弯受压区强度设计值取 f_c^w,抗弯受拉区强度设计值取 f_t^w。

(2)直角角焊缝的计算公式

①在通过焊缝形心的拉力、压力或剪力作用下:

当力垂直于焊缝长度方向时(正面角焊缝):

$$\sigma_f = \frac{N}{h_e \sum l_w} \leqslant \beta_f f_f^w \qquad (2.1.5)$$

当力平行于焊缝长度方向时(侧面角焊缝):

$$\tau_f = \frac{N}{h_e \sum l_w} \leqslant f_f^w \qquad (2.1.6)$$

式中,N——轴心力(拉力、压力或剪力);

σ_f——按焊缝有效截面计算的垂直于焊缝长度方向的应力;

τ_f——按焊缝有效截面计算的沿焊缝长度方向的剪应力;

β_f——正面角焊缝的强度设计值增大系数,对承受静荷载和间接承受动荷载的结构,$\beta_f=1.22$,对直接承受动力荷载的结构,$\beta_f=1.0$;

h_e——角焊缝的有效高度,取 $h_e=0.7h_f$(h_f 为较小焊脚尺寸);

l_w——焊缝的计算长度,考虑到角焊缝的两端不可避免地会有弧坑等缺陷,所以角焊缝的计算长度等于其实际长度减去 10。

②在弯矩、剪力和轴心力共同作用下:

如图 2-1-15 所示,焊缝的 A 点为最危险点。

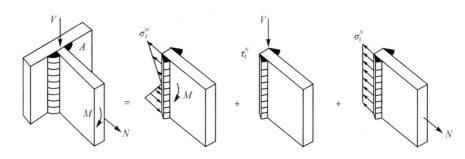

图 2-1-15　弯矩、剪力和轴心力共同作用时 T 形接头角焊缝

由轴心力 N 产生的垂直于焊缝长度方向的应力为:

$$\sigma_f^N = \frac{N}{A_w} = \frac{N}{2h_e l_w} \quad (2.1.7a)$$

由剪力 V 产生的平行于焊缝长度方向的应力为:

$$\tau_f^V = \frac{V}{A_w} = \frac{V}{2h_e l_w} \quad (2.1.7b)$$

由弯矩 M 引起的垂直于焊缝长度方向的应力为:

$$\sigma_f^M = \frac{M}{W_w} = \frac{6M}{2h_e l_w^2} \quad (2.1.7c)$$

将垂直于焊缝方向的应力 σ_f^N 和 σ_f^M 相加,根据《钢结构规范》规定,危险点 A 的强度条件为

$$\sqrt{\left(\frac{\sigma_f^N + \sigma_f^M}{\beta_f}\right)^2 + (\tau_f^V)^2} \leqslant f_f^w \quad (2.1.8)$$

式中,A_w——角焊缝的有效截面面积;

W_w——角焊缝的有效截面模量。

注意:对于承受静荷载和间接承受动荷载的结构中的斜角角焊缝,按式(2.1.5)~(2.1.8)计算时,应取 $\beta_f=1.0$。

③角钢连接角焊缝的计算:角钢与连接板用角焊缝连接可以采用两侧面焊缝、三面围焊缝和 L 形围焊缝三种形式(见图 2-1-16),为避免偏心受力,应使焊缝传递的合力作用线与角钢

杆件的轴线相重合。

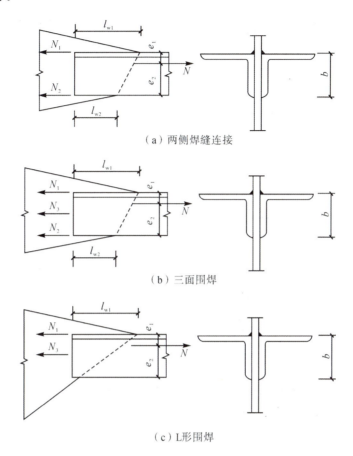

(a) 两侧焊缝连接

(b) 三面围焊

(c) L形围焊

图 2-1-16 角钢与钢板的角焊缝连接

a. 采用两侧焊缝连接时（图 2-1-16(a)），设 N_1、N_2 分别为角钢肢背和肢尖焊缝承受的内力，由平衡条件得

$$N_1 = K_1 N = \frac{e_2}{e_1 + e_2} N \tag{2.1.9a}$$

$$N_2 = K_2 N = \frac{e_1}{e_1 + e_2} N \tag{2.1.9b}$$

式中，e_1、e_2——角钢与连接板贴合肢重心轴线到肢背与肢尖的距离；

K_1、K_2——角钢肢背与肢尖焊缝的内力分配系数，按表 2-1-2 采用。

表 2-1-2　角钢肢背与肢尖分配系数

角钢类型	连接情况	分配系数	
		角钢肢背 K_1	角钢肢尖 K_2
等边		0.70	0.30
不等边（短肢相连）		0.75	0.25
不等边（长肢相连）		0.65	0.35

计算出 N_1、N_2 后，可根据构造要求确定肢背和肢尖的焊脚尺寸 h_{f1} 和 h_{f2}，然后分别计算角钢肢背和肢尖焊缝所需的长度 l_{w1} 和 l_{w2}：

$$\sum l_{w1} = \frac{N_1}{0.7 h_{f1} f_f^w} \tag{2.1.10a}$$

$$\sum l_{w2} = \frac{N_2}{0.7 h_{f2} f_f^w} \tag{2.1.10b}$$

b. 采用三面围焊连接时（见图 2-1-16(b)），首先根据构造要求选取端焊缝的焊脚尺寸 h_{f1}，并计算其所能承受的内力（设截面为双角钢的 T 形截面）：

$$N_3 = 2 \times 0.7 h_f \sum l_{w3} \beta_f f_f^w \tag{2.1.11}$$

$$N_1 = K_1 N - \frac{N_3}{2} \tag{2.1.12a}$$

$$N_2 = K_2 N - \frac{N_3}{2} \tag{2.1.12b}$$

这样即可由 N_1、N_2 分别计算角钢肢背和肢尖的侧面焊缝长度。

c. 采用 L 形围焊缝时（见图 2-1-16(c)），L 形围焊中由于角钢肢尖无焊缝，在式(2.1.12b)中，令 $N_2 = 0$，则有

$$N_3 = 2 K_2 N \tag{2.1.13a}$$

$$N_1 = N - 2 K_2 N \tag{2.1.13b}$$

显然,求得 N_1、N_3 后,即可分别计算角钢正面角焊缝和肢背侧面角焊缝长度。

2.1.2 螺栓连接

1. 普通螺栓连接的计算和构造

1) 普通螺栓连接的构造

(1) 螺栓的规格。

钢结构采用的普通螺栓形式为六角头型,其代号用字母 M 和公称直径的毫米数表示。螺栓直径 R 应根据整个结构及其主要连接的尺寸和受力情况选定,受力螺栓一般采用 M16、M20、M24 等。

(2) 螺栓的排列。

螺栓的排列有并列和错列两种基本形式(见图 2-1-17)。并列布置简单,但栓孔对截面削弱较大;错列布置紧凑,可减少截面削弱,但排列较繁杂。

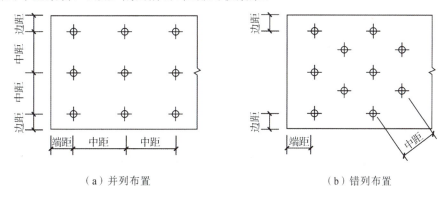

(a) 并列布置　　　　　　　(b) 错列布置

图 2-1-17　螺栓的排列

螺栓在构件上的排列应同时考虑受力要求、构造要求及施工要求。据此,《钢结构规范》做出了螺栓最小和最大容许距离的规定,见表 2-1-3。

表 2-1-3　螺栓或铆钉的孔距、边距和端距容许值

名称	位置和方向			最大容许间距 (取两者的较小值)	最小容许间距
中心间距	外排(垂直内力方向或顺内力方向)			$8d_0$ 或 $12t$	$3d_0$
	中间排	垂直内力方向		$16d_0$ 或 $24t$	
		顺内力方向	构件受压力	$12d_0$ 或 $18t$	
			构件受拉力	$16d_0$ 或 $24t$	
	沿对角线方向			—	

续表

名称	位置和方向			最大容许间距 （取两者的较小值）	最小容许间距
中心至构件 边缘距离		或顺内力方向		$4d_0$ 或 $8t$	$2d_0$
	垂直内 力方向	剪切边或手工切割边			$1.5d_0$
		轧制边、自动气割 或锯割边	高强度螺栓		
			其他螺栓或铆钉		$1.2d_0$

注：1. d_0 为螺栓或铆钉的孔径，对槽孔为短向尺寸，t 为外层较薄板件的厚度。

2. 钢板边缘与刚性构件（如角钢，槽钢等）相连的高强度螺栓的最大间距，可按中间排的数值采用。

3. 计算螺栓孔引起的截面削弱时可取 $d+4$ mm 和 d_0 的较大者。

从受力角度出发，螺栓端距不能太小，否则孔前钢板有被剪坏的可能；螺栓端距也不能过大，螺栓端距过大不仅会造成材料的浪费，对受压构件而言还会发生压屈鼓肚现象。

从构造角度考虑，螺栓的栓距及线距不宜过大，否则被连接构件间的接触不紧密，潮气就会侵入板件间的缝隙内，造成钢板锈蚀。

从施工角度来说，布置螺栓还应考虑拧紧螺栓时所必需的施工空隙。

(3) 螺栓的其他构造要求。

①每一杆件在节点上以及拼接接头的一端，永久性的螺栓数不宜少于两个。对组合构件的缀条，其端部连接可采用一个螺栓。

②C 级螺栓宜用于沿其杆轴方向的受拉连接，在下列情况下可用于受剪连接：a. 承受静荷载或间接承受动荷载结构中的次要连接；b. 不承受动荷载的可拆卸结构的连接；c. 临时固定构件用的安装连接。

③对直接承受动荷载的普通螺栓连接应采用双螺帽或其他能防止螺帽松动的有效措施。

2) 普通螺栓连接的计算

普通螺栓连接的受力形式（见图 2-1-18）可分为三类：①外力与栓杆垂直的受剪螺栓连接；②外力与栓杆平行的受拉螺栓连接；③同时受剪和受拉的螺栓连接。

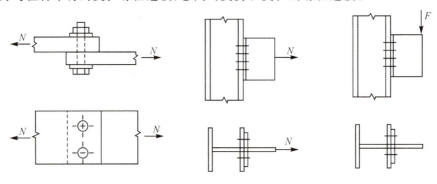

(a) 受剪螺栓连接　　(b) 受拉螺栓连接　　(c) 同时受剪和受拉的螺栓连接

图 2-1-18　普通螺栓连接受力方式分类

(1)受剪螺栓连接。

普通螺栓连接按受力情况可分为三类:螺栓只承受剪力;螺栓只承受拉力;螺栓承受拉力和剪力的共同作用。下面先介绍螺栓受剪时的工作性能和计算方法。

抗剪连接是最常见的螺栓连接。如果以图 2-1-19(a)所示的螺栓连接试件作抗剪试验,可得出试件上 a、b 两点之间的相对位移 δ 与作用力 N 的关系曲线(图 2-1-19(b))。该曲线给出了试件由零载一直加载至连接破坏的全过程,经历了以下四个阶段:

摩擦传力的弹性阶段:在施加荷载之初,荷载较小,荷载靠构件间接触面的摩擦力传递,螺栓杆与孔壁之间的间隙保持不变,连接工作处于弹性阶段,在 N-δ 图上呈现出 0—1 斜直线段。但由于板件间摩擦力的大小取决于拧紧螺帽时在螺杆中的初始拉力,一般说来,普通螺栓的初拉力很小,故此阶段很短。

滑移阶段:当荷载增大,连接中的剪力达到构件间摩擦力的最大值,板件间产生相对滑移,其最大滑移量为螺栓杆与孔壁之间的间隙,直至螺栓与孔壁接触,相应于 N-δ 曲线上的 1—2 水平段。

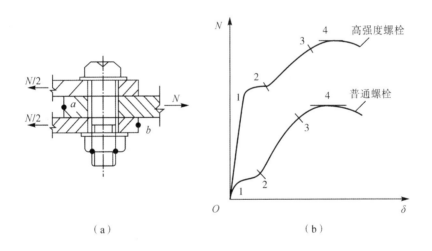

图 2-1-19 单个螺栓抗剪试验结果

栓杆传力的弹性阶段:荷载继续增加,连接所承受的外力主要靠栓杆与孔壁接触传递。栓杆除主要受剪力外,还有弯矩和轴向拉力,而孔壁则受到挤压。由于栓杆的伸长受到螺帽的约束,增大了板件间的压紧力,使板件间的摩擦力也随之增大,所以 N-δ 曲线呈上升状态。达到"3"点时,曲线开始明显弯曲,表明螺栓或连接板达到弹性极限,此阶段结束。

①受力特点:

受剪螺栓连接依靠栓杆抗剪和栓杆对孔壁的承压传力。普通螺栓以螺栓最后被剪断或孔壁被挤压破坏为极限承载能力。

受剪螺栓连接达到极限承载力时,可能出现以下五种破坏形式:

a. 当栓杆较细、板件较厚时,栓杆可能先被剪断(图2-1-20(a));

b. 当栓杆较粗、板件相对较薄时,板件可能先被挤压破坏(图2-1-20(b)),由于栓杆和板件的挤压是相对的,故薄板被挤压破坏就用螺栓承压破坏代替;

c. 当栓孔对板的削弱过于严重时,板可能在栓孔削弱的净截面处被拉(或压)破坏(图2-1-20(c));

d. 当端距太小如 $a_1 < 2d_0$(d_0为栓孔直径)时,端距范围内的板件可能被栓杆冲剪破坏(图2-1-20(d));

e. 当栓杆太长如$\sum t > 5d$(d为栓杆直径)时,栓杆可能产生过大的弯曲变形,称为螺栓杆的弯曲破坏(图2-1-20(e))。

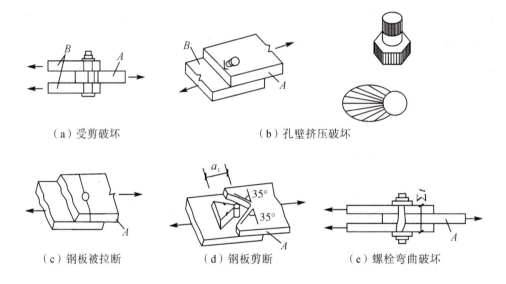

(a)受剪破坏　　(b)孔壁挤压破坏

(c)钢板被拉断　　(d)钢板剪断　　(e)螺栓弯曲破坏

图2-1-20　螺栓连接的破坏类型

为保证螺栓连接能安全承载,对于(a)、(b)类型的破坏,通过计算单个螺栓承载力来控制;对于(c)类型的破坏,则由验算构件净截面强度来控制;对于(d)、(e)类型的破坏,通过保证螺栓间距及边距不小于规定值(表2-1-4)来控制。

表 2-1-4 螺栓连接强度指标（N/mm²）

螺栓的性能等级、锚栓和构件钢材的牌号		强度设计值										高强度螺栓的抗拉强度 f_u^b
		普通螺栓						锚栓	承压型连接或网架用高强度螺栓			
		C级螺栓			A级、B级螺栓							
		f_t^b	f_v^b	f_c^b	f_t^b	f_v^b	f_c^b	f_t^a	f_t^b	f_v^b	f_c^b	
普通螺栓	4.6级、4.8级	170	140	—	—	—	—	—	—	—	—	—
	5.6级	—	—	—	210	190	—	—	—	—	—	—
	8.8级	—	—	—	400	320	—	—	—	—	—	—
锚栓	Q235	—	—	—	—	—	—	140	—	—	—	—
	Q345	—	—	—	—	—	—	180	—	—	—	—
	Q390	—	—	—	—	—	—	185	—	—	—	—
承压型连接高强度螺栓	8.8级	—	—	—	—	—	—	—	400	250	—	830
	10.9级	—	—	—	—	—	—	—	500	310	—	1040
螺栓球节点用高强度螺栓	9.8级	—	—	—	—	—	—	—	385	—	—	—
	10.9级	—	—	—	—	—	—	—	430	—	—	—
构件钢材牌号	Q235	—	—	305	—	—	405	—	—	—	470	—
	Q345	—	—	385	—	—	510	—	—	—	590	—
	Q390	—	—	400	—	—	530	—	—	—	615	—
	Q420	—	—	425	—	—	560	—	—	—	655	—
	Q460	—	—	450	—	—	595	—	—	—	695	—
	Q345GJ	—	—	400	—	—	530	—	—	—	615	—

注：1. A级螺栓用于 $d \leqslant 24$ mm 和 $L \leqslant 10d$ 或 $L \leqslant 150$ mm（按较小值）的螺栓；B级螺栓用于 $d > 24$ mm 和 $L > 10d$ 或 $L > 150$ mm（按较小值）的螺栓；d 为公称直径，L 为螺栓公称长度。

2. A级、B级螺栓孔的精度和孔壁表面粗糙度，C级螺栓孔的允许偏差和孔壁表面粗糙度，均应符合现行国家标准《钢结构工程施工质量验收规范》(GB 50205)的要求。

3. 用于螺栓球节点网架的高强度螺栓，M12～M36 为 10.9 级，M39～M64 为 9.8 级。

②计算方法

a. 单个受剪螺栓连接承载力设计值计算

受剪螺栓中，假定栓杆剪应力沿受剪面均匀分布，孔壁承压应力换算为沿栓杆直径投影宽度内板件面上均匀分布的应力。那么一个螺栓受剪承载力设计值为：

$$N_v^b = n_v \frac{\pi d^2}{4} f_v^b \qquad (2.1.14)$$

一个螺栓承压承载力设计值为：

$$N_c^b = d \sum t f_c^b \qquad (2.1.15)$$

式中，n_v——螺栓受剪面数，单剪 $n_v=1$，双剪 $n_v=2$，四剪 $n_v=4$（见图 2-1-21）；

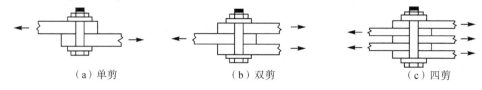

图 2-1-21 受剪螺栓连接

$\sum t$——在同一受力方向承压构件的较小总厚度；

d——螺栓杆直径；

f_v^b、f_c^b——分别为螺栓的抗剪和承压强度设计值，见表 2-1-4。

这样，单个受剪螺栓的承载力设计值应取 N_v^b，N_c^b 中的较小值，即 $N_{min}^b = \min(N_v^b, N_c^b)$。每个螺栓在外力作用下所受实际剪力应满足：$N_v < N_{min}^b$。

需要指出的是，按轴心受力计算的单角钢构件单面连接时，考虑不对称截面单面连接的不利影响，螺栓承载力设计值应乘值为 0.85 的折减系数予以降低；钢板搭接或用拼接板的单面拼接，以及一个构件借助填板或其他中间板件与另一构件连接的螺栓，应乘值为 0.9 的折减系数予以降低（高强度螺栓摩擦型连接除外）。

b. 受剪螺栓连接受轴心力作用时：

首先，计算出连接所需螺栓数目。由于轴心拉力通过螺栓群中心，可假定每个螺栓受力相等，则连接一侧所需螺栓数 n 为：

$$n \geqslant \frac{N}{N_{min}^b} \qquad (2.1.16)$$

由于沿受力方向的连接长度 $l_1 \leqslant 15D_0$（D_0 为螺栓孔径）时，上述关于每个螺栓受力相等的假定才能成立。当 $l_1 > 15D_0$ 时，螺栓的抗剪和承压承载力设计值应乘以折减系数 β 予以降低，以防沿受力方向两端的螺栓提前破坏。

$$\beta = 1.1 - \frac{l_1}{150D_0} \qquad (2.1.17)$$

当 $l_1 > 60D_0$ 时，一律取 $\beta = 0.7$。

其次，对构件净截面强度进行验算。构件开孔处净截面强度应满足：

$$\sigma = \frac{N}{A_n} \leqslant f \qquad (2.1.18)$$

式中,A_n——连接件或构件在所验算截面处的净截面面积;

N——连接件或构件验算截面处的轴心力设计值;

f——钢材的抗拉(或抗压)强度设计值。

必须指出,净截面强度验算截面应选择最不利截面,即内力最大或净截面面积较小的截面。如图 2-1-22(a)所示的钢板轴心受拉连接,若该连接采用如图 2-1-22(b)所示螺栓并列布置时,拉力 N 通过 9 个螺栓的栓杆剪切和孔壁承压传递给盖板。假定均匀传递,则每个螺栓承受 $N/9$,构件在截面Ⅰ-Ⅰ、Ⅱ-Ⅱ、Ⅲ-Ⅲ处的拉力分别为 N、$6N/9$、$3N/9$,因此最不利截面为截面Ⅰ-Ⅰ,其内力最大为 N,之后各截面因前面螺栓已传递部分内力,故逐渐递减。而连接盖板各截面的内力恰好与被连接构件相反,截面Ⅲ-Ⅲ受力最大亦为 N,因此还须比较它和被连接构件截面Ⅰ-Ⅰ的净截面面积,以确定最不利截面,然后按式(2.1.18)进行验算。

若该连接采用如图 2-1-22(c)所示的螺栓错列布置时,就有如下 6 种可能的破坏面:沿孔 1-2 的直线截面;沿孔 3-4-5 的直线截面;沿孔 3-1-2 的折线截面;沿孔 3-1-4-5 的折线截面;沿孔 3-1-4-2 的折线截面;沿孔 3-1-4-2-5 的折线截面。应同时计算出各种可能破坏面的净截面面积 A_n,并分析各种可能破坏面上所受力的大小,确定最不利截面,然后将净截面面积和相应验算截面处的轴心力设计值代入式(2.1.18)验算。

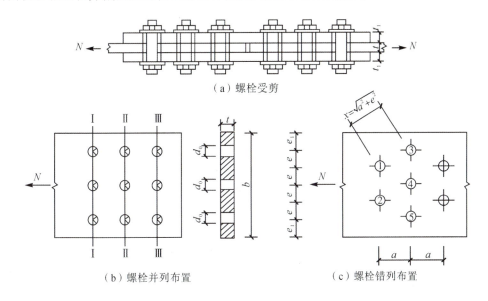

(a)螺栓受剪

(b)螺栓并列布置　　(c)螺栓错列布置

图 2-1-22　螺栓连接受轴心力作用

(2)受拉螺栓连接。

沿螺栓杆轴方向受拉时,一般很难做到拉力正好作用在螺杆轴线上,而是通过水平板件传递,如图 2-1-23 所示。若与螺栓直接相连的翼缘板的刚度不是很大,由于翼缘的弯曲,使螺栓受到撬力的附加作用,杆力增加到:

$$N_t = N + Q$$

式中，Q 称为撬力。撬力的大小与翼缘板厚度、螺杆直径、螺栓位置、连接总厚度等因素有关，准确求值非常困难。

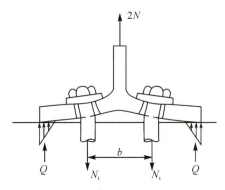

图 2-1-23 受拉螺栓的撬力

为了简化计算，我国规范将螺栓的抗拉强度设计值降低 20% 来考虑撬力影响。例如 4.6 级普通螺栓（3 号钢做成），取抗拉强度设计值为

$$f_t^b = 0.8f = 0.8 \times 215 = 170 \text{ N/mm}^2$$

这相当于考虑了撬力 $Q = 0.25 \text{ N}$。一般来说，只要按构造要求取翼缘板厚度 $t \geqslant 20 \text{ mm}$，而且螺栓距离 b 不要过大，这样简化处理是可靠的。如果翼缘板太薄时，可采用加劲肋加强翼缘，如图 2-1-24 所示。

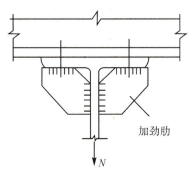

图 2-1-24 翼缘加强措施

① 单个受拉螺栓的抗拉承载力设计值计算：
一个受拉螺栓的承载力设计值为

$$N_t^b = A_e f_t^b = \frac{1}{4}\pi d_e^2 f_t^b \tag{2.1.19}$$

式中，d_e、A_e——分别为螺栓螺纹处的有效直径和有效面积，见表 2-1-5；
$\qquad f_t^b$——螺栓抗拉强度设计值，见表 2-1-4。

表 2-1-5　螺栓螺纹处的有效直径和有效面积

螺栓直径(d_e/mm)	螺纹间距(p/mm)	螺栓有效直径(d_e/mm)	螺栓有效面积(A_e/mm)
10	1.5	8.59	58
12	1.8	10.36	84
14	2.0	12.12	115
16	2.0	14.12	157
18	2.5	15.65	192
20	2.5	17.65	245
22	2.5	19.65	303
24	3.0	21.19	352
27	3.0	24.19	459
30	3.5	26.72	560
33	3.5	29.72	693
36	4.0	32.25	816
39	4.0	35.25	975
42	4.5	37.78	1 120
45	4.5	40.78	1 305
48	5.0	43.31	1 472
52	5.0	47.31	1 757
56	5.5	50.84	2 029
60	5.5	54.84	2 361
64	6.0	58.37	2 675
68	6.0	62.37	3 054
72	6.0	66.37	3 458
76	6.0	70.37	3 887
80	6.0	74.37	4 342

②受拉螺栓连接受轴心力作用时的计算：

当外力通过螺栓群中心螺栓受拉时，假定各个螺栓所受拉力相等，则连接所需螺栓数目为

$$n = \frac{N}{N_t^b} \tag{2.1.20}$$

③受拉螺栓群连接在弯矩作用下的计算：

在弯矩作用下,假定中和轴位置在最下边一排螺栓轴线上,即构件绕最低排螺栓旋转,而使螺栓受拉。因此,各个螺栓受的拉力大小和该排螺栓至低排螺栓的距离成正比,最顶排螺栓所受拉力最大,只需验算其即可。

$$N_1 = N_1^M = M_{y_1}/(m\sum y_i^2) \leqslant N_t^b \tag{2.1.21}$$

式中, M——作用在螺栓群的弯矩设计值;

y_1、y_i——分别为第一排和第i排螺栓至低排螺栓的距离。

④在弯矩和偏心拉力作用下的计算:

在弯矩和轴力作用下的螺栓群,其受力情况分两种,如图 2-1-25 所示。

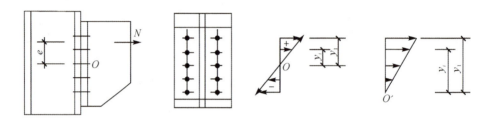

图 2-1-25 受拉螺栓连接受偏心作用

先假定螺栓群中心为弯矩的中和轴,则螺栓受到的最大拉力 N_{max} 出现在最上排螺栓处,最小值 N_{min} 在最下排螺栓处,其值为:

$$N_{max} = \frac{F}{n} + \frac{(M+Fe)y_1}{m\sum y_i^2} \leqslant N_t^b \tag{2.1.22}$$

$$N_{min} = \frac{F}{n} - \frac{(M+Fe)Fy_1}{m\sum y_i^2} \tag{2.1.23}$$

式中,n——螺栓数目;

m——螺栓排数。

当 $N_{min} \geqslant 0$ 时,构件 B 绕螺栓群的形心 O 转动,只需满足式(2.1.22)即可;

当 $N_{min} < 0$ 时,构件 B 的螺栓群形心下移 O 转动,则应下式的要求:

$$N'_{max} = \frac{(M+Fe')y'_1}{m\sum y_i'^2} \leqslant N_t^b \tag{2.1.24}$$

式中, e'——偏心拉力 F 至转轴的距离;

y_1'、y_i'——分别为第一排和第i排螺栓至转轴的距离。

(3)同时承受剪力和拉力的螺栓连接的计算。

当螺栓同时承受剪力和拉力时,连接螺栓安全工作的强度条件是连接中最危险螺栓所承受的剪力和拉力应满足下面的相关公式:

$$\sqrt{\left(\frac{N_v}{N_v^b}\right)^2+\left(\frac{N_t}{N_t^b}\right)^2} \leqslant 1 \qquad (2.1.25)$$

且
$$N_v \leqslant N_c^b$$

式中，N_v——连接中第一排螺栓所承受的剪力；

N_t——连接中第一排螺栓所承受的拉力；

N_v^b、N_t^b、N_c^b——一个螺栓的抗剪、抗拉和承压承载力设计值。

2. 高强度螺栓连接的计算和构造

高强度螺栓连接已经发展成为与焊接并举的钢结构主要连接形式之一，它具有受力性能好、耐疲劳、抗震性能好、连接刚度高、施工简便等优点，被广泛应用在建筑钢结构和桥梁钢结构的工地连接中，成为钢结构安装的主要手段之一。

高强度螺栓连接主要是靠被连接板件间的强大摩阻力来抵抗外力，按其受力状况，可分为摩擦型连接、摩擦-承压型连接、承压型连接和张拉型连接等几种类型，其中摩擦型连接是目前广泛采用的基本连接形式。

摩擦型高强度螺栓连接单纯依靠被连接件间的摩阻力传递剪力，以摩阻力刚被克服，连接钢板间即将产生相对滑移的状态为承载能力极限状态。而承压型高强度螺栓连接的传力特征是剪力超过摩擦力时，被连接件间发生相互滑移，螺栓杆身与孔壁接触，螺杆受剪，孔壁承压，以螺栓受剪或钢板承压破坏为承载能力极限状态，其破坏形式同普通螺栓连接。

1）高强度螺栓种类

高强度螺栓从外形上可分为大六角头形和扭剪形两种；按性能等级可分为 8.8 级、10.9 级、12.9 级等，目前我国使用的大六角头高强度螺栓有 8.8 级和 10.9 级两种，扭剪形高强度螺栓只有 10.9 级一种。

大六角头高强度螺栓连接副：含一个螺栓、一个螺母、两个垫圈（螺头和螺母两侧各一个垫圈）。螺栓、螺母、垫圈在组成一个连接副时，其性能等级要匹配。

扭剪型高强度螺栓连接副：含一个螺栓、一个螺母、一个垫圈。螺栓、螺母、垫圈在组成一个连接副时，其性能等级要匹配。

高强度螺栓连接副实物的机械性能主要包括螺栓的抗拉荷载、螺母的保证荷载及实物硬度等。对于高强度螺栓连接副，不论是 10.9 级还是 8.8 级螺栓，所采用的垫圈是一致的。

2）高强度螺栓连接构造

（1）高强度螺栓连接的工作性能。

①高强度螺栓的抗剪性能：由于高强度螺栓连接有较大的预拉力，从而使被连板叠中有很大的预压力，当连接受剪时，主要依靠摩擦力传力的高强度螺栓连接的抗剪承载力。继续增大外力，连接产生了滑动，当栓杆与孔壁接触后，连接又可继续承载直到破坏。如果连接不产生滑

动,即为高强度螺栓摩擦型连接;如果允许连接产生滑动,即为高强度螺栓承压型连接。

②高强度螺栓的抗拉性能:高强度螺栓在承受外拉力前,螺杆中已有很高的预拉力 P,板层之间则有压力 C,而 P 与 C 维持平衡(图 2-1-26(a))。当对螺栓施加外拉力 N_t,则栓杆在板层之间的压力未完全消失前被拉长,此时螺杆中拉力增量为 ΔP,同时把压紧的板件拉松,使压力 C 减少 ΔC(图 2-1-26(b))。

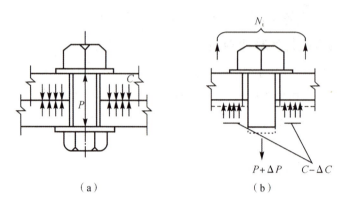

图 2-1-26 高强度螺栓受拉

计算表明,当加于螺杆上的外拉力 N_t 为预拉力 P 的 80% 时,螺杆内的拉力增加很少,因此可认为此时螺杆的预拉力基本不变。同时由实验得知,当外加拉力大于螺杆的预拉力时,卸荷后螺杆中的预拉力会变小,即发生松弛现象。但当外加拉力小于螺杆预拉力的 80% 时,即无松弛现象发生。也就是说,被连接板件接触面间仍能保持一定的压紧力,可以假定整个板面始终处于紧密接触状态。但上述取值没有考虑杠杆作用而引起的撬力影响。实际上这种杠杆作用存在于所有螺栓的抗拉连接中。研究表明,当外拉力 $N_t \leqslant 0.5P$ 时,不出现撬力,如图 2-1-27 所示,撬力 Q 大约在 N_t 达到 $0.5P$ 时开始出现,起初增加缓慢,后逐渐加快,到临近破坏时因螺栓开始屈服而又有所下降。

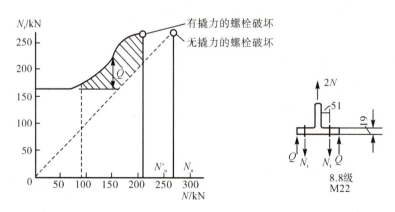

图 2-1-27 高强度螺栓的撬力影响

由于撬力 Q 的存在，外拉力的极限值由 N_u 下降到 N'_u。因此，如果在设计中不计算撬力 Q，应使 $N \leqslant 0.5P$；或者增大 T 形连接件翼缘板的刚度。分析表明，当翼缘板的厚度 t_1 不小于 2 倍螺栓直径时，螺栓中可完全不产生撬力。实际上很难满足这一条件，可采用所示的加劲肋代替。

在直接承受动力荷载的结构中，由于高强度螺栓连接受拉时的疲劳强度较低，每个高强度螺栓的外拉力不宜超过 $0.5P$。当需考虑撬力影响时，外拉力还需降低。

（2）高强度螺栓连接的构造要求。

为了保证通过摩擦力传递剪力，高强度螺栓的预拉力 P 的准确控制非常重要。针对不同类型的高强度螺栓，其预拉力的建立方法不尽相同。

大六角头螺栓的预拉力控制方法：

①力矩法：一般采用指针式扭力（测力）扳手或预置式扭力（定力）扳手。目前用得多的是电动扭矩扳手。力矩法是通过控制拧紧力矩来实现控制预拉力。拧紧力矩可由试验确定，应使施工时控制的预拉力为设计预拉力的 1.1 倍。当采用电动扭矩扳手时，所需要的施工扭矩 T_f 为

$$T_f = kP_f d \tag{2.1.26}$$

式中，P_f——施工预拉力，为设计预拉力 1.1 倍；

k——扭矩系数平均值，由供货厂方给定，施工前复验；

d——高强度螺栓直径。

为了克服板件和垫圈等的变形，基本消除板件之间的间隙，使拧紧力矩系数有较好的线性度，从而提高施工控制预拉力值的准确度，在安装大六角头高强度螺栓时，应先按拧紧力矩的 50% 进行初拧，然后按 100% 拧紧力矩进行终拧。对于大型节点在初拧之后，还应按初拧力矩进行复拧，然后再行终拧。

力矩法的优点是较简单、易实施、费用少，但由于连接件和被连接件的表面和拧紧速度的差异，测得的预拉力值误差大且分散，一般误差为 ±25%。

②转角法：先用普通扳手进行初拧，使被连接板件相互紧密贴合，再以初拧位置为起点，按终拧角度，用长扳手或风动扳手旋转螺母，拧至该角度值时，螺栓的拉力即达到施工控制预拉力。

扭剪型高强度螺栓是我国 20 世纪 60 年代开始研制，80 年代制订出标准的新型连接件之一。它具有强度高、安装简单和质量易于保证、可以单面拧紧、对操作人员没有特殊要求等优点。扭剪型高强度螺栓的螺栓头为盘头，螺纹段端部有一个承受拧紧反力矩的十二角体和一个能在规定力矩下剪断的断颈槽。

扭剪型高强度螺栓连接副的安装需用特制的电动扳手，该扳手有两个套头，一个套在螺母六角体上；另一个套在螺栓的十二角体上。拧紧时，对螺母施加顺时针力矩，对螺栓十二角体施加大小相等的逆时针力矩，使螺栓断颈部分承受扭剪，其初拧力矩为拧紧力矩的 50%，复拧力

矩等于初拧力矩,终拧至断颈剪断为止,安装结束,相应的安装力矩即为拧紧力矩。安装后一般不拆卸。

(3)预拉力值的确定。

高强度螺栓的预拉力设计值 P 由下式计算得到:

$$P = \frac{0.9 \times 0.9 \times 0.9}{1.2} A_e f_u \tag{2.1.27}$$

式中,A_e——螺栓的有效截面面积;

f_u——螺栓材料经热处理后的最低抗拉强度,对于8.8级螺栓,$f_u=830 \text{ mm}^2$;10.9级螺栓 $f_u=1040 \text{ mm}^2$。

式(2.1.27)中的系数考虑了以下几个因素:

①拧紧螺帽时螺栓同时受到由预拉力引起的拉应力和由螺纹力矩引起的扭转剪应力作用。折算应力为

$$\sqrt{\sigma^2 + 3\tau^2} = \eta\sigma \tag{2.1.28}$$

根据试验分析,系数在 1.15～1.25 之间,取平均值为 1.2。式(2.1.27)中分母的 1.2 是因考虑拧紧螺栓时扭矩对螺杆的不利影响所除系数。

②为了弥补施工时高强度螺栓预拉力的松弛损失,在确定施工控制预拉力时,考虑了预拉力设计值的 1/0.9 的超张拉,故式(2.1.27)右端分子应考虑超张拉系数 0.9。

③考虑螺栓材质的不定性系数 0.9;再考虑用 f_u 而不是用 f_y 作为标准值的系数 0.9。

各种规格高强度螺栓预拉力的取值见表 2-1-6 和表 2-1-7。

表 2-1-6 一个高强度螺栓的设计预拉力值(kN)(GB 50017—2017 规范)

螺栓的性能等级	螺栓公称直径/mm					
	M16	M20	M22	M24	M27	M30
8.8级	80	125	155	180	230	285
10.9级	100	155	190	225	290	355

表 2-1-7 高强度螺栓的预拉力值(kN)(GB 50017—2017 规范)

螺栓的性能等级	螺栓公称直径/mm		
	M12	M14	M16
8.8级	45	60	80
10.9级	55	75	100

(4)高强度螺栓摩擦面抗滑移系数。

高强度螺栓摩擦面抗滑移系数的大小与连接处构件接触面的处理方法和构件的钢号有关。试验表明,此系数值有随连接构件接触面间的压紧力减小而降低的现象,故与物理学中的摩擦

系数有区别。

我国规范推荐采用的接触面处理方法有:喷砂、喷砂后涂无机富锌漆、喷砂后生赤锈和钢丝刷消除浮锈或对干净轧制表面不做处理等,各种处理方法相应的 μ 值详见表 2-1-8 和 2-1-9。

表 2-1-8　摩擦面的抗滑移系数 μ 值

在连接处构件接触面的处理方法	构件的钢号		
	Q235 钢	Q345、Q230 钢	Q420 钢
喷砂	0.45	0.50	0.50
喷砂后涂无机富锌漆	0.35	0.40	0.40
喷砂后生赤锈	0.45	0.50	0.50
钢丝刷清除浮锈或未经处理的干净轧制表面	0.30	0.35	0.40

表 2-1-9　抗滑移系数 μ 值

在连接处构件接触面的处理方法	构件的钢材牌号	
	Q235 钢	Q345 钢
喷砂(丸)	0.40	0.45
热轧钢材轧制表面清除浮锈	0.30	0.35
冷轧钢材轧制表面清除浮锈	0.25	—

注:除锈方向应与受力方向相垂直。

由于冷弯薄壁型钢构件板壁较薄,其抗滑移系数均较普通钢结构的有所降低。

钢材表面经喷砂除锈后,表面看来光滑平整,实际上金属表面尚存在着微观的凹凸不平,高强度螺栓连接在很高的压紧力作用下,被连接构件表面相互啮合,钢材强度和硬度愈高,要使这种啮合的面产生滑移的力就愈大,因此,μ 值与钢种有关。

试验证明,摩擦面涂红丹后 $\mu<0.15$,即使经处理后仍然很低,故严禁在摩擦面上涂刷红丹。另外,连接在潮湿或淋雨条件下拼装,也会降低 μ 值,故应采取有效措施保证连接处表面的干燥。

(5)其他构造要求。

高强度螺栓连接除需满足与普通螺栓连接相同之排列布置要求外,尚需注意以下两点:

①当型钢构件拼接采用高强度螺栓连接时,其拼接件宜采用钢板。以使被连接部分能紧密贴合,保证预拉力的建立;

②在高强度螺栓连接范围内,构件接触面的处理方法应在施工图中说明。

3)摩擦型高强度螺栓连接的计算

摩擦型高强度螺栓连接的受力形式有受剪、受拉或同时受剪受拉几种情况:

(1) 高强度螺栓连接的受剪计算

摩擦型高强度螺栓承受剪力时的设计准则是剪力不得超过最大摩擦阻力。一个摩擦型高强度螺栓的抗剪承载力设计值为

$$N_v^b = 0.9 n_f \mu P \qquad (2.1.29)$$

式中，n_f——一个螺栓的传力摩擦面数目；

μ——摩擦面的抗滑移系数；

P——高强度螺栓预拉力。

则高强度螺栓连接一侧所需螺栓数为

$$n = \frac{N}{N_v^b} \qquad (2.1.30)$$

式中，n——连接一侧所需螺栓数；

N——连接所受轴心拉力设计值。

由于摩擦阻力作用，一部分剪力已由第一列螺栓孔前接触面传递（见图2-1-28）。规范规定，孔前传力占螺栓传力的50%，那么Ⅰ—Ⅰ截面处拉力应为

$$N' = N\left(1 - \frac{0.5 n_1}{n}\right) \qquad (2.1.31)$$

式中，n_1——计算截面上的螺栓数；

n——连接一侧的螺栓数。

因此，摩擦型高强度螺栓连接的构件净截面强度验算公式为

$$\sigma = \frac{N'}{A_n} \leqslant f \qquad (2.1.32)$$

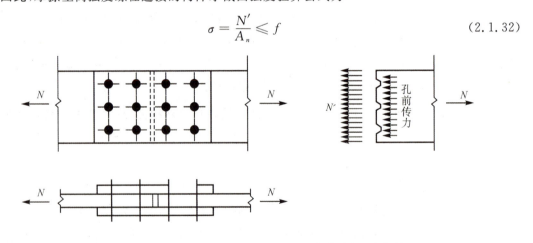

图2-1-28　螺栓群受轴心力作用时的受剪摩擦型高强度螺栓

(2) 摩擦型高强度螺栓的抗拉计算。

规范规定每个摩擦型高强度螺栓的抗拉设计承载力不得大于$0.8P$。于是，一个抗拉高强度螺栓的承载力设计值为

$$N_t^b = 0.8P \tag{2.1.33}$$

螺栓群在轴心拉力 N 作用下所需螺栓数为：

$$n = \frac{N}{N_t^b} \tag{2.1.34}$$

螺栓群在弯矩 M 作用下假定中和轴位于螺栓群形心轴线上，则第一排螺栓所受拉力最大：

$$N_t^M = \frac{My_1}{m\sum y_i'^2} \leqslant N_t^b = 0.8P \tag{2.1.35}$$

4）承压型高强度螺栓连接

在抗剪连接中，每个承压型高强度螺栓的承载力设计值的计算方法与普通螺栓相同，但当剪切面在螺纹处时，其受剪承载力设计值应按螺纹处的有效面积进行计算。

5）摩擦型高强度螺栓同时受剪受拉时的计算

(1)对高强度螺栓摩擦型连接中，每个螺栓的承载力按下式计算：

$$\frac{N_v}{N_v^b} + \frac{N_t}{N_t^b} \leqslant 1 \tag{2.1.36}$$

(2)对高强度螺栓承压型连接中，按下两式计算：

$$\sqrt{\left(\frac{N_v}{N_v^b}\right)^2 + \left(\frac{N_t}{N_t^b}\right)^2} \leqslant 1 \tag{2.1.37}$$

且

$$N_v \leqslant \frac{N_c^b}{1.2} \tag{2.1.38}$$

1. 工作任务

通过引导文的形式了解钢结构连接的形式、构造要求及验算方法等。

2. 实施过程

1）资料查询

利用在线开放课程、网络资源等查找相关资料，收集钢结构连接理论知识相关内容。

2）引导文

(1)填空题。

①当不同强度的两种钢材进行连接时，宜采用与_____相适应的焊条。

②钢结构所用的连接方法有_____、铆钉连接和_____。

③普通螺栓连接按受力分为_____、_____和_____。

④普通螺栓受剪时的破坏类型为_____、_____、_____。

_____、钢板剪断和_____。

⑤根据施焊时焊工所持焊条与焊件之间的相互位置的不同,焊缝可分为平焊、立焊、横焊和仰焊四种方位,其中_____施焊的质量最易保证。

⑥直角角焊缝的有效厚度 h_e 的取值为_____。

⑦当对接焊缝取未采用引弧板施焊时,每条焊缝的长度计算时应减去_____。

⑧在高强度螺栓性能等级中:8.8级高强度螺栓的含义是_____;10.9级高强度螺栓的含义是_____。

⑨普通螺栓是通过_____来传力的;摩擦型高强度螺栓是通过_____来传力的。

⑩某承受轴心拉力的钢板用摩擦型高强度螺栓连接,接触面摩擦系数是0.5,栓杆中的预拉力为155 kN,栓杆的受剪面是一个,钢板上作用的外拉力为180 kN,该连接所需螺栓个数为_____。

(2)选择题。

①有两个材料分别为 Q235 和 Q345 钢的构件需焊接,采用手工电弧焊,(　　)采用 E43 焊条。

　　A. 不得　　　　　B. 可以　　　　　C. 不宜　　　　　D. 必须

②在用高强度螺栓进行钢结构安装中,(　　)是目前被广泛采用的基本连接形式。

　　A. 摩擦型连接　　　　　　　　　　B. 摩擦-承压型连接
　　C. 承压型连接　　　　　　　　　　D. 张拉型连接

③对于直接承受动力荷载的结构,计算正面直角焊缝时(　　)。

　　A. 要考虑正面角焊缝强度的提高　　B. 要考虑焊缝刚度影响
　　C. 与侧面角焊缝的计算式相同　　　D. 取 $\beta_f = 1.22$

④单个螺栓的承压承载力公式中, $N_c^b = d\sum t \cdot f_c^b$,其中 $\sum t$ 为(　　)。

　　A. $a+c+e$　　　　　　　　　　　B. $b+d$
　　C. $\max\{a+c+e, b+d\}$　　　　　D. $\min\{a+c+e, b+d\}$

⑤在满足强度的条件下,图示①号和②号焊缝合理的焊脚尺寸 h_f 是(　　)。

　　A. 4 mm,4 mm　　B. 6 mm,8 mm　　C. 8 mm,8 mm　　D. 6 mm,6 mm

⑥钢结构连接中所使用的焊条应与被连接构件的强度相匹配,通常在被连接构件选用 Q345 时,焊条选用(   )。

A. E55　　　　　　B. E43　　　　　　C. E50　　　　　　D. 前三种均可

⑦设有一截面尺寸为 $100×8$ 的板件,在端部用两条侧面角焊缝焊在 10 mm 厚的节点板上,两板件板面平行,焊脚尺寸为 6 mm。为满足最小焊缝长度的构造要求,试选用下列何项数值?(   )

A. 40 mm　　　　　B. 60 mm　　　　　C. 80 mm　　　　　D. 100 mm

⑧钢结构连接中所使用的焊条应与被连接构件的强度相匹配,通常在被连接构件选用 Q345 时,焊条选用(   )。

A. E55　　　　　　B. E43　　　　　　C. E50　　　　　　D. 前三种均可

⑨摩擦型高强度螺栓的抗剪连接以(   )作为承载能力极限状态。

A 螺杆被拉断　　　　　　　　　　　B. 螺杆被剪断

C. 孔壁被压坏　　　　　　　　　　　D. 连接板件间的摩擦力刚被克服

⑩在螺栓连接中,要求板叠厚度 $\sum t \leqslant 5d$ 是为了(   )。

A. 防止栓杆发生过大弯曲变形破坏　　B. 方便施工

C. 节约栓杆材料　　　　　　　　　　D. 使板件间紧密

(3)简答题

①简述应力集中的意义。

②简述普通螺栓受剪时的破坏类型及其防止措施。

③角焊缝最大、最小焊角尺寸的构造要求有哪些?

④在钢构件连接中,焊缝连接是常采用的一种连接方式。请简述如何按照构造要求确定角焊缝的焊脚尺寸 h_f。

⑤一个有对接焊缝连接的工字钢,如下图所示,此焊缝受到剪力 F_V 和弯矩 M 的作用。试

画出沿此焊缝竖向的正应力和剪应力分布图,表示出其最大正应力、最大剪应力和可能的最大折算应力的位置,并简述正应力和剪应力的分布图。

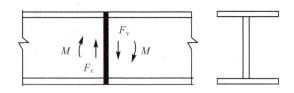

⑥某钢结构高强度连接梁柱节点,设计按摩擦型高强度螺栓(接触面喷砂后生赤锈)计算摩擦面的抗滑移系数。施工单位为防止构件锈蚀对构件产生损伤,对接触面(梁端板与柱翼缘板)间进行了喷漆处理。这种处理方式是否合理?为什么?

(4)计算题。

①如图所示角钢和节点板采用两侧面角焊缝连接中,钢材为 Q235,静载轴力设计值 $N=660$ kN,2∟$110×10$,节点板厚 $t=12$ mm。角钢内力分配系数 $k_1=0.7, k_2=0.3$。试确定角焊缝的焊脚尺寸和实际长度(角焊缝强度设计值 $f_f^w=160$ N/mm²)。

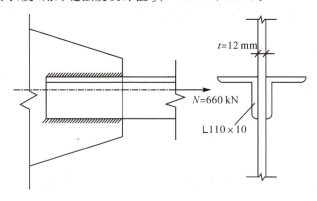

②两截面为 $14×400$ mm 的钢板,采用双盖板和 C 级普通螺栓拼接,螺栓 M20,钢材 Q235,承受轴心拉力设计值 $N=940$ kN,试设计此连接并图示。

(钢材强度设计值 $f=125$ N/mm², 螺栓的抗剪强度设计值 $f_v^b=140$ N/mm², 承压强度设计值 $f_c^b=305$ N/mm²; 螺栓或铆钉的最大、最小容许距离如下表所示。)

螺栓或铆钉的最大、最小容许距离

名称	位置和方向			最大容许距离（取两者的较小值）	最小容许距离
中心间距	外排（垂直内力方向或顺内力方向）			$8d_0$ 或 $12t$	$3d_0$
	中间排	垂直内力方向		$16d_0$ 或 $24t$	
		顺内力方向	构件受压力	$12d_0$ 或 $18t$	
			构件受压力	$16d_0$ 或 $24t$	
	沿对角线方向			—	
中心至构件边缘距离	垂直内力方向	顺内力方向		$4d_0$ 或 $8t$	$2d_0$
		剪切边或手工气割边			$1.5d_0$
		轧制边、自动气割或锯割边	高强度螺栓		
			其他螺栓或铆钉		$1.2d_0$

注：1. d_0 为螺栓或铆钉的孔径，t 为外层较薄板件的厚度。

2. 钢板边缘与刚性构件（如角钢、槽钢等）相连的螺栓或铆钉的最大间距，可按中间排的数值采用。

知识拓展

钢结构设计标准（GB 50017—2017）规定：

11.3.1 受力和构造焊缝可采用对接焊缝、角接焊缝、对接角接组合焊缝、塞焊焊缝、槽焊焊缝，重要连接或有等强要求的对接焊缝应为熔透焊缝，较厚板件或无需焊透时可采用部分熔透焊缝。

11.3.4 承受动荷载时，塞焊、槽焊、角焊、对接连接应符合下列规定：

①承受动荷载不需要进行疲劳验算的构件，采用塞焊、槽焊时，孔或槽的边缘到构件边缘在垂直于应力方向上的间距不应小于此构件厚度的 5 倍，且不应小于孔或槽宽度的 2 倍；构件端部搭接连接的纵向角焊缝长度不应小于两侧焊缝间的垂直间距 a，且在无塞焊、槽焊等其他措施时，间距 a 不应大于较薄件厚度 t 的 16 倍；

②不得采用焊脚尺寸小于 5 mm 的角焊缝；

③严禁采用断续坡口焊缝和断续角焊缝；

④对接与角接组合焊缝和 T 形连接的全焊透坡口焊缝应采用角焊缝加强，加强焊脚尺寸不应大于连接部位较薄件厚度的 1/2，但最大值不得超过 10 mm；

⑤承受动荷载需经疲劳验算的连接，当拉应力与焊缝轴线垂直时，严禁采用部分焊透对接焊缝；

⑥除横焊位置以外,不宜采用L形和J形坡口。

11.5.3 直接承受动力荷载构件的螺栓连接应符合下列规定:

①抗剪连接时应采用摩擦型高强度螺栓;

②普通螺栓受拉连接应采用双螺帽或其他能防止螺帽松动的有效措施。

11.5.4 高强度螺栓连接设计应符合下列规定:

①本章的高强度螺栓连接均应按本标准表11.4.2-2施加预拉力;

②采用承压型连接时,连接处构件接触面应清除油污及浮锈,仅承受拉力的高强度螺栓连接,不要求对接触面进行抗滑移处理;

③高强度螺栓承压型连接不应用于直接承受动力荷载的结构,抗剪承压型连接在正常使用极限状态下应符合摩擦型连接的设计要求;

④当高强度螺栓连接的环境温度为100~150 ℃时,其承载力应降低10%。

11.5.5 当型钢构件拼接采用高强度螺栓连接时,其拼接件宜采用钢板。

11.5.6 螺栓连接设计应符合下列规定:

①连接处应有必要的螺栓施拧空间;

②螺栓连接或拼接节点中,每一杆件一端的永久性的螺栓数不宜少于2个。对组合构件的缀条,其端部连接可采用1个螺栓;

③沿杆轴方向受拉的螺栓连接中的端板(法兰板),宜设置加劲肋。

▶ 任务2 轴心受力构件的构造要求及验算

任务描述

在钢结构中轴心受力构件的应用十分广泛,例如桁架、刚架、排架、塔架及网壳等杆件体系。这类结构通常假设其节点为铰接连接,当无节间荷载作用时,只有轴向拉力和压力的作用,分别称为轴心受拉构件和轴心受压构件。

轴心受力构件的截面形式一般分为两类。第一类是热轧型钢截面;第二类是型钢组合截面或格构式组合截面(见图2-2-1)。

对轴心受力构件截面形式的共同要求是:能提供强度所需要的截面面积;制作简便;便于和相邻构件连接;截面宽大而壁厚较薄,以满足刚度要求。对轴心受压构件而言,因为其稳定性直接取决于它的整体刚度,所以其截面的两个主轴方向的尺寸应宽大。根据以上情况,轴心受压构件除经常采用双角钢和宽翼缘工字形截面外,有时需要采用实腹式或格构式组合截面。

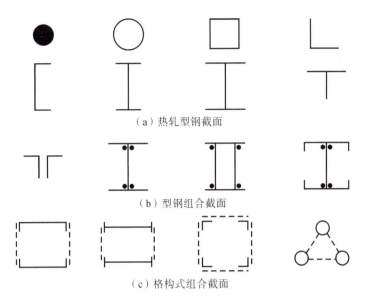

图 2-2-1 轴心受力构件的截面形式

因此,需要掌握钢结构轴心受力构件的强度、刚度、稳定性验算,能够在施工过程中对临时结构进行分析和验算。

知识学习

2.2.1 轴心受压构件的构造

1. 实腹式轴心受压柱

实腹式轴心受压柱常用的截面形式有两种:型钢截面和组合截面。为避免弯扭失稳,常采用双轴对称截面。

单角钢截面适用于塔架、桅杆结构和起重机臂杆或轻便桁架。

双角钢便于在不同情况下组成接近于等稳定的压杆截面,常用于由节点板连接杆件的平面桁架。

H 型钢的宽度与高度相同时对强轴的回转半径约为弱轴回转半径的 2 倍,对于在中点有侧向支撑的独立柱最适合。

焊接工字形截面制造简单,其腹板按局部稳定的要求可做得很薄而节约钢材,应用十分广泛。为使翼缘与腹板便于焊接,截面的高度和宽度应大致相同。

十字形截面在两个主轴方向的回转半径是相同的,对于重型中心受压柱,当两个方向的计算长度相同时,这种截面最为有利。

方管或由钢板焊成的箱形截面,承载能力和刚度都较大,但连接构造复杂,常用作高大的承重支柱。在轻型钢结构中,可采用各种冷弯薄壁型钢截面组成压杆,从而获得较好经济效果。

为了提高构件的抗扭刚度,防止构件在施工和运输过程中发生变形,当 $\frac{h_0}{t_w} > 80$ 时,应在一定位置设置成对的横向加劲肋(见图 2-2-2)。横向加劲肋的间距不得大于 $3h_0$,其外伸宽度 b_s 不少于 $\left(\frac{h_0}{30}+40\right)$ mm,厚度 t_s 应不小于 $\frac{b_s}{15}$。

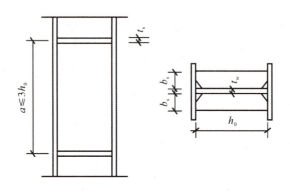

图 2-2-2 实腹式柱的横向加劲肋

对于大型实腹式柱,为了增加其抗扭刚度和集中力作用,在受有较大水平力处,以及运输单元的端部,应设置横隔(见图 2-2-3),横隔间距一般不大于柱截面较大宽度的 9 倍且不大于 8 m。

轴心受压实腹柱板件间的纵向焊缝(翼缘与腹板的连接焊缝)只承受构件初弯曲或因偶然横向力作用等产生的很小剪力,因此不必计算,焊脚尺寸可按焊缝构造要求采用。

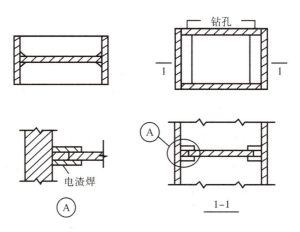

图 2-2-3 实腹式柱的横隔

2. 格构式轴心受压柱

格构式构件是将肢件用缀材连成一体的一种构件。缀材分缀条和缀板两种,相应地,格构式构件也分为缀条式和缀板式两种。缀条一般用单角钢组成(见图 2-2-4(a)、(b)),缀板则采用钢板组成(见图 2-2-4(c))。在构件截面上与肢件的腹板相交的轴线称为实轴,即图中的 y-y 轴;而与缀材平面垂直的轴称为虚轴,即图中的 x-x 轴。

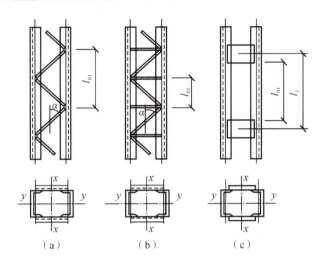

图 2-2-4 格构式构件的组成

格构式受压构件是把肢件布置在距截面形心一定距离的位置上,通过调整肢件间的距离以使两个方向具有相同的稳定性。肢件通常为槽钢、工字钢或 H 型钢,用缀材把它们连成整体,以保证各肢件能共同工作。槽钢肢件的翼缘可以向内,也可以向外,前者外观平整优于后者。工字钢作为肢件组成的格构式截面柱,适用于柱子承受荷载较大的情况;对于长度较大而受力不大的压杆,如桅杆、起重机臂杆等,肢件可以由四个角钢组成,四周均用缀材连接。

格构柱截面由于材料集中于分肢,与实腹柱相比,在用料相同的情况下可增大截面惯性矩,提高刚度及稳定性,从而节约钢材。格构柱的横截面为中部空心的矩形,抗扭刚度较差。为了提高格构柱的抗扭刚度,保证柱子在运输和安装过程中的形状不变,应每隔一段距离设置横隔,横隔可用钢板(见图 2-2-5(a))或交叉角钢(见图 2-2-5(b))组成。

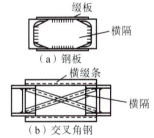

图 2-2-5 格构式构件的组成

3. 柱头

柱头设计要求传力可靠、构造简单且便于安装,柱头的构造是与梁的端部构造密切相关的。为了适应梁的传力要求,轴心受压柱的柱头有两种构造方案:一种是将梁设置于柱顶(见图 2-2-6(a)、(b)、(c));另一种是将梁连接于柱的侧面(见图 2-2-6(d)、(e))。

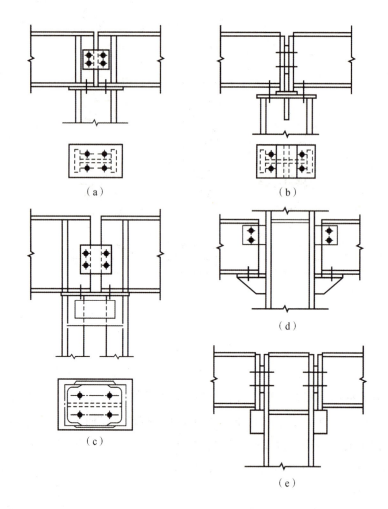

图 2-2-6 梁与柱的铰接

1）梁支承于柱顶的构造

在柱顶设一放置梁的顶板，由梁传给柱子的压力一般通过顶板使压力尽可能均匀地分布到柱上。顶板应具有足够的刚度，其厚度不宜小于 16 mm。

如图 2-2-6(a)所示，实腹柱应将梁端的支承加劲肋对准柱翼缘，这样可使梁的反力直接传给柱翼缘。两相邻梁之间应留 10～20 mm 的间隙，以便于梁的安装，待梁调整定位后用连接板和构造螺栓固定。这种连接构造简单，对制造和安装的要求都不高，且传力明确。但当两相邻的反力不相等时，将使柱偏心受压。

当梁的反力通过突缘支座板传递时，应将支座放在柱的轴线附近（见图 2-2-6(b)），这样即使两相邻梁的反力相不等，柱仍近似于轴心受压。突缘支座板底部应刨平并与柱顶板顶紧。为提高柱顶板的抗弯刚度，可在其下设加劲肋，加劲肋顶部与柱顶板刨平顶紧，并与柱腹板焊接，以传递梁的反力。同时柱腹板也不能太薄，当梁的反力很大时，可将其靠近柱顶板的部分加厚。为了便于安装定位,梁与柱之间用普通螺栓连接。此外,为了适应梁制造时允许存在的误差,两梁之间的空隙可以用适当厚度的填板调整。

如图2-2-6(c)所示,格构式柱为了保证传力均匀,在柱顶必须用缀板将两个分肢连接起来,同时分肢间的顶板下面亦须设加劲肋。

2)梁支承于柱侧的构造

梁连接在柱的侧面时,可在柱的翼缘上焊一个如图2-2-6(d)所示的T形承托。为防止梁的扭转,可在其顶部附设一小角钢用构造螺栓与柱连接。用厚钢板作承托(图2-2-6(e))时,适用于承受较大荷载的情况,制造与安装的精度要求高,承托板的端面必须刨平顶紧以便直接传递压力。

4. 柱脚

轴心受压柱柱脚的作用是将柱身的压力均匀地传给基础,并和基础牢固连接。在整个柱中柱脚是比较费钢材也比较费工的部分,设计时应力求构造简单,便于安装固定。

轴心受压柱的柱脚按其和基础的固定方式可以分为两种:铰接柱脚(见图2-2-7(a)、(b)、(c))和刚性柱脚(见图2-2-7(d))。

图2-2-7(a)所示是一种轴承式铰接柱脚,这种柱脚的制造和安装都很费工,也很费钢材,只有少数大跨度结构因要求压力的作用点不允许有较大变动时才采用。如图2-2-7(b)、(c)所示都是平板式铰接柱脚。图2-2-7(b)所示的柱脚构造方式最简单,这种柱脚只适用于荷载较小的轻型柱。最常采用的铰接柱脚(见图2-2-7(c))它由靴梁和底板组成。柱身的压力通过与靴梁连接的竖向焊缝先传给靴梁,这样柱的压力就可向两侧分布开来,然后再通过与底板连接的水平焊缝经底板达到基础。当底板的底面尺寸较大时,为了提高底板的抗弯能力,可以在靴梁之间设置隔板。柱脚通过埋设在基础里的锚栓来固定。如图2-2-7(d)所示为刚接柱脚,柱脚锚栓分布在底板的四周以便使柱脚不能转动。

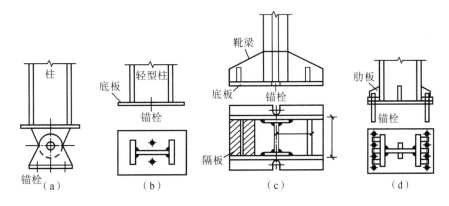

图2-2-7 柱脚构造

2.2.2 轴心受力构件的计算

1. 强度计算

轴心受力构件的强度承载能力极限状态是截面的平均应力达到钢材的屈服强度 f_y。规范规定构件净截面的平均应力不应超过钢材的强度设计值,轴心受力构件的强度按下式验算:

$$\sigma = \frac{N}{A_n} \leqslant f \tag{2.2.1}$$

式中,N——构件的轴心拉力或压力设计值;

A_n——构件的净截面面积;

f——钢材的抗拉或抗压强度设计值,见表 2-2-1。

表 2-2-1 钢材的强度设计值(N/mm²)

钢材牌号	厚度或直径/mm	抗拉、抗压和抗弯 f	抗剪 f_v	端面承压(刨平顶紧)f_{ce}
Q235 钢	≤16	215	125	325
	>16～40	205	120	
	>40～60	200	115	
	>60～100	190	110	
Q345 钢	≤16	310	180	400
	>16～35	295	170	
	>35～50	265	155	
	>50～100	250	145	
Q390 钢	≤16	350	205	415
	>16～35	295	190	
	>35～50	315	180	
	>50～100	295	170	
Q420 钢	≤16	380	220	440
	>16～35	360	210	
	>35～50	340	195	
	>50～100	325	185	

注:表中厚度系指计算点的钢材厚度,对轴心受力构件系指截面中较厚板件的厚度。

2. 刚度验算

按正常使用极限状态的要求,轴心受力构件应该具有必要的刚度。当构件刚度不足时,容易在制造、运输和吊装过程中产生弯曲或过大的变形;在使用期间因其自重而明显下挠;在动力荷载作用下会发生较大振动;此外,还可能使得构件的极限承载力显著降低,同时,初弯曲和自重产生的挠度也将对构件的整体稳定带来不利影响。轴心受力构件的刚度是以其长细比来衡量的。轴心受力构件的刚度按下式验算:

$$\lambda = \frac{l_0}{i} \leqslant [\lambda] \tag{2.2.2}$$

式中,λ——构件最不利方向的长细比;

l_0——相应方向的构件计算长度;

i——相应方向的截面回转半径;

$[\lambda]$——构件的容许长细比。

轴心受压构件的长细比不宜超过表 2-2-2 规定的容许值,但当杆件内力设计值不大于承载能力的 50% 时,容许长细比值可取 200。

表 2-2-2 受压构件的长细比容许值

构件名称	容许长细比
轴心受压柱、桁架和天窗架中的压杆	150
柱的缀条、吊车梁或吊车桁架以下的柱间支撑	150
支撑	200
用以减小受压构件计算长度的杆件	200

表 2-2-3 受拉构件的容许长细比

构件名称	承受静力荷载或间接承受动力荷载的结构			直接承受动力荷载的结构
	一般建筑结构	对腹杆提供平面外支点的弦杆	有重级工作制起重机的厂房	
桁架的构件	350	250	250	250
吊车梁或吊车桁架以下柱间支撑	300	—	200	—
除张紧的圆钢外的其他拉杆、支撑、系杆等	400	—	350	—

3. 实腹式轴心受压构件稳定性验算

钢结构及其构件除应满足强度和刚度条件外,还应满足稳定条件(整体稳定、局部稳定)。若结构或构件处于不稳定状态时,轻微扰动就将使结构或其组成构件产生很大的变形而最终丧失承载能力,这种现象称为失去稳定性。在钢结构工程事故中,因失稳导致破坏者十分常见。

近几十年来,由于结构形式的不断发展和高强钢材的应用,使构件更加轻型而薄壁,更容易出现失稳现象,因而对钢结构稳定性的验算显得特别重要。

在轴心受力构件中,对于轴心受拉构件,由于在拉力作用下,构件总有拉直绷紧的倾向,其平衡状态总是稳定的,不必进行稳定性验算。对于轴心受压构件,截面若没有孔洞削弱,一般不会因强度不足而丧失承载能力,但当其长细比较大时,稳定性是导致其破坏的主要因素。因此可以说,轴心受压构件往往是由其稳定性来确定构件截面的。

1)轴心受压构件的柱子曲线

轴心受压柱的受力性能和许多因素有关。考虑影响柱子极限承载力诸因素中主要的不利因素,《钢结构规范》给出了轴心受压构件的整体稳定系数 φ 与长细比 λ 的关系曲线,称为柱子曲线(见图2-2-8),以便于轴心受压构件整体稳定性验算。图中的 a、b、c、d 四条曲线,各代表一组截面,轴心受压柱截面分类见"知识拓展"。

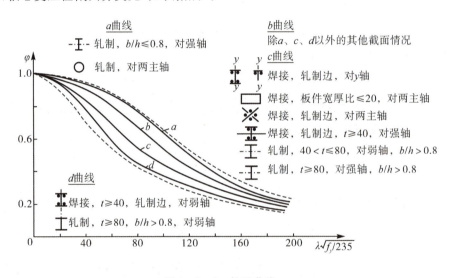

图2-2-8 柱子曲线

2)整体稳定验算

轴心受压构件的整体稳定性按下式验算:

$$\sigma = \frac{N}{A} \leqslant \varphi f \qquad (2.2.3)$$

式中,N——轴心受压构件的压力设计值;

A——构件的毛截面面积;

f——钢材的抗压强度设计值;

φ——轴心受压构件的整体稳定系数。

查取 φ 值时,构件长细比 λ 应按照下列规定确定:

截面为双轴对称或极对称的杆件：

$$\lambda_x = \frac{l_{0x}}{i_x}, \lambda_y = \frac{l_{0y}}{i_y} \tag{2.2.4}$$

式中，l_{0x}、l_{0y}——杆件对主轴 x 和 y 的计算长度；

i_x、i_y——杆件截面对主轴 x 和 y 的回转半径。

对双轴对称的十字形截面构件，λ_x 或 λ_y 取值不得小于 $5.07b/t$（b/t 为板件伸出肢宽厚比）。

3）局部稳定验算

如图 2-2-9 所示的工字形截面轴心受压构件，若腹板及翼缘的板件太宽太薄，当轴压力达到某一数值时，板件就可能在构件丧失强度和整体稳定之前不能维持平面平衡状态而产生凹凸鼓出变形，这种现象称为板件失去稳定，或称板件屈曲。因板件是组成构件的一部分，故又把这种屈曲现象称为构件失去局部稳定或局部屈曲。丧失局部稳定的构件还能继续承受荷载，但由于鼓屈部分退出工作，使构件应力分布恶化，会降低构件的承载力，导致构件提早破坏。钢结构相关规范规定，受压构件中板件的局部稳定以板件屈曲不先于构件的整体失稳为条件，并以限制板件的宽厚比（高厚比）来加以控制。

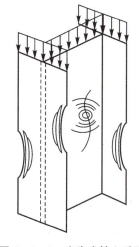

图 2-2-9 实腹式轴心受压构件局部屈曲

对于工字形截面：

$$\frac{b_1}{t} \leqslant (10 + 0.1\lambda)\sqrt{\frac{235}{f_y}} \tag{2.2.5a}$$

$$\frac{h_0}{t_w} \leqslant (25 + 0.5\lambda)\sqrt{\frac{235}{f_y}} \tag{2.2.5b}$$

λ 为构件两方向长细比的较大值，当 $\lambda < 30$ 时，取 $\lambda = 30$；当 $\lambda > 100$ 时，取 $\lambda = 100$。

对于箱型截面：

$$\frac{h_0}{t_w} \leqslant 40\sqrt{\frac{235}{f_y}} \tag{2.2.6a}$$

$$\frac{b_0}{t} \leqslant 40\sqrt{\frac{235}{f_y}} \tag{2.2.6b}$$

对于轧制型钢，由于翼缘、腹板较厚，一般都能满足局部稳定要求，无需计算。

2.2.3 实腹式轴心受压柱的设计

进行实腹式轴心受压构件的截面设计可按下列步骤进行：

在确定了钢材的标号、压力设计值、计算长度以及截面形式以后，可按照下列步骤设计截面尺寸：

①先假定杆的长细比,根据以往的设计经验,对于荷载小于 1 500 kN,计算长度为 5~6 m 的压杆,可假定 $\lambda=80\sim100$;荷载为 3 000~3 500 kN 的压杆,可假定 $\lambda=60\sim70$。再根据截面形式和加工条件由《钢结构设计标准》知截面分类,而后查出相应的稳定系数 φ,并计算出对应假定长细比的回转半径 $i=l_0/\lambda$。

②按照整体稳定的要求算出所需要的截面积 $A=N/\varphi f$,同时利用回转半径和轮廓尺寸的近似关系,$i_x=\alpha_1 h$ 和 $i_y=\alpha_2 b$ 确定截面的高度 h 和宽度 b,并根据稳定的条件、便于加工和板件稳定的要求确定截面各部分的尺寸。

③先算出截面特性,再按式 $\sigma=\dfrac{N}{A}\leqslant\varphi f$ 验算杆的整体稳定。如有不合适的地方,对截面尺寸加以调整并重新计算截面特性,应使 $\sigma=\dfrac{N}{A}\leqslant\varphi f$。

④当截面有较大削弱时,还应验算净截面的强度,$\sigma=\dfrac{N}{A_n}\leqslant f$。

⑤对于内力较小的压杆,如果按照整体稳定的要求选择截面的尺寸,会出现截面过小致使杆件过于细长,刚度不足使杆件容易弯曲,不仅影响所设计构件本身的承载能力,有时还可能影响与此压杆有关结构体系的可靠性。为此,规范规定对柱和主要压杆,其容许长细比取 $[\lambda]=150$,对次要构件如支撑等则取 $[\lambda]=200$。遇到内力较小的压杆,截面尺寸应该用容许长细比来确定,使其具有较大的回转半径以满足刚度要求。

【例】试设计一两端铰接的焊接工字形组合截面,该柱承受的轴心压力设计值为 $N=800$ kN,柱的长度为 4.8 m,钢材 Q235,焊条 E43 型,翼缘为轧制边,板厚小于 40 mm。

【解】(1)初选截面:

查阅《钢结构设计标准》得 $f=215$ N/mm²,该截面对 x 轴属 b 类截面,对 y 轴属 c 类截面。

假定 $\lambda=80$,得 $\varphi_x=0.688,\varphi_y=0.578$;

$$A=\frac{N}{\varphi_y f}=\frac{800\ 000}{0.578\times 215}=6\ 438\ \text{mm}^2=64.4\ \text{cm}^2$$

$$i_x=\frac{l_{0x}}{\lambda}=\frac{4.8\times 10^2}{80}=6\ \text{cm},\ i_y=\frac{l_{0y}}{\lambda}=\frac{4.8\times 10^2}{80}=6\ \text{cm}$$

根据回转半径和轮廓尺寸的近似关系,$i_x=0.43h$ 和 $i_y=0.24b$ 确定截面的高度 h 和宽度 b,

$$h=\frac{i_x}{0.43}=\frac{6}{0.43}=14\ \text{cm},\ b=\frac{i_y}{0.24}=\frac{6}{0.24}=25\ \text{cm}$$

先确定截面的宽度,取 $b=250$ mm,根据截面高度和宽度大致相等的原则取 $h=260$ mm,翼缘采用 10×250,其面积为 $25\times 1.0\times 2=50\ \text{cm}^2$

腹板所需面积 $A'=\dfrac{N}{\varphi_y f}-50=\dfrac{800\ 000}{0.578\times 215}-50=64.4-50=14.4\ \text{cm}^2$

腹板的厚度 $t_w=\dfrac{14.4}{(26-2)}\approx 0.6$ cm,取 $t_w=6$ mm。

截面的尺寸见下图:

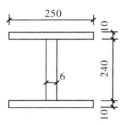

(2)截面验算:

截面几何特性 $A=2\times 25\times 1+24\times 0.6=64.6\ \mathrm{cm}^2$,

$I_x=\dfrac{0.6\times 24^3}{12}+2\times(25\times 1+25\times 1\times 12.5^2)=8\ 553.7\ \mathrm{cm}^4$, $I_y=2\times\dfrac{1\times 25^3}{12}+\dfrac{24\times 0.6^3}{12}=$

$2\ 604.6\ \mathrm{cm}^4$, $i_x=\sqrt{\dfrac{I_x}{A}}=\sqrt{\dfrac{8\ 553.7}{64.6}}=11.5\ \mathrm{cm}$, $i_y=\sqrt{\dfrac{I_y}{A}}=\sqrt{\dfrac{2\ 604.6}{64.6}}=6.4\ \mathrm{cm}$, $\lambda_x=\dfrac{l_{0x}}{i_x}=$

$\dfrac{4.8\times 10^2}{11.5}=41.7$, $\lambda_y=\dfrac{l_{0y}}{i_y}=\dfrac{4.8\times 10^2}{6.4}=75$。

①强度验算: $\sigma=\dfrac{N}{A_n}=\dfrac{800\times 10^3}{64.4\times 10^2}=124.2\ \mathrm{N/mm^2}<f=215\ \mathrm{N/mm^2}$,满足要求。

②刚度验算: $\lambda_{\max}=\lambda_y=75\leqslant[\lambda]=150$,满足要求。

③整体稳定验算:查阅《钢结构设计标准》得 $\varphi_x=0.893$(b类), $\varphi_y=0.610$(c类);

$\dfrac{N}{\varphi_y A}=\dfrac{800\times 10^2}{0.610\times 64.4\times 10^2}=203.6\ \mathrm{N/mm^2}<f=215\ \mathrm{N/mm^2}$,满足要求。

④局部稳定验算:

$\dfrac{b}{t}=\dfrac{122}{10}=12.2<(10+0.1\lambda)\sqrt{\dfrac{235}{f_y}}=10+0.1\times 75=17.5$,满足要求。

$\dfrac{h_0}{t_w}=\dfrac{240}{6}=40<(25+0.5\lambda)\sqrt{\dfrac{235}{f_y}}=25+0.5\times 75=62.5$,满足要求。

任务实施

1. 工作任务
通过引导文的形式了解钢结构轴心受力构件的构造要求及验算方法等。

2. 实施过程
1)资料查询
利用在线开放课程、网络资源等查找相关资料,收集钢结构轴心受力构件知识相关内容。

2) 引导文

(1) 填空题。

① 轴心受压构件,应进行强度、_____、_____ 和刚度的验算。

② 实腹式组合工字形截面柱翼缘的宽厚比限值是_____。

③ 轴压构件腹板局部稳定保证条件是_____。

④ 轴心受压构件腹板的宽厚比的限制值,是根据_____的条件推导出来的。

⑤ 一根截面面积为 A,净截面面积为 A_n 的构件,在拉力 N 作用下的强度计算公式为_____。

⑥ 轴心受力的两块板通过对接斜焊缝连接时,只要使焊缝轴线与力之间的夹角满足_____条件时,对接斜焊缝的强度就不会低于母材的强度,因而也就不必再进行计算。

⑦ 轴心受力构件的截面形式一般分为_____和_____两类。

⑧ 轴心受压构件往往是由_____来确定构件截面的。

⑨ 十字形截面在两个主轴方向的回转半径是_____的(填:相同或不相同)。

⑩ 柱脚通过埋设在基础里的_____来固定,其分布在底板的四周以便使柱脚不能转动。

(2) 选择题。

① 工字形轴心受压构件,翼缘的局部稳定条件为 $b_1/t \leqslant (10+0.1\lambda)\sqrt{\dfrac{235}{f_y}}$,其中 λ 的含义为( )。

A. 构件最大长细比,且不小于 30、不大于 100

B. 构件最小长细比

C. 最大长细比与最小长细比的平均值

D. 30 或 100

② 轴心受力构件的正常使用极限状态是( )。

A. 构件的变形规定　　　　B. 构件的强度规定

C. 构件的刚度规定　　　　D. 构件的挠度规定

③ 在由双角钢作为杆件的桁架结构中,通常角钢相并肢间每隔一定距离设置垫板,目的是( )。

A. 杆件美观　　　　　　　B. 方便杆件的制作

C. 双角钢组成共同截面工作　D. 增加杆件截面面积

④ 为防止钢构件中的板件失稳采取加劲措施,这一做法是为了( )。

A. 改变板件的宽厚比　　　B. 增大截面面积

C. 改变截面上的应力分布状态　D. 增加截面的惯性矩

⑤在轴心受压构件中,当构件的截面无孔眼削弱时,可以不进行(　　)验算。

A.构件的强度验算　　　　　　　　B.构件的刚度验算

C.构件的整体稳定验算　　　　　　D.构件的局部稳定验算

⑥轴心压杆整体稳定公式 $N/\varphi A \leqslant f$ 的意义为(　　)。

A.截面平均应力不超过材料的强度设计值

B.截面最大应力不超过材料的强度设计值

C.截面平均应力不超过构件的欧拉临界应力值

D.构件轴心压力设计值不超过构件稳定极限承载力设计值

⑦H型钢的宽度与高度相同时,强轴的回转半径约为弱轴回转半径的(　　)倍。

A.1　　　　　　B.2　　　　　　C.3　　　　　　D.4

⑧格构式构件是将肢件用缀材连成一体的一种构件,在构件截面上与肢件的腹板相交的轴线称为(　　)。

A.实轴　　　　　B.虚轴　　　　　C.X轴　　　　　D.Y轴

⑨轴心受力构件的刚度是以其(　　)来衡量的。

A.强度　　　　　B.稳定　　　　　C.伸长率　　　　D.长细比

⑩对于轴心受压构件,截面若没有孔洞削弱,一般不会因(　　)不足而丧失承载能力,但当其长细比较大时,稳定性是导致其破坏的主要因素。

A.强度　　　　　B.稳定　　　　　C.伸长率　　　　D.长细比

(3)简答题

①简述稳定系数的意义。

②轴心受力构件对截面有哪些要求？

③当轴心受力构件刚度不足时,在生产、运输、安装过程中会产生哪些影响？

知识拓展

钢结构设计标准(GB 50017—2017)规定: 轴心受压构件的截面分类如表2-2-4和表2-2-5所示。

表 2-2-4　轴心受压构件的截面分类(板厚 $t<40$ mm)

截面形式		对 x 轴	对 y 轴
轧制（圆形截面）		a 类	a 类
轧制（工字形）	$b/h \leqslant 0.8$	a 类	b 类
	$b/h > 0.8$	a^* 类	b^* 类
轧制等边角钢		a^* 类	a^* 类
焊接、翼缘为焰切边 ；焊接（圆形）		b 类	b 类
轧制			
轧制、焊接（板件宽厚比>20）；轧制或焊接			
焊接；轧制截面和翼缘为焰切边的焊接截面			
格构式；焊接，板件边缘焰切			
焊接，翼缘为轧制或剪切边		b 类	c 类
焊接，板件边缘轧制或剪切；轧制、焊接（板件宽厚比≤20）		c 类	c 类

注：1. a^* 类含义为 Q235 钢取 b 类，Q345、Q390、Q420 和 Q460 钢取 a 类；b^* 类含义为 Q235 钢取 c 类，Q345、Q390、Q420 和 Q460 钢取 b 类。

2. 无对称轴且剪心和形心不重合的截面，其截面分类可按有对称轴的类似截面确定，如不等边角钢采用等边角钢的类型；当无类似截面时，可取 c 类。

表 2-2-5　轴心受压构件的截面分类(板厚 $t \geqslant 40$ mm)

截面形式		对 x 轴	对 y 轴
轧制工字形或H形截面	$t<80$ mm	b 类	c 类
	$t \geqslant 80$ mm	c 类	d 类
焊接工字形截面	翼缘为焰切边	b 类	b 类
	翼缘为轧制或剪切边	c 类	d 类
焊接箱形截面	板件宽厚比>20	b 类	b 类
	板件宽厚≤20	c 类	c 类

任务 3　受弯构件的构造要求及验算

任务描述

受弯构件主要是指承受横向荷载而受弯的实腹钢构件,即钢梁。它是组成钢结构的基本构件之一,在工业与民用建筑中应用十分广泛。

钢梁按支承情况的不同,可分为简支梁、悬臂梁和连续梁。钢梁一般采用简支梁,它不仅制造简单,安装方便,而且可以避免支座沉陷所产生的不利影响。

钢梁按截面形式可分为型钢梁和组合梁,如图 2-3-1 所示。型钢梁又可分为热轧型钢梁(见图 2-3-1(a)、(b)、(c))和冷弯薄壁型钢梁(见图 2-3-1(d)、(e)、(f))两种,型钢梁制造简单方便,成本低,故应用较多。

当荷载和跨度较大时,型钢梁受到尺寸和规格的限制,往往不能满足承载能力或刚度的要求,此时需要采用组合梁。最常用的是由两块翼缘板加一块腹板制成的焊接工字形截面组合梁(见图 2-3-1(g)),它的构造简单,制造方便,必要时也可采用双层翼缘板组成的截面(见图 2-3-1(i))。(见图 2-3-1(h))为由两 T 型钢和钢板组成的焊接梁。对于荷载较大而高度受到限制的梁,可采用双腹板的箱形梁(见图 2-3-1(j)),这种梁抗扭刚度好。为了充分发挥混凝土受压和钢材受拉的优势,国内外还广泛研究应用了钢与混凝土组合梁(见图2-3-1(k)),可以收到较好的经济效果。

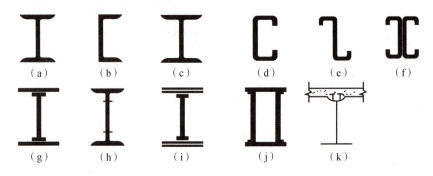

图2-3-1　钢梁的类型

此外,还可根据跨度和荷载大小的需要,采用如图2-3-2(b)所示的蜂窝梁,它是将工字钢或H型钢的腹板沿图2-3-2(a)所示折线切开后焊接而成的梁。

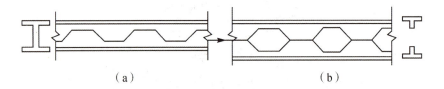

图2-3-2　蜂窝梁

根据梁截面沿长度方向有无变化,可以分为等截面梁和变截面梁。前者构造简单,制作方便,适用于跨度不大的场合。对于跨度较大的梁,为节约钢材,常配合弯矩沿跨长的变化改变它的截面而采用变截面梁,如图2-3-3的楔形梁。

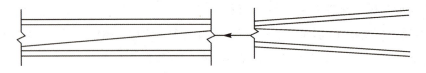

图2-3-3　楔形梁

根据受力情况的不同,还可以分为单向受弯梁和双向受弯梁(斜弯曲梁)。如图2-3-4(a)所示的屋面檩条和图2-3-4(b)所示的吊车梁均为双向受弯梁。

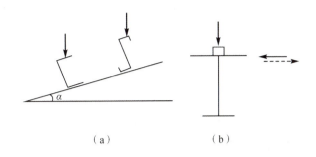

图 2-3-4 双向弯曲梁

因此,需要掌握钢结构受弯构件的强度、刚度、稳定性验算,能够在施工过程中对临时结构进行分析和验算。

知识学习

2.3.1 受弯构件的构造要求

1. 梁的拼接

梁的拼接分为工厂拼接和工地拼接两种。

1)工厂拼接

由于梁的长度、高度大于钢材的尺寸,常需要先将腹板和翼缘用几段钢材拼接起来,然后再焊接成梁,这些工作在工厂进行,故称为工厂拼接(见图 2-3-5)。

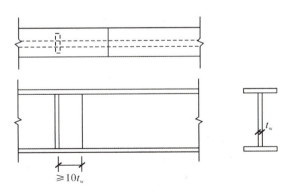

图 2-3-5 焊接梁的工厂拼接

工厂拼接的位置应由钢材尺寸和梁的受力确定。腹板和翼缘的拼接位置最好错开,同时要与加劲肋和次梁连接位置错开,错开距离不小于 $10t_w$,以便各种焊缝布置分散,减小焊接应力及变形。

翼缘和腹板拼接一般用对接焊缝,施焊时使用引弧板。当采用三级焊缝时,应将拼接布置在梁弯矩较小的位置,或采用斜焊缝。当采用一、二级焊缝时,拼接可以设在梁的任何位置。

2)工地拼接

跨度大的梁,由于受运输和吊装条件限制,需将梁分成几段运至工地或吊至高空就位后再拼接起来,这种拼接在工地进行,因此称为工地拼接。

工地拼接位置一般在梁弯矩较小的地方,且常常将腹板和翼缘在同一截面断开(见图2-3-6(a)),以便运输和吊装。拼接处一般采用对接焊缝,上、下翼缘做成向上的V形坡口,便于施焊。为了减小焊接应力,应将工厂施焊的翼缘焊缝端部留出500 mm左右不焊,留待工地拼接时按图中的施焊顺序最后焊接。

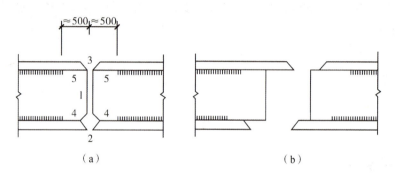

图2-3-6 焊接梁的工地拼接

工地拼接的梁也可以将翼缘和腹板拼接位置略微错开,以改善拼接处受力情况(见图2-3-6(b))。

工地拼接梁有时也可采用摩擦型高强度螺栓作梁的拼接(见图2-3-7)。例如需要在高空拼接的梁,由于高空焊接操作不便或对于较重要的以及承受动荷载的大型组合梁,考虑工地焊接条件差,焊接质量不易保证,均可采用摩擦型高强度螺栓拼接。

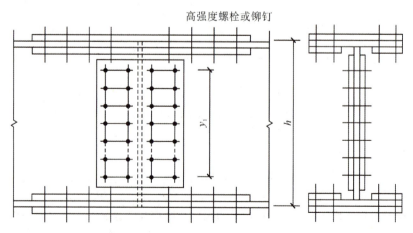

图2-3-7 螺栓连接梁的工地拼接

2. 次梁与主梁的连接

1)简支梁与主梁连接

简支梁支承在主梁上,仅有支座反力传递给主梁。连接形式有叠接和侧面连接两种。

叠接时(见图2-3-8),次梁直接搁置在主梁上,用螺栓和焊缝固定,这种连接刚性较差。

侧面连接(见图2-3-9)是将次梁端部上翼缘切去,端部下翼缘则切去一边,然后将次梁端部与主梁加劲肋用螺栓相连。如果次梁反力较大,可用围焊缝将次梁端部腹板与加劲肋连接牢固来传递反力,此时螺栓只作安装定位用。

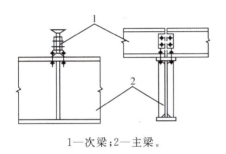

1—次梁;2—主梁。

图2-3-8 简支次梁与主梁叠接

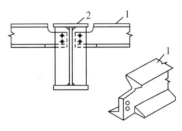

1—次梁;2—主梁。

图2-3-9 简支次梁与主梁侧面连接

2)连续次梁与主梁连接

连续次梁与主梁连接,主要是在次梁上翼缘设置连接盖板,在次梁下面的肋板上也设有承托板(见图2-3-10),以便传递弯矩。为使施焊方便,盖板的宽度应比次梁上翼缘稍窄,承托板的宽度应比下翼缘稍宽。

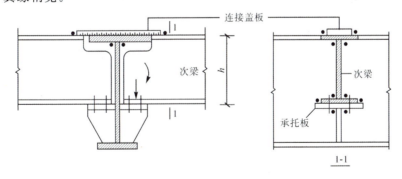

图2-3-10 连续次梁与主梁的连接

3. 梁的支座

梁的荷载通过支座传给下部支承结构,如墩支座、钢筋混凝土柱或钢柱等。此处仅介绍墩支座或钢筋混凝土支座。

常用的墩支座或钢筋混凝土支座有平板支座、弧形支座和滚轴支座三种形式(见图2-3-11)。平板支座不能自由转动,一般用于跨度小于20 m的梁中。弧形支座构造与平板支座相似,但支承面为弧形,使梁能自由转动,因而底部受力比较均匀,常用在跨度 20~40 m 的梁中。滚轴支座由上、下支座板和中间枢轴及下部滚轴组成。梁上荷载经上支座板通过枢轴传给下支座板,枢轴可以自由转动,形成理想铰接。下支座板支承于滚轴上,以滚动摩擦代替滑动摩擦,能自由移动。滚轴支座可消除梁由于挠度或温度变化而引起的附加应力,适用于跨度大于 40 m 的梁。能移动的滚轴支座只能安装在梁的一端,另一端须采用铰支座。

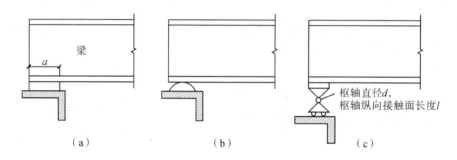

图 2-3-11 常见梁支座形式

2.3.2 受弯构件的计算

1. 梁的强度计算

1)抗弯强度

钢梁在弯矩作用下,可分为三个工作阶段,即弹性、弹塑性及塑性阶段。

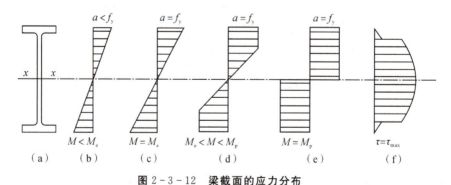

图 2-3-12 梁截面的应力分布

①弹性工作阶段:如图 2-3-12 所示的工字形截面梁,当弯矩 M 较小时,截面上的弯曲应力呈三角形直线分布(见图 2-3-12(b)),其外缘纤维最大应力为 $\sigma = \dfrac{M}{W_n}$。这个阶段可以持续到 σ 达到屈服点 f_y,此时梁截面的弯矩达到弹性极限弯矩 M_e(见图 2-3-12(c))。

$$M_e = W_n f_y \tag{2.3.1}$$

式中,M_e——梁的弹性极限弯矩;

W_n——梁的净截面(弹性)模量。

②弹塑性工作阶段:弯矩继续增加,截面外缘部分进入塑性状态,中央部分仍保持弹性。截面弯曲应力呈折线分布(见图 2-3-12(d))。随着弯矩增大,塑性区逐渐向截面中央扩展,中央弹性区相应逐渐减小。

③塑性工作阶段:在塑性工作阶段,若弯矩不断增大,直到弹性区消失,截面全部进入塑性状态,即达到塑性工作阶段,此时梁截面应力呈两个矩形分布(见图 2-3-12(e))。弯矩达到最大极限,称为塑性弯矩 M_p。

$$M_p = W_{pn} f_y \qquad (2.3.2)$$

式中,W_{pn}——梁的净截面塑性模量。

当截面上弯矩达到 M_p 时,荷载不能再增加,但变形仍可继续增大,截面可以转动,如同一个铰,因此称为塑性铰。

把梁的边缘纤维达到屈服强度作为设计的极限状态,叫作弹性设计。在一定条件下,考虑塑性变形的发展,称为塑性设计。梁按塑性设计比按弹性设计更充分地发挥了材料的作用,经济效果较好。但考虑到梁达到塑性弯矩形成塑性铰时,受压翼缘可能过早失去局部稳定,因此,规范并不是以塑性弯矩,而是以梁截面塑性发展到一定深度(即截面只有部分区域进入塑性区)作为设计极限状态。于是,梁的抗弯强度按下列公式计算:

单向弯曲时:
$$\frac{M_x}{\gamma_x W_x} \leqslant f \qquad (2.3.3)$$

双向弯曲时:
$$\frac{M_x}{\gamma_x W_{nx}} + \frac{M_y}{\gamma_y W_{ny}} \leqslant f \quad \frac{M_x}{\gamma_x W_x} \leqslant f \qquad (2.3.4)$$

式中,M_x、M_y——绕 x 轴和 y 轴弯矩(对于工字形截面:x 轴为强轴,y 为弱轴);

γ_x、γ_y——截面塑性发展系数。对于工字形截面 $\gamma_x = 1.05$、$\gamma_y = 1.20$;对于箱形截面 $\gamma_x = \gamma_y = 1.05$。

f——钢材抗弯矩强度设计值。

需要注意的是,对下列情况,规范不允许截面有塑性发展,而以弹性极限弯矩作为设计极限状态,即取 $\gamma_x = 1.0$。

注:①当梁和压弯构件受压翼缘的自由外伸宽度与其厚度之比大于 $13\sqrt{\frac{235}{f_y}}$,而不超过 $15\sqrt{\frac{235}{f_y}}$ 时,应取 $\gamma_x = 1.0$。

②需要计算疲劳的梁、拉弯及压弯构件,宜取 $\gamma_x = \gamma_y = 1.0$。

2)抗剪强度

规范规定以截面最大剪力达到所用钢材剪应力屈服点作为抗剪承载力极限状态,因此梁的抗剪强度计算公式为：

$$\tau = \frac{VS}{It_w} \leqslant f_v \qquad (2.3.5)$$

式中，V ——计算截面沿腹板平面作用的剪力；

I ——梁的毛截面惯性矩；

S ——中和轴以上或以下截面对中和轴的面积矩，按毛截面计算；

t_w ——腹板厚度；

f_v ——钢材抗剪强度设计值。

对于轧制工字钢和槽钢因受轧制条件限制，腹板厚度 t_w 相对较大，当无较大截面削弱时，可不必验算抗剪强度。

3) 局部承压强度

当梁的上翼缘有沿腹板平面作用的固定集中荷载而未设支承加劲肋(见图 2-3-13(a))，或受有移动集中荷载(如吊车轮压)作用时(见图 2-3-13(b))，可认为集中荷载从作用处以 45°扩散，均匀分布于腹板边缘，腹板计算高度上边缘的局部承压强度按下式计算：

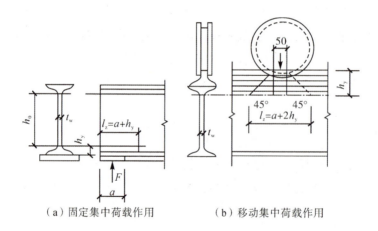

(a) 固定集中荷载作用　　　(b) 移动集中荷载作用

图 2-3-13　梁在集中荷载作用下

$$\sigma_c = \frac{\Psi F}{t_w l_z} \leqslant f \qquad (2.3.6)$$

$$l_z = a + 2h_y \qquad (2.3.7)$$

式中，F ——集中荷载，对动力荷载应考虑动力系数；

Ψ ——集中荷载增大系数，对重级工作制吊车梁，$\Psi=1.35$；对其他梁，$\Psi=1.0$；

l_z ——集中荷载在腹板计算高度上边缘的假定分布长度；

a ——集中荷载沿梁跨方向的支承长度，对吊车梁可取 50 mm；

h_y ——自吊车梁轨顶或其他梁顶面至腹板计算高度上边缘的距离。

在梁的支座处,当不设置加劲肋时,也应按式(2.3.6)求出腹板计算高度下边缘的局部压应力(Ψ取1.0)。支座反力的假定分布长度,应根据支座具体尺寸按式(2.3.7)计算。

腹板的计算高度h_0规定如下:对轧制型钢梁,为腹板与上、下翼缘相接处两内弧起点间的距离;对焊接组合梁,为腹板高度;对高强度螺栓连接或铆接组合梁,为上、下翼缘与腹板连接的高强度螺栓(或铆钉)线间最近距离。

4)折算应力

在组合梁的腹板计算高度边缘处,若同时受到较大的正应力、剪应力和局部压应力,或同时受到较大的正应力和剪应力,应验算其折算应力,如图2-3-14所示。

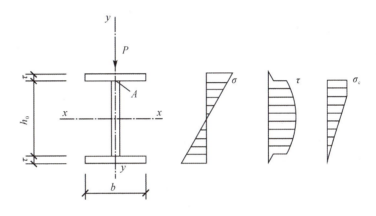

图2-3-14 折算应力的验算截面

折算应力验算公式如下:

$$\sqrt{\sigma^2 + \sigma_c^2 - \sigma\sigma_c + 3\tau_1^2} \leqslant \beta_1 f, \sigma = \frac{M}{I_n}y_1 \qquad (2.3.8)$$

式中,σ——验算点处正应力;

τ_1——验算点处剪应力;

M——验算截面的弯矩;

y_1——验算点至中和轴的距离;

σ_c——验算点处局部压应力,按式(2.3.6)计算。当验算截面处设有加劲肋或无集中荷载时,取$\sigma_c=0$;

β_1——计算折算应力的强度设计值增大系数。当σ与σ_c异号时,取$\beta_1=1.2$;当σ与σ_c同号或$\sigma_c=0$时,取$\beta_1=1.1$。

2. 梁的刚度验算

钢梁设计时,在保证强度的条件下,还应保证其刚度要求。梁的刚度用变形(即挠度)来衡量,变形过大不但会影响正常使用,同时会造成不利工作条件。

梁的挠度 v 或相对挠度 $\dfrac{v}{l}$（按一般材料力学公式计算）应满足下式

$$v \leqslant [v] \tag{2.3.9a}$$

或

$$\dfrac{v}{l} \leqslant \dfrac{[v]}{l} \tag{2.3.9b}$$

式中，$[v]$——梁的容许挠度，见表 2-3-1。

表 2-3-1 受弯构件挠度允许值

项次	构件类别	挠度允许值	
		$[v_T]$	$[v_Q]$
1	吊车梁和吊车桁架（按自重和起重量最大的一台吊车计算挠度） (1) 手动吊车和单梁吊车（含悬挂吊车） (2) 轻级工作制桥式吊车 (3) 中级工作制桥式吊车 (4) 重级工作制桥式吊车	$l/500$ $l/800$ $l/1\,000$ $l/1\,200$	
2	手动或电动葫芦的轨道梁	$l/400$	
3	有重轨（重量等于或大于 38 kg/m）轨道的工作平台梁 有轻轨（重量等于或大于 24 kg/m）轨道的工作平台梁	$l/600$ $l/400$	
4	楼（屋）盖梁或桁架，工作平台梁（第 3 项除外）和平台板 (1) 主梁或木桁架（包括设有悬挂起重设备的梁和桁架） (2) 抹灰顶棚的次梁 (3) 除(1)(2)款外的其他梁（包括楼梯梁） (4) 屋盖檩条 　支承无积灰的瓦楞铁和石棉瓦屋面者 　支承压型金属板　有积灰的瓦楞铁和石棉瓦等屋面者 　支承其他屋面材料者 (5) 平台板	$l/400$ $l/250$ $l/250$ $l/150$ $l/200$ $l/200$ $l/150$	$l/500$ $l/350$ $l/300$
5	墙架构件（风荷载不考虑阵风系数） (1) 支柱 (2) 抗风桁架（作为连续支柱的支承时） (3) 砌体墙的横梁（水平方向） (4) 支承压型金属板、瓦楞铁和石棉瓦墙面的横梁（水平方向） (5) 带有玻璃窗的横梁（竖直和水平方向）	$l/200$	$l/400$ $l/1\,000$ $l/300$ $l/200$ $l/200$

注：1. l 为受弯构件的跨度（对悬臂梁和伸臂梁为悬伸长度的 2 倍）。

2. $[v_T]$ 为全部荷载标准值产生的挠度（如有起拱应减去拱度）允许值；$[v_Q]$ 为可变荷载标准值产生的挠度允许值。

梁的刚度属正常使用极限状态，故计算时应采用，且不考虑螺栓孔引起的截面削弱，对动力荷载标准值也不乘动力系数荷载标准值。

3. 梁的整体稳定验算

当梁的截面又高又窄时,就可能在达到强度极限承载力之前,丧失整体稳定。如图2-3-15所示的工字形截面梁,在梁的最大刚度平面内,受有垂直荷载作用时,如果梁的侧面没有支承点或支承点很少时,当荷载增加到某一数值时,梁将突然发生侧向弯曲(绕弱轴的弯曲)和扭转,并丧失继续承载的能力,这种现象称为梁的弯曲扭转屈曲(弯扭屈曲)或梁丧失整体稳定。

使梁丧失整体稳定的弯矩或荷载称为临界弯矩或临界荷载。分析影响梁的临界弯矩的主要因素,可得如下结论:①梁的侧向抗弯刚度和抗扭刚度愈大,梁的临界弯矩越大;②梁受压翼缘自由长度愈小,梁的侧弯及扭转变形愈小,因此梁的临界弯矩也愈大;③荷载作用在梁的上翼缘时(见图2-3-16(a)),荷载将产生附加扭矩Pe,对梁侧向弯曲和扭转起助长作用,使梁的临界弯矩降低。当荷载作用在梁的下翼缘时(见图2-3-16(b)),将产生反方向的附加扭矩Pe,有利于阻止梁的侧向弯曲扭转,使梁的临界弯矩增大。

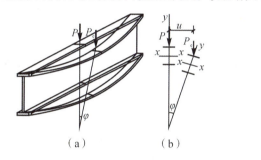

图2-3-15 梁丧失整体稳定的情况

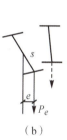

图2-3-16 荷载位置对整体稳定的影响

1)整体稳定验算

为保证梁的整体稳定,要求梁在荷载作用下最大应力σ应满足下式要求

单向弯曲时:
$$\frac{M_x}{\varphi_b W_x} \leqslant f \tag{2.3.10}$$

双向弯曲时:
$$\frac{M_x}{\varphi_b W_x} + \frac{M_y}{\gamma_y W_y} \leqslant f \tag{2.3.11}$$

式中,M_x——荷载设计值在梁内产生的绕强轴(x轴)作用的最大弯矩;

W_x、W_y——按受压纤维确定的对x轴和y轴的梁的毛截面模量;

φ_b——梁的整体稳定系数;

γ_y——截面塑性发展系数。

2)整体稳定性的保证

梁丧失整体稳定是突然发生的,事先并无明显预兆,因而比强度破坏更危险,设计、施工中要特别注意。在实际工程中,梁的整体稳定常由铺板或支撑来保证,梁常与其他构件相互连接,有利于阻止梁丧失整体稳定。

当铺板密铺在梁的受压翼缘上并与其牢固相连,能阻止梁受压翼缘的侧向位移时,可不计算梁的整体稳定性。

当箱形截面简支梁符合上述要求或其截面尺寸满足 $h/b_0 \leqslant 6$, $h/b_0 \leqslant 95\epsilon_k^2$ 时,可不计算整体稳定性,l_1 为受压翼缘侧向支承点间的距离(梁的支座处视为有侧向支承)(见图2-3-17)。

ϵ_k——钢号修正系数,其值为235与钢材牌号中屈服点数值的比值的平方根。

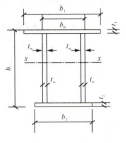

图2-3-17　箱形截面

4. 梁的局部稳定

对于组合截面梁,为了获得经济的截面尺寸,常常采用宽而薄的翼缘板和高而薄的腹板。但是,当钢板过薄,即梁翼缘的宽厚比或腹板的高厚比增大到一定程度时,翼缘或腹板在尚未达到强度极限或在梁丧失整体稳定之前,就可能发生波浪形的屈曲(见图2-3-18),这种现象称为失去局部稳定或局部失稳。梁的翼缘或腹板局部失稳后,虽然整个构件还不至于立即丧失承载能力,但由于对称截面转化成了非对称截面,继而会使梁产生扭转,乃至部分截面退出工作,这就使得构件的承载能力大为降低,导致整个结构早期破坏。

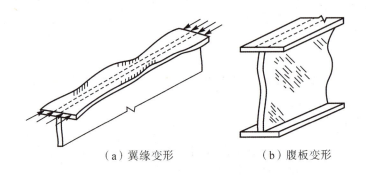

(a) 翼缘变形　　　(b) 腹板变形

图2-3-18　梁翼缘和腹板失稳变形情况

承受静力荷载和间接承受动力荷载的焊接截面梁可考虑腹板屈曲后强度,按《钢结构设计标准》的规定计算其受弯和受剪承载力。不考虑腹板屈曲后强度时,当 $h_0/t_w > 80\epsilon_k$,焊接截面梁应计算腹板的稳定性。h_0 为腹板的计算高度,t_w 为腹板的厚度。

梁的腹板以承受剪力为主,组合梁的腹板主要是靠设置加劲肋来保证其局部稳定。加劲肋可以用钢板或型钢制成,焊接梁一般常用钢板。

为保证加劲肋自身具有一定的刚度,加劲肋的截面应满足以下要求:

① 加劲肋常在腹板两侧成对配置(见图2-3-19(a)),对于仅受静荷载作用或受动荷载作用较小的梁腹板,为了节省钢材和减少制造工作量,其横向和纵向加劲肋可单侧配置(见图2-3-19(b)),但支承加劲肋、重级工作制吊车梁的加劲肋不应单侧配置。

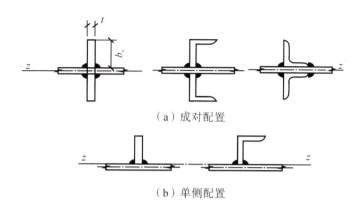

图 2-3-19 加劲肋的形式

②横向加劲肋的最小间距为 $0.5h_0$，除无局部压应力的梁，当 $h_0/t_w \leqslant 100$ 时，最大间距可采用 $2.5h_0$ 外，最大间距应为 $2h_0$。纵向加劲肋至腹板计算高度受压边缘的距离应为 $h_c/2.5 \sim h_c/2$。

③在腹板两侧成对配置的钢板横向加劲肋，其截面尺寸应符合：

外伸宽度： $$b_s = \left(\frac{h_0}{30} + 40\right) \text{mm} \tag{2.3.12a}$$

厚度：承压加劲肋 $t_s \geqslant \dfrac{b_s}{15}$ 　不受力加劲肋 $t_s \geqslant \dfrac{b_s}{19}$ \hfill (2.3.12b)

④在腹板一侧配置的横向加劲肋，其外伸宽度应大于按式(2.3.12a)算得的 1.2 倍，厚度应符合式(2.3.12b)的规定。

⑤在同时用横向加劲肋和纵向加劲肋的腹板中，横向加劲肋的截面尺寸除应符合上述规定外，其截面惯性矩 I_z 尚应符合：$I_z \geqslant 3h_0 t_w^3$，纵向加劲肋梁的截面惯性矩 I_y 应符合：

当 $\dfrac{a}{h_0} \leqslant 0.85$ 时，$I_y \geqslant 1.5 h_0 t_w^3$；当 $\dfrac{a}{h_0} >$ 时，$I_y \geqslant \left(2.5 - 0.45\dfrac{a}{h_0}\right) h t_w^3$

⑥短加劲肋的最小间距为 $0.75h_1$。短加劲肋外伸宽度应取横向加劲肋外伸宽度的 0.7～1.0 倍，厚度不应小于短加劲肋外伸宽度的 1/15。

⑦用型钢(H 型钢、工字钢、槽钢、肢尖焊于腹板的角钢)做成的加劲肋，其截面惯性矩不得小于相应钢板加劲肋的惯性矩。在腹板两侧成对配置的加劲肋，其截面惯性矩应按梁腹板中心线为轴线进行计算。在腹板一侧配置的加劲肋，其截面惯性矩应按加劲肋相连的腹板边缘为轴线进行计算。

⑧焊接梁的横向加劲肋与翼缘板、腹板相接处应切角，当作为焊接工艺孔时，切角宜采用半径 $R = 30$ mm 的 1/4 圆弧。

⑨梁的支承加劲肋应符合下列规定：应按承受梁支座反力或固定集中荷载的轴心受压构件计算其在腹板平面外的稳定性；此受压构件的截面应包括加劲肋和加劲肋每侧 $15h_w \in_k$ 范围内

的腹板面积,计算长度取 h_0。

当梁支承加劲肋的端部为刨平顶紧时,应按其所承受的支座反力或固定集中荷载计算其端面承压应力;突缘支座的突缘加劲肋的伸出长度不得大于其厚度的 2 倍;当端部为焊接时,应按传力情况计算其焊缝应力;

支承加劲肋与腹板的连接焊缝,应按传力需要进行计算。

2.3.3 钢梁设计

钢梁的设计主要是通过强度条件来选择梁截面,包括初选截面和截面验算,验算项目包括强度(有弯曲正应力、剪应力、局部压应力和折算应力)、刚度、稳定性的验算;然后进行翼缘与腹板之间的焊缝计算,以及加劲肋的布置。

1. 型钢梁设计

型钢梁中应用最多的是热轧普通工字钢和 H 型钢。热轧型钢梁只需满足强度、刚度和整体稳定的要求,而不需计算局部稳定。其设计方法是:首先根据建筑要求的跨度及预先假定的结构构造,算出梁的最大弯矩设计值,按此选择型钢截面,然后进行各种验算。

步骤:

1) 选择截面

先计算梁的最大弯矩 M_x,由 $\sigma = \dfrac{M_x}{\gamma_x W_{nx}} \leqslant f$ 从型钢表中取用与 W_{nx} 值相近的型钢号。此时可预先估算一个自重求出 M_x,求出截面后按实际自重进行验算,也可先不考虑自重计算出 W_{nx},选出截面后按实际自重进行验算。

2) 截面验算

(1) 强度验算

① 根据所选型钢的实际截面参数 W_{nx},按 $\sigma = \dfrac{M_x}{\gamma_x W_{nx}} \leqslant f$ 验算抗弯强度;

② 有集中力作用时,按 $\sigma_c = \dfrac{\Psi F}{t_w l_z} \leqslant f$ 进行局部压应力验算;

③ 按 $\tau = \dfrac{VS}{I_x t_w} \leqslant f_v$ 验算抗剪强度,通常情况下可略去;

④ 验算弯矩及剪力较大的截面上的折算应力,通常情况下可略去。

(2) 整体稳定验算 $\dfrac{M_x}{\varphi_b W_x} \leqslant f$

3) 刚度验算

按材料力学公式根据荷载标准值算出最大挠度$[\omega]$,应小于容许挠度值。也可采用相对挠度计算,例如均布荷载下的简支梁:

$$\frac{\omega}{l} = \frac{5}{48}\frac{M_x l}{EI_x} \leqslant \frac{[\omega]}{l} \qquad (2.3.13)$$

2. 组合梁设计

由于型钢规格有限,当荷载较大或梁的跨度较大时,采用型钢梁不能满足设计要求时,应该用组合梁,即选用由两块翼缘板和一块腹板组成的焊接截面。

焊接组合梁截面设计所需确定的截面尺寸为截面高度h(腹板高度h_0)、腹板厚度t_w、翼缘宽度b及厚度t。焊接组合梁截面设计的任务是:合理的确定h_0、t_w、b、t,以满足梁的强度、刚度、整体稳定及局部稳定等要求。并能节省钢材,经济合理。设计的顺序是首先定出h_0,然后选定t_w,最后定出b和t。

1) 初选截面

(1) 确定梁的高度

梁的截面高度应根据建筑高度、刚度要求及经济要求确定。

建筑高度是指按使用要求所允许梁的最大高度。设计梁截面时要求$h \leqslant h_{\max}$;

刚度要求是指为保证正常使用条件下,梁的挠度不超过容许挠度,即限制梁高h不能小于最小梁高$h_{\min}$;

经济高度考虑用钢量为最小来决定。$h_e = 7\sqrt[3]{W_x} - 300$;

根据上述三个条件,实际所取梁高应满足:$h_{\min} \leqslant h \leqslant h_{\max}$且$h \approx h_e$。

(2) 确定腹板厚度

腹板主要承担梁的剪力,其厚度要满足抗剪强度要求。计算时近似假定最大剪应力为腹板平均剪应力的1.2倍,即:

$$\tau_{\max} = \frac{VS}{I_x t_w} \approx 1.2\frac{V}{h_0 t_w} \leqslant f_v, \Rightarrow t_w \geqslant 1.2\frac{V}{h_0 f_v}$$

考虑腹板局部稳定及构造要求,腹板不宜太薄,可用下列经验公式估算:$t_w = \sqrt{h_0}/3.5$。

(3) 确定翼缘板尺寸

腹板尺寸确定之后,可按强度条件(即所需截面抵抗矩)确定翼缘面积$A_f = bt$。对于工形截面:$A_f \geqslant \frac{W_x}{h_0} - \frac{h_0 t_w}{6}$;

算出A_f之后,设定b、t中任一数值,即可确定另一个数值。选定b、t时应注意构造和局部稳定的要求。

2）截面验算

截面尺寸确定后，按实际选定尺寸计算各项截面几何特性，验算抗弯、抗剪、局部压应力、折算应力、整体稳定、刚度及翼缘局部稳定等要求是否满足。腹板局部稳定由设置加劲肋来保证，或计算腹板屈曲后的强度。

如果梁截面尺寸沿跨长有变化，应将截面改变设计之后进行抗剪强度、刚度、折算应力验算。

3）翼缘–腹板焊缝设计

梁弯曲时翼缘焊缝的作用是阻止腹板和翼缘之间产生滑移，因而承受与焊缝平行方向的剪应力 $\tau_1 = VS_1/It_w$，其单位梁长上的剪力为：$T_1 = \tau_1 t_w = \dfrac{VS_1}{I}$。

则翼缘焊缝应满足强度条件：$\tau_f = \dfrac{T_1}{2 \times 0.7 \times h_f \times l} \leqslant f_f^w$。

得：$h_f \geqslant \dfrac{T_1}{1.4 f_f^w} = \dfrac{VS_1}{1.4 f_f^w I}$。

当梁的翼缘上还承受集中力产生的垂直剪力作用时，单位长度的垂直剪力为：$V_1 = \sigma_c t_w = \dfrac{\Psi F}{I_z t_w} \cdot t_w = \dfrac{\Psi F}{I_z}$。

在 T_1 和 V_1 的共同作用下，翼缘焊缝强度应满足下式要求：

$$\sqrt{\left(\dfrac{T_1}{2 \times 0.7 h_f}\right)^2 + \left(\dfrac{V_1}{2\beta_f \times 0.7 h_f}\right)^2} \leqslant f_f^w$$

由此得：$h_f \geqslant \dfrac{1}{1.4 f_f^w} \sqrt{T_1^2 + \left(\dfrac{V_1}{\beta_f}\right)^2}$。

任务实施

1. 工作任务

通过引导文的形式了解钢结构受弯构件的构造要求及验算方法等。

2. 实施过程

1）资料查询

利用在线开放课程、网络资源等查找相关资料，收集钢结构受弯构件知识相关内容。

2）引导文

（1）填空题。

①若某焊接 H 型钢轴压构件的 $\lambda_x = 70, \lambda_y = 90$，在验算翼缘的局部稳定公式 $\dfrac{b_1}{t} \leqslant (10+$

$0.1\lambda)\sqrt{\dfrac{235}{f_y}}$ 中,$\lambda=$ _____。

②按正常使用极限状态计算时,受弯构件要限制挠度,拉、压构件要限制_____。

③在主平面内受弯的工字形截面组合梁。在抗弯强度计算中,允许考虑截面部分塑性发展变形时,绕 x 轴和 y 轴的截面塑性发展系数 γ_x,γ_y 分别为_____和_____。

④焊接工字形截面梁腹板设置加劲肋的目的是_____。

⑤梁的最小高度是由_____控制的。

⑥单向受弯梁失去整体稳定时是_____形式的失稳。

⑦当组合梁腹板高厚比 $h_0/t_w \leq$ _____时,对一般梁可不配置加劲肋。

⑧为防止梁的整体失稳,可在梁的_____翼缘密铺刚性铺板。

⑨梁腹板加劲肋的类型有_____、_____、短加劲肋、_____。

⑩在组合梁的腹板计算高度边缘处,若同时受有较大的正应力、剪应力和局部压应力,或同时受有较大的正应力和剪应力,应验算其_____。

(2)选择题。

①为了提高梁的整体稳定性,(　　)是最经济有效的办法。

A.增大截面　　　　　　　　B.增加侧向支撑点,减少 l_1

C.设置横向加劲肋　　　　　D.改变荷载作用的位置

②梁受固定集中荷载作用,当局部挤压应力不能满足要求时,采用(　　)是较合理的措施。

A.加厚翼缘　　　　　　　　B.在集中荷载作用处设支承加劲肋

C.增加横向加劲肋的数量　　D.加厚腹板

③计算梁的(　　)时,应用净截面的几何参数。

A.强度　　　B.刚度　　　C.整体稳定　　　D.局部稳定

④实腹式偏心受压构件在弯矩作用平面内整体稳定验算公式中 γ_x 主要是考虑(　　)。

A.截面塑性发展对承载力的影响　　B.残余应力的影响

C.初偏心的影响　　　　　　　　　D.初弯曲的影响

⑤为防止钢构件中的板件失稳而采取加劲肋措施,这一做法是为了(　　)。

A.改变板件的宽厚比　　　　B.改变截面上的应力分布状态

C.增大截面面积　　　　　　D.增加截面的惯性矩

⑥焊接工字形截面简支梁,其他条件均相同的情况下,当(　　)时,梁的整体稳定性最好。

A.加强梁受压翼缘宽度

B.加强梁受拉翼缘宽度

C.受拉翼缘于受压翼缘宽度相同

D. 在距支座 $L/6$（L 为跨度）减小受压翼缘宽度

⑦右图为一焊接双轴对称工字形截面平台梁，在弯矩和剪力共同作用下，关于截面中应力的说明正确的是（　　）。

A. 弯曲正应力最大的点是 3 点

B. 剪应力最大的点是 2 点

C. 折算应力最大的点是 3 点

D. 折算应力最大的点是 2 点

⑧承受静力荷载或间接承受动力荷载的焊接工字形截面的压弯构件，其强度验算公式中塑性发展系数 γ_x 取值为（　　）。

A. 1.05　　　　B. 1.2　　　　C. 1.0　　　　D. 1.15

⑨钢梁按支承情况的不同，可分为简支梁、悬臂梁和连续梁。钢梁一般采用（　　），它不仅制造简单，安装方便，而且可以避免支座沉陷所产生的不利影响。

A. 简支梁　　　B. 悬臂梁　　　C. 连续梁　　　D. 多跨梁

⑩型钢梁设计在设计时，一般是根据建筑要求的跨度及预先假定的结构构造，算出梁的（　　），按此选择型钢截面，然后进行各种验算。

A 最大剪力设计值　B. 抗剪强度设计值　C. 极限弯矩设计值　D. 最大弯矩设计值

（3）简答题。

①图示实腹式轴压柱截面，柱长细比 $\lambda_x = 55$，$\lambda_y = 58$，钢材 Q345，试判断该柱腹板的局部稳定有无保证，如无保证应采取何种措施（至少回答出两种方法）。

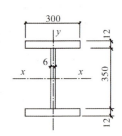

②简述下图简支梁在荷载作用下的四个工作阶段，并绘出每个阶段的梁截面正应力分布图。

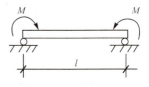

③梁的整体稳定性受哪些因素的影响？

④实腹梁的抗弯强度计算为什么要按截面部分发展塑性变形考虑？

知识拓展

钢结构设计标准(GB 50017—2017)关于受弯构件腹板开孔的规定如下：

6.5.1 腹板开孔梁应满足整体稳定及局部稳定要求，并应进行下列计算：

1. 实腹及开孔截面处的受弯承载力验算；
2. 开孔处顶部及底部 T 形截面受弯剪承载力验算。

6.5.2 腹板开孔梁，当孔型为圆形或矩形时，应符合下列规定：

1. 圆孔孔口直径不宜大于梁高的 0.70 倍，矩形孔口高度不宜大于梁高的 0.50 倍，矩形孔口长度不宜大于梁高及 3 倍孔高。

2. 相邻圆形孔口边缘间的距离不宜小于梁高的 0.25 倍，矩形孔口与相邻孔口的距离不宜小于梁高及矩形孔口长度。

3. 开孔处梁上下 T 形截面高度均不宜小于梁高的 0.15 倍，矩形孔口上下边缘至梁翼缘外皮的距离不宜小于梁高的 0.25 倍。

4. 开孔长度(或直径)与 T 形截面高度的比值不宜大于 12。

5. 不应在距梁端相当于梁高范围内设孔，抗震设防的结构不应在隅撑与梁柱连接区域范围内设孔。

6. 开孔腹板补强宜符合下列规定：

1) 圆形孔直径小于或等于 1/3 梁高时，可不予补强。当大于 1/3 梁高时，可用环形加劲肋加强，也可用套管或环形补强板加强。

2) 圆形孔口加劲肋截面不宜小于 100 mm×10 mm，加劲肋边缘至孔口边缘的距离不宜大于 12 mm。圆形孔口用套管补强时，其厚度不宜小于梁腹板厚度。用环形板补强时，若在梁腹板两侧设置，环形板的厚度可稍小于腹板厚度，其宽度可取 75～125 mm。

3）矩形孔口的边缘宜采用纵向和横向加劲肋加强。矩形孔口上下边缘的水平加劲肋端部宜伸至孔口边缘以外单面加劲肋宽度的2倍，当矩形孔口长度大于梁高时，其横向加劲肋应沿梁全高设置。

4）矩形孔口加劲肋截面总宽度不宜小于翼缘宽度的1/2，厚度不宜小于翼缘厚度。当孔口长度大于500 mm时，应在梁腹板两面设置加劲肋。

7. 腹板开孔梁材料的屈服强度不应大于420 N/mm²。

任务 4　钢屋架的构造要求

任务描述

轻钢屋架是指单榀重量在1 t以内，且用小型角钢或钢筋、管材作为支撑拉杆的钢屋架。常用的结构形式：门式刚架结构、网架结构、管桁架结构、简易的角钢屋架结构等。

门式刚架结构使用年限长，维护费用相对其他结构形式低，造型美观而且气派，能满足各种工艺的使用要求，现场焊接量少，大多是螺栓连接，有利于回收利用，有利于控制施工质量，在厂房应用中特别广泛，受到很多业主的青睐。

管桁架结构使用年限长，一般适用于特大跨度的建筑，例如体育场馆、游泳馆、会堂等。与门式刚架相比，因为一般厂房的跨度在20 m左右，从造价而言，门式刚架更适合厂房建设，虽然管桁架与门式刚架的造价相差不大，但是管桁架的施工周期长，现场焊接量大，加工费用偏高，所以一般情况不建议采用管桁架。如果是跨度在30 m以上的体育馆、游泳馆等的建设，一般不采用门式结构，因为用钢量偏高，所以建议采用网架。

由于钢结构技术的不成熟，老式的厂房大多采用角钢屋架，随着钢结构技术的不断发展，工艺要求的不断提高，门式结构取代了角钢屋架。角钢屋架用钢量一般都偏高，利用空间小，容易变形，存在安全隐患，基本不采用。

因此，我们需要掌握钢屋架的类型、组成、构造要求及特点等，并能够在施工过程中熟练应用。

知识学习

2.4.1　钢屋架的结构组成与布置

1. 钢屋架的结构组成

钢屋架结构主要由屋面、屋架、天窗架、檩条、支撑等构件组成。根据屋面结构布置情况的不同,可分为无檩体系屋架和有檩体系屋架。

1)无檩体系屋架

无檩体系屋架(见图 2-4-1(a))中屋面板常采用钢筋混凝土大型屋面板。屋架间距为大型屋面板的跨度,一般为 3 m 的倍数,当柱距较大时,可在柱间设置托架或中间屋架。

无檩体系屋架屋面构件的种类和数量少,构造简单,安装方便,施工速度快,且屋架刚度大、整体性能好;但屋面自重大,常需增大屋架杆件和下部结构的截面,对抗震不利。

2)有檩体系屋架

有檩体系屋架(见图 2-4-1(b))的屋面材料常用压型钢板、压型铝合金板、石棉瓦、瓦楞铁皮等轻型材料。屋架的经济间距为 4~9 m。

有檩体系屋架重量轻、用料省、运输安装方便,但构件数量多、构造复杂、吊装次数多、屋架整体刚度差。

在选择屋架结构体系时,应全面考虑房屋的使用要求、受力特点、材料供应情况以及施工和运输条件等,以确定最佳方案。

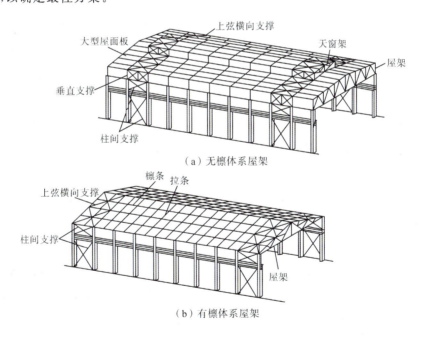

图 2-4-1 屋架结构体系

2. 钢屋架的形式及主要尺寸

1)钢屋架的形式

普通钢屋架按其外形可分为三角形(图 2-4-2(a)、(b)、(c))、梯形(图 2-4-2(d)、(e))和平行弦(图 2-4-2(f)、(g))三种。屋架的腹杆形式常有人字式(图 2-4-2(b)、(d)、(f))、芬克式(图 2-4-2(a))、豪式(或称单向斜杆式)(图 2-4-2(c))、再分式(图 2-4-2(e))及交叉式(图 2-4-2(g))。

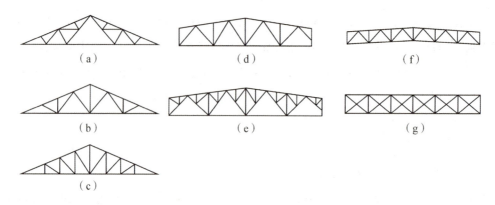

图 2-4-2 钢屋架的外形

确定屋架外形应符合适用、受力合理、经济和施工方便等原则。从受力角度出发,屋架外形应尽量与弯矩图相近,以使弦杆受力均匀。受力较合理的腹杆布置应使短杆受压,长杆受拉,腹杆数量少,总长度短,且尽可能使荷载作用于节点,避免弦杆因受节间荷载引起局部弯矩而增大截面。从施工角度出发,屋架杆件的数量和品种规格应尽可能少,在用钢量增加不多的条件下,力求尺寸统一,构造简单。腹杆与弦杆轴线间的夹角一般在 30°～60°之间,最好在 45°左右,以使节点紧凑。屋架上弦的坡度须适合屋面的排水要求。

(1)三角形屋架

三角形屋架上弦坡度一般为 $i=1/2～1/3$,跨度一般为 18～24 m 之间,适用于屋面坡度较大的有檩体系屋架。三角形屋架与柱只能做成铰接,故房屋的横向刚度较低,且屋架弦杆的内力变化较大,在支座处最大,跨中较小,故弦杆用同一规格截面时,其承载力不能得到充分利用。

(2)梯形屋架

梯形屋架上弦坡度一般为 $i=1/8～1/16$,跨度可达 36 m,适用于屋面坡度较小的屋架体系。梯形屋架的外形接近于弯矩图,各节间弦杆受力较弱,且腹杆较短。梯形屋架与柱的连接可做成刚接也可做成铰接。当做成刚接时,可提高房屋的横向刚度,因此是目前工业厂房无檩体系屋架中应用最广的屋架形式。

(3)平行弦屋架

平行弦屋架上下弦相互平行,且可做成不同坡度。一般用于托架、支撑体系,以及施工脚手架等。平行弦屋架具有杆件规格统一、节点构造统一、便于制造等优点。

2)钢屋架的主要尺寸

钢屋架的主要尺寸包括屋架的跨度、跨中高度及梯形屋架的端部高度。

(1)跨度:屋架的标志跨度是指柱网轴线的横向间距。屋架的计算跨度 l_0 则是指屋架两端支座反力之间的距离。当屋架简支于钢筋混凝土柱或砖柱上,且柱网采用封闭结合时,一般取 $l_0=l-(300\sim400)$ mm(图 2-4-3(a)),l_0 表示屋架的标志跨度;当屋架支承于钢筋混凝土柱上,而柱网采用非封闭结合时,计算跨度 $l_0=l$(图 2-4-3(b));当屋架与钢柱刚接时,其计算跨度取钢柱内侧面之间的间距(图 2-4-3(c))。

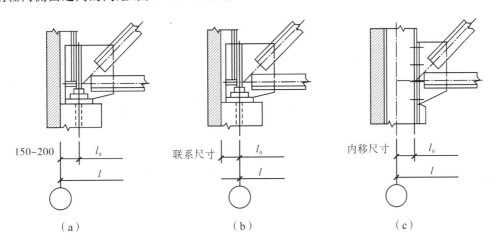

图 2-4-3 屋架的计算跨度

(2)常用屋架高度:三角形屋架一般取 $h=\left(\dfrac{1}{4}\sim\dfrac{1}{6}\right)l$。梯形屋架的跨中高度一般取 $h=\left(\dfrac{1}{6}\sim\dfrac{1}{10}\right)l$,跨度大(或屋面荷载小)时取小值,跨度小(或屋面荷载大)时取大值。梯形屋架的端部高度,当屋架与柱铰接时取 1.6~2.2 m,刚接时取 1.8~2.4 m,端弯矩大时取大值,端弯矩小时取小值。

对于跨度较大的屋架,在横向荷载作用下将产生较大的挠度,有损外观并可能影响屋架的正常使用。为此,对跨度 $l\geqslant 15$ m 的三角形屋架和跨度 $l\geqslant 24$ m 的梯形、平行弦屋架,当下弦无向上曲折时,宜采用起拱来抵消屋架受荷后产生的部分挠度。起拱高度一般为其跨度的 1/500 左右。

3. 支撑布置

钢屋架和柱组成的结构体系是一平面排架结构,纵向刚度很差,在荷载作用下,存在着所有屋架同向倾覆的危险(见图 2-4-4(a))。此外,在这样的体系中,由于檩条和屋面板均不能作为上弦杆的侧向支承点,故上弦杆在受压时,极易发生侧向失稳现象,如图中虚线所示,其承载力极低。在屋架两端或中部适当位置的相邻两榀屋架之间,设置一定数量的支撑(见图 2-4-4(b)),沿屋架纵向全长设置一定数量的纵向杆件(系杆),将屋架连成一空间结构体系,形成屋架与支撑桁架组成的空间稳定体系。目的是保证整个屋架的空间几何不变性,从而阻止屋架上、下弦侧移,大大减小其自由长度,提高屋架弦杆的承载力。同时,可保证屋架结构安装时的稳定和方便。钢屋架支撑主要由上弦横向水平支撑、下弦横向水平支撑、下弦纵向水平支撑、垂直支撑及系杆组成(见图2-4-5)。

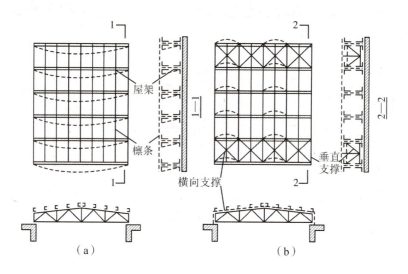

图2-4-4 屋架结构简图

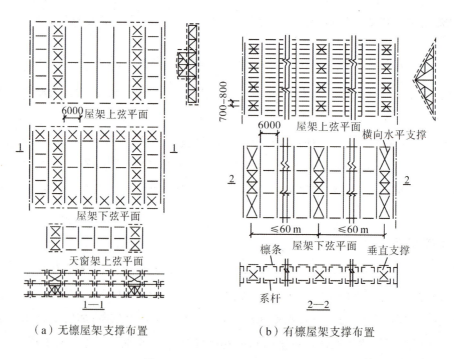

(a) 无檩屋架支撑布置　　　(b) 有檩屋架支撑布置

图2-4-5 屋架支撑布置图

2.4.2 门式刚架结构

门式刚架为一种传统的结构体系,该类结构的上部主构架包括刚架斜梁、刚架柱、支撑、檩条、系杆、山墙骨架等。门式刚架轻型房屋钢结构的主要应用范围,包括单层工建厂房、民建超级市场和展览馆、库房以及各种不同类型仓储式工业及民用建筑等,都是它强有力的竞争领域,有广泛的市场应用前景。

门式刚架轻型房屋钢结构具有受力简单、传力路径明确、轻型、快速、高效的特点,应用节能环保型新型建材,实现工厂化加工制作、现场施工组装、方便快捷、节约建设周期;结构坚固耐用、建筑外形新颖美观、质优价宜、经济效益明显;柱网尺寸布置自由灵活、能满足不同气候环境条件下的施工和使用要求。因此广泛应用于工业、商业及文化娱乐公共设施等工业与民用建筑中。门式刚架轻型房屋钢结构起源于美国,经历了近百年的发展,已成为设计、制作与施工标准相对完善的一种结构体系。

1. 轻型屋面

轻型钢结构屋面,宜采用具有轻质、高强、耐火、保温、隔热、隔声、抗震及防水性能好等优点的建筑材料,同时要求构造简单、施工方便,并能工业化生产。

1)压型钢板

压型钢板是采用镀锌钢板、冷轧钢板、彩色钢板等做原料,经辊压冷弯成各种波形的压型板,具有轻质高强、美观耐用、施工简便、抗震防水的特点。其加工和安装已做到标准化、工厂化、装配化。

压型钢板的截面呈波形,从单波到6波,板宽360~900 mm。压型钢板的最大允许檩距,可根据支承条件、荷载及芯板厚度由产品规格选用。

压型钢板的重量为 $0.07\sim0.14 \text{ kN/m}^2$,分长尺和短尺两种。一般采用长尺,板的纵向可不搭接。适用于平坡的梯形屋架和门式刚架。

2)发泡水泥复合板(太空板)

太空板是由钢或混凝土边框、钢筋桁架、发泡水泥芯材、坡纤网增强的上下水泥面层复合而成的建筑板材,是一种集承重、保温、隔热为一体的轻质复合板,可应用于屋面板、楼板和墙板中。其自重为 $0.45\sim0.85 \text{ kN/m}^2$,屋面全部荷载标准值(包括活荷载)一般不超过 1.5 kN/m^2。太空板用作屋面板时,尺寸有 $3 \text{ m}\times3 \text{ m}$、$1.5 \text{ m}\times6 \text{ m}$、$1.5 \text{ m}\times7.5 \text{ m}$、$3 \text{ m}\times6 \text{ m}$ 几种。太空板上可直接铺设防水卷材,不需另设保温及找平层,防水卷材宜使用橡塑类卷材。

3)石棉水泥波形瓦

屋面瓦的自重约 0.2 kN/m^2。这种瓦材具有自重轻、美观、施工简便等特点,除适用于工业与民用建筑的屋面材料外,还可以作墙体维护材料。石棉瓦材性存在着脆性大,易开裂破损,因吸水而产生收缩龟裂和挠曲变形等缺点。

4) 加气混凝土屋面板

屋面板自重 $0.75\sim1.0\ kN/m^2$，是一种承重、保温和构造合一的轻质多孔板材，具有容重轻、保温效能高、吸音好等优点。该类板材因系机械化工厂生产，板的尺寸准确、表面平整，一般可直接在板上铺设卷材防水层，施工方便。这种板可作屋面和墙体材料。

5) 瓦楞铁

瓦楞铁自重约 $0.05\ kN/m^2$，具有自重轻、美观、施工简便等特点，但瓦材规格尚未定型，工程中使用的多为自行压制制作。

6) GRC 板

GRC 板是指用玻璃纤维增强的水泥制品。市场上有两种产品：一种 GRC 复合板是用水泥砂浆作基材、玻璃纤维作增强材料的无机复合板，肋部仍为配筋的混凝土，由于板本身不隔热（或保温），尚需在面板上另设隔热、找平及防水层。第二种 GRC 板为复合夹芯板，是将隔热层贴于面板下或在上下面板的中间，使板具有隔热作用，使用时只需在面板上部设防水层，其全部荷载比第一种 GRC 板轻。

2. 檩条

檩条宜优先采用实腹式构件，也可采用空腹式或格构式构件。

1) 实腹式檩条

实腹式檩条包括普通型钢和冷弯薄壁型钢两种，如图 2-4-6 所示。

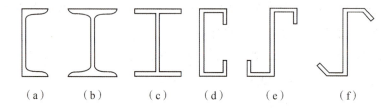

图 2-4-6　实腹式檩条

(1) 热轧工字钢、槽钢檩条

热轧工字钢、槽钢檩条分为普通和轻型两种（见图 2-4-6）。普通檩条因型材的厚度较厚，强度不能充分发挥，用钢量较大。

(2) 高频焊接轻型 H 型钢檩条

高频焊接轻型 H 型钢是一种轻型钢（见图 2-4-6(c)），具有腹板薄、抗弯刚度好，两主轴方向的惯性矩比较接近及翼缘板平直易于连接等优点，常用于檩距≥1.5 m 或跨度>6 m，荷载较大的屋面。

(3)冷弯薄壁卷边槽钢檩条

冷弯薄壁卷边槽钢（C形）檩条（见图2-4-6(d)）的截面互换性大，应用普遍，用钢量省，制造和安装方便。目前常用于檩条跨度≤6 m，荷载较小的平坡屋面中。

(4)冷弯薄壁卷边Z型钢檩条

冷弯薄壁卷边Z型钢檩条有直卷边Z型钢（见图2-4-6(e)）和斜卷边Z型钢（见图2-4-6(f)）。其主平面x轴的刚度大，用作檩条时挠度小，用钢量省，制造和安装方便。斜卷边Z型钢存放时还可叠层堆放，占地少。这种檩条适用于屋面坡度较大的情况。

2）空腹式檩条

空腹式檩条（见图2-4-7）由角钢的上、下弦和缀板焊接组成，其主要特点是用钢量少，能合理利用小角钢和薄钢板，因缀板间距较密，拼装和焊接工作量较大。

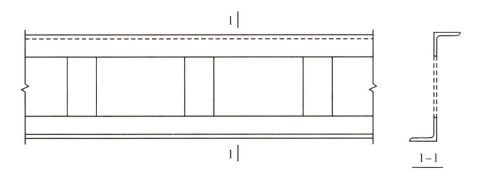

图2-4-7 空腹式檩条

3）桁架式檩条

当跨度及荷载较大采用实腹式檩条不经济时，可采用桁架式檩条。其跨度通常为6～12 m，一般分为平面桁架式和空间桁架式。

3. 天窗架

天窗结构通常由天窗架、檩条、侧窗横档和天窗架支撑系统组成。

矩形天窗架的常用形式主要有三铰拱式、三支点式和多竖杆式。

1）三铰拱式（见图2-4-8(a)、(b)）

三铰拱式天窗架由两个三角桁架组成，天窗架只有两点与屋架铰接，制作简单，便于运输和安装。常用于天窗架跨度较小的场合。

2）三支点式（见图2-4-8(c)、(d)）

三支点式天窗架由天窗架桁架侧柱和三角形桁架组成，其与屋架连接的节点较少，整体刚度较大，常与屋架分别吊装，施工方便，宜用于天窗架跨度较大的情况。

3) 多竖杆式(见图 2-4-8(e)、(f))

多竖杆式天窗架由支于屋架节点上的竖向压杆、上弦杆和斜腹杆组成。其构造简单,受力明确,运输方便,但与屋架的连接节点较多,现场安装工作量较大,多用于天窗高度不太高而跨度较大的场合。

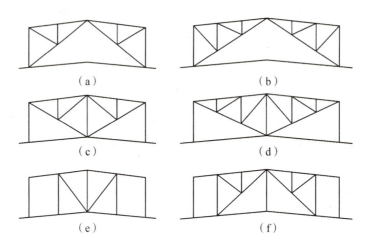

图 2-4-8 天窗架形式

2.4.3 网架结构

1. 网架特点及适用范围

网架结构是由诸多杆件按一定规律组成的高次超静定空间结构。它改变了一般平面桁架的受力体系,能够承受来自各方向的荷载。由于杆件之间的相互支撑作用,空间刚度大、整体性好、抗震能力强,而且能够承受由于地基不均匀沉降带来的不利影响;即使在个别杆件受到损伤的情况下,也能自动调节杆件内力,保持结构的安全。

网架结构的自重轻,用钢量省;既适用于中小跨度,也适用于大跨度的房屋;同时也适用于各种平面形式的建筑,如:矩形、圆形、扇形及多边形。

网架结构取材方便,一般采用 Q235 钢或 Q345 钢,杆件截面形式有钢管和角钢两类,以钢管采用较多,并且可以用小规格的杆件截面建造大跨度的建筑。

另外,网架结构其杆件规格统一,适宜工厂化生产,为提高工程进度提供了有利的条件和保证。

网架结构是一种应用范围很广的结构形式,既可用于体育馆、俱乐部、展览馆、影剧院、车站候车大厅等公共建筑,近年来也越来越多地用于仓库、飞机库、厂房等工业建筑中。

2. 网架结构形式

网架按照结构体系可分为平面桁架系和角锥体系。按照支承情况可分为周边支承、四点支承、多点支承、周边支承与点支承结合以及三边支承五种情况。

1)平面桁架系网架

平面桁架系网架是由一些平面桁架相互交叉组成。一般应设计成较长的斜腹杆受拉,较短的直腹杆受压,腹杆与弦杆间的夹角为40°～60°。桁架的节间长度即为网络尺寸。

(1)两向正交正放网架(见图2-4-9)。

由两组平面桁架垂直交叉组成,弦杆平行或垂直于边界。其特点是上下弦的网格尺寸相同,各平行弦桁架长度一致。但由于上下弦杆组成方格,且平行于边界,因而基本单元为几何可变体系。为增加其空间刚度并有效传递水平荷载,应沿网架支承周边的上弦或下弦平面内设置水平支撑。当采用周边支承且平面接近正方形时,杆件受力均匀。此类网架适用于平面接近正方形中小跨度的建筑。

(2)两向正交斜放网架(见图2-4-10)。

当两组平面桁架垂直交叉,而桁架平面与边界为45°斜交时,称为两向正交斜放网架。其特点是靠近四角的短桁架相对刚度较大,对与其相垂直的长桁架起弹性支承作用,从而减小了长桁架的跨中正弯矩,改善了网架的受力状态,因而比正交正放网架经济。此类网架适用于平面为正方形的建筑,当周边支承时,比正交正放网架的空间刚度大,用钢量省,跨度大时其优越性更为显著。

(3)三向网架(见图2-4-11)。

由三组互为60°的平面桁架相互交叉组成,上下弦平面内的网格均为几何不变的正三角形。适用于大跨度的三边形、多边形或圆形的建筑平面。

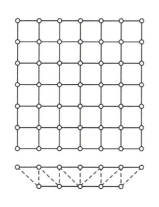 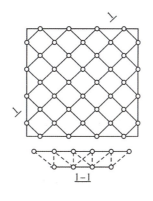 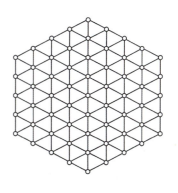

图2-4-9 两向正交正放网架　　图2-4-10 两向正交斜放网架　　图2-4-11 三向网架

2)角锥体网架

(1)四角锥体网架。

网架的上、下弦平面为方形网格,下弦杆相对于上弦杆平移半格,位于上弦方格中央,用四根斜腹杆将上、下弦网格节点相连,即形成四角锥体网架。

四角锥体网架又可分为:正放四角锥网架(见图2-4-12),适用于平面接近正方形的中小跨度,周边支承的情况,或大柱网的点支承、有悬挂吊车的工业厂房和屋面荷载较大的建筑;正放抽空四角锥网架(见图2-4-13),适用于中小跨度或屋面荷载较小的周边支承、点支承以及周边支承与点支承相结合的情况;斜放四角锥网架(见图2-4-14),适用于中小跨度周边支承,或周边支承与点支承相结合的方形和矩形平面的建筑;星形四角锥网架(见图2-4-15),适用于中、小跨度的周边支承网架;以及棋盘形四角锥网架(见图2-4-16),适用于小跨度的周边支承网架。

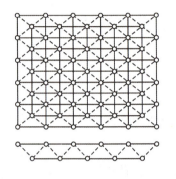
图2-4-12 正放四角锥网架　　图2-4-13 正放抽空四角锥网架　　图2-4-14 斜放四角锥网架
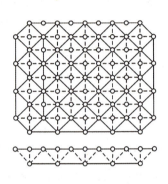

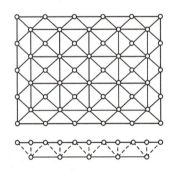
图2-4-15 星形四角锥网架　　图2-4-16 棋盘形四角锥网架
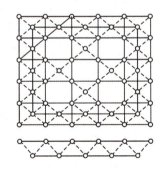

(2)三角锥体网架。

这类网架由三角锥体组成。上、下弦杆在自身平面内部组成正三角形网格,下弦三角形的节点正对上弦三角形的重心,用三根斜腹杆把下弦每个节点和上弦三角形的三个顶点相连,即组成三角锥体。

三角锥体网架可分为:三角锥网架(见图2-4-17),适用于平面为三角形、六边形和圆形的建筑;抽空三角锥网架(见图2-4-18),适用于荷载较轻,跨度较小的平面为三角形、六边形和圆形的建筑;蜂窝形三角锥网架(见图2-4-19),适用于中、小跨度,周边支承,平面为六边形、圆形和矩形的建筑。

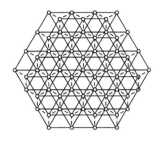 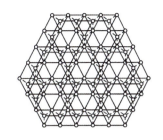 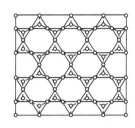

图 2-4-17　三角锥网架　　图 2-4-18　抽空三角锥网架　　图 2-4-19　蜂窝形三角锥网架

3. 网架节点构造

网架结构的节点起着连接汇交杆件、传递内力的作用，同时也是网架与屋面结构、天棚吊顶、管道设备、悬挂吊车等连接之处，起着传递荷载的作用。节点设计必须受力合理、传力明确简捷、工作可靠，同时还应构造简单、加工和安装方便，且节约钢材。

1) 焊接空心球节点

焊接空心球节点是将两块圆钢板经热压或冷压成两个半球后对焊而成，如图 2-4-20 所示其构造简单，受力明确，连接方便，适用于钢管杆件的各种网架。焊接空心球节点分加肋和不加肋两种。

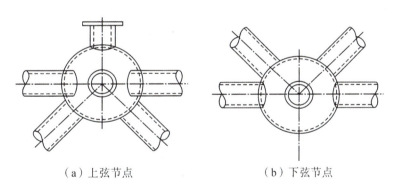

（a）上弦节点　　　　　（b）下弦节点

图 2-4-20　焊接空心球节点

2) 螺栓球节点

螺栓球节点由球体、高强度螺栓、销子（或螺钉）、六角形套筒、锥头或封板组成，如图 2-4-21 所示。球体为锻压或铸造的实心钢球，在钢球上按照网架杆件汇交的角度钻孔并车出螺扣。螺栓球节点一般适用于中、小跨度的网架，杆件最大拉力以不超过 700 kN，杆件长度以不超过 3 m 为宜。

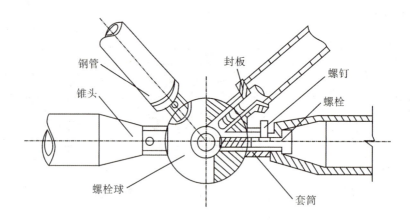

图 2-4-21　螺栓球节点组成

3）支座节点

网架支座一般支承于柱、圈梁或砖墙上，通常为不动铰支座或可动铰支座。根据受力状态，网架支座节点一般分为压力支座节点和拉力支座节点两类。

(1)平板压力支座(见图 2-4-22)。

这种节点构造简单，加工方便，用钢量省，但支座底板下的压应力分布不均匀，支座不能完全转动。适用于支座无明显不均匀沉陷，温度应力影响不大的较小跨度的轻型网架。

(2)单面弧形压力支座(见图 2-4-23)。

在平板压力支座底板下放置弧形板，即形成单面弧形压力支座。这种支座能做微量转动和微量位移，改善了较大跨度网架由于挠度和温度应力影响支座的受力性能。为了保证支座转动，应将锚栓布置在弧形支座的中心线位置(见图 2-4-23(a))。当支座反力较大而需设置四个锚栓时，为了便于支座转动，应在锚栓的螺母下设置弹簧(见图 2-4-23(b))。这种支座适用于中小跨度网架。

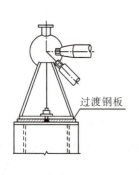

图 2-4-22　平板压力支座

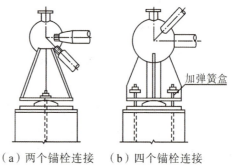

(a)两个锚栓连接　(b)四个锚栓连接

图 2-4-23　单面弧形压力支座

(3)双面弧形压力支座(见图 2-4-24)。

双面弧形压力支座是在网架支座上部支承板和下部支承底板间,设置一个上下均为圆弧曲面的特制钢铸件,在钢铸件两侧分别从支座上部支承板和下部支承底板焊接带有椭圆孔的梯形连接板,并采用螺栓将三者联结成整体。当网架端部受到挠度和温度应力影响时,支座可沿上下两个圆弧曲面作一定的转动和移动。适用于大跨度、支承约束较强、温度应力影响较显著的大型网架。

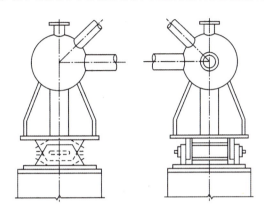

图 2-4-24 双面弧形压力支座

(4)球铰压力支座(见图 2-4-25)。

在大跨度四点支承或多点支承的网架中,为适应支座能在两个方向作微量转动而不产生弯矩,可采用球铰压力支座。其支座下部突出的凸形实心半球嵌合在上部的臼式半凹球内,为防止因地震作用或其他外力影响使凹球与凸球脱出,四周用锚栓连接固定,并在螺母下设置压力弹簧,以保证支座自由转动。

(5)板式橡胶支座(见图 2-4-26)。

板式橡胶支座是在支座板与结构支承面间加设一块由多层橡胶片和薄钢板黏合、压制成型的矩形橡胶垫板,并以锚栓联成一体。它除了能将上部结构的垂直压力传给支承结构外,还能适应网架结构所产生的水平位移和转角。具有构造简单、安装方便、造价低廉等优点。适用于大中跨度的网架。

(6)平板拉力支座。

当支座垂直拉力较小时,可采用与平板压力支座相同的构造,但此时锚栓承受拉力。当垂直拉力较大时,一般宜设置锚栓支承托座。

(7)单面弧形拉力支座(见图 2-4-27)。

单面弧形拉力支座的构造特点与单面弧形压力支座相类似,为了增强支座节点刚度,应设置锚栓支承托座,并利用锚栓来承受支座拉力。

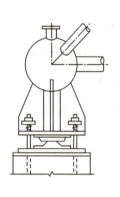 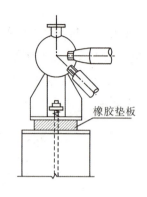 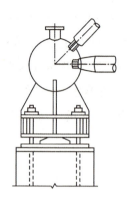

图 2-4-25　球铰压力支座　　图 2-4-26　板式橡胶支座　　图 2-4-27　单面弧形拉力支座

4)屋顶节点

网架结构的屋顶节点,一般均采用加钢管小立柱的方法(见图 2-4-28)。在钢管上端焊一块托板,钢管下端焊在球节点上,屋面板或檩条安装在托板上,利用小立柱的长度差异形成所需的屋面坡度。

5)悬挂吊车节点

对于设有悬挂吊车节的工业房屋,吊车轨道与网架下弦节点的连接(见图 2-4-29)。

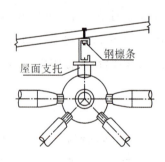 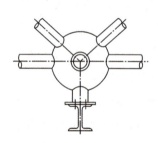

图 2-4-28　层顶钢管小立柱节点　　图 2-4-29　悬挂吊车节点

2.4.4　角钢屋架节点构造

1.角钢屋架节点的基本要求

①角钢屋架各汇交的杆件一般焊接于节点板上,组成屋架节点。杆件截面重心轴线汇交于节点中心,截面重心线按所选用的角钢规格确定,并取 5 mm 的倍数。

②除支座节点外,屋架其余节点宜采用同一厚度的节点板,支座节点板宜比其他节点板厚 2 mm。

③节点板的形状应简单,如矩形、梯形等,以制作简便及切割钢板时能充分利用材料为原则。节点板的平面尺寸(长度、宽度),宜为 5 mm 的倍数,可根据杆件截面尺寸和腹杆端部焊缝长度做出大样图来确定,在满足传力要求的焊缝布置的前提下,节点板尺寸应尽量紧凑。

在焊接屋架节点处,腹杆与弦杆、腹杆与腹杆边缘之间的间隙 a 不小于 20 mm(见图 2-4-30),相邻角焊缝焊趾间距应不小于 5 mm;屋架弦杆节点板一般伸出弦杆 10~15 mm(见图 2-4-30(b));有时为了支撑屋面结构,屋架上弦节点板(厚度为 t)一般从弦杆缩进 5~10 mm,且不宜小于 $(t/2+2)$ mm(见图 2-4-30(a))。

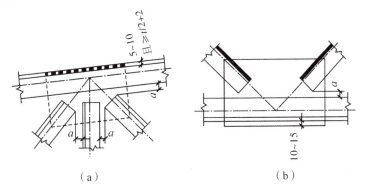

图 2-4-30　节点板与杆件的连接构造

④角钢端部的切断面一般应与其轴线垂直(图 2-4-31(a));当杆件较大,为使节点紧凑,斜切时,应按图 2-4-31(b)、(c)切肢尖,不允许采用图 2-4-31(d)的方法。

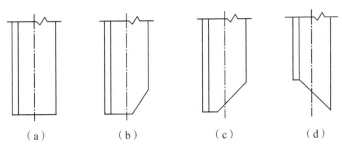

图 2-4-31　角钢端部的切割

⑤单斜杆与弦杆的连接应使之不出现连接的偏心弯矩。节点板边缘与杆件轴线的夹角不应小于 15°(见图 2-4-32)。在单腹杆的连接处,应计算腹杆与弦杆之间节点板的强度。

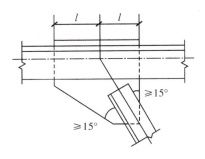

图 2-4-32　单斜杆与弦杆的连接

⑥支承大型屋面板的上弦杆，当屋面节点荷载较大而角钢肢厚较薄时，应对角钢的水平肢予以加强(见图2-4-33)。

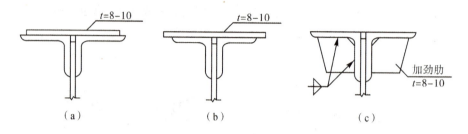

图2-4-33 上弦杆角钢的加强

2. 节点构造

1) 下弦中间节点

无集中荷载作用的下弦中间节点，当弦杆无弯折时，其连接构造如图2-4-34所示。

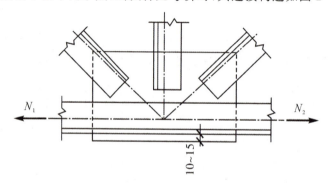

图2-4-34 下弦中间节点连接构造

2) 上弦中间节点

支承大型屋面板或檩条的屋架上弦中间节点，为放置集中荷载下的水平板或檩条，可采用节点板不向上伸出、部分向上伸出和全部向上伸出的做法。

①节点板不伸出的方案(图2-4-35(a))。此时节点板缩进上弦角钢肢背，采用横焊缝焊接，于是节点板与上弦之间就由槽焊缝和角焊缝传力。节点板的缩进深度不宜小于$(t_1/2+2)$mm，也不宜大于t_1，t_1为节点板的厚度。

②节点板部分或全部伸出的方案(图2-4-35(b)、(c))。当节点板伸出不妨碍屋面构件的安放时，可采用该方案。

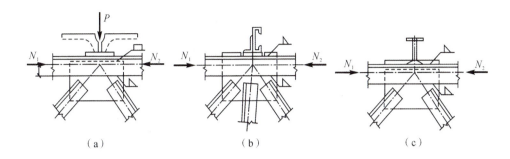

图 2-4-35 上弦中间节点连接构造

3）弦杆拼接节点

当角钢长度不足、弦杆截面有改变或屋架分单元运输时，弦杆常需要拼接。前两者为工厂拼接，拼接点通常在节点范围之外；后者为工地拼接，拼接点通常在节点处。

(1) 工厂拼接

双角钢杆件采用拼接角钢拼接（图 2-4-36(a)），拼接角钢宜采用与弦杆相同的规格（弦杆截面改变时，与较小截面的弦杆相同），并切去竖肢及角钢背直角边棱。切肢 $\Delta = t + h_f + 5$ mm 以便施焊，其中 t 为拼接角钢肢厚，h_f 为角焊缝焊脚尺寸，5 mm 为余量以避开肢尖圆角；切边棱是为使之与弦杆密贴，切去部分由填板补偿。

单角钢杆件宜采用拼接钢板拼接（图 2-4-36(b)），拼接钢板的截面面积不得小于角钢的截面面积。

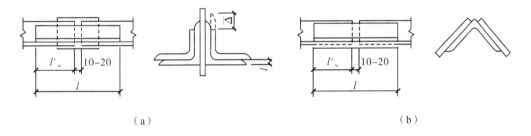

图 2-4-36 杆件在节点范围外的工厂拼接

(2) 工地拼接

屋架的工地拼接节点，通常不用节点板作为拼接材料，而以拼接角钢传递弦杆内力。下弦中央拼接节点如图 2-4-37 所示，拼接角钢长度 $l = 2l'_w + b$，l'_w 为下弦杆一侧与拼接角钢连接焊缝的长度，b 为间隙，一般取 $b = (10 \sim 20)$ mm。

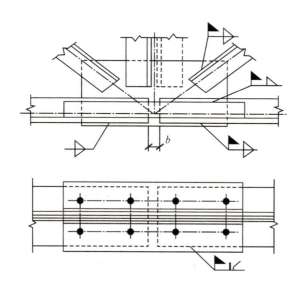

图 2-4-37　下弦拼接节点

屋脊拼接节点(见图 2-4-38)的拼接角钢一般采用热弯形成,当屋面较陡需要弯折较大且角钢肢宽不易弯折时,可将竖肢开口(钻孔、焰割)弯折后对焊。拼接角钢长度 $l=2l'_w+b$,一般取 $b=(10\sim20)$ mm,当截面垂直上弦切割时所需间隙稍大,常取 $b=50$ mm 左右。

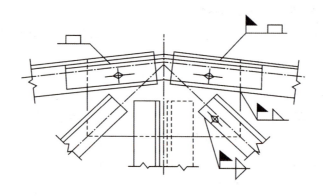

图 2-4-38　上弦拼接节点

当为工地拼接时,为便于现场拼装,拼接节点需要设置安装螺栓。因此,拼接角钢与节点板应焊于不同的运输单元,以避免拼装中双插的困难。也可将拼接角钢单个运输,拼装时用安装焊缝焊于两侧。

4)屋架支座节点

屋架支座节点可做成铰接或刚接。

(1)屋架铰接支座节点。

支承于混凝土柱或砌体柱的屋架,其支座节点常设计为铰接(见图 2-4-39)。

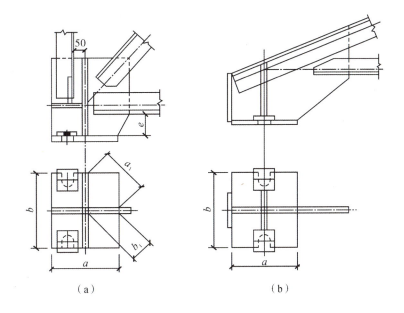

(a)　　　　　　　　　(b)

图 2-4-39　屋架铰接支座节点

屋架支座节点处各杆件汇交于一点，为保证底板的刚度、力的传递以及节点板平面外刚度的需要，支座节点处应对称放置加劲板，加劲板的厚度等于或略小于节点板的厚度，加劲板厚度的中线应与各杆件合力线重合。

为便于施焊，下弦角钢背与底板间的距离 e 一般应不小于下弦伸出肢的宽度，且不小于 130 mm；梯形屋架端竖杆角钢肢朝外时，角钢边缘与加劲板中线距离不宜小于 50 mm。

(2) 屋架刚接支座节点。

屋架支座节点设计成刚性连接时，节点不仅承受屋架的竖向支座反力，还要承受屋架作为框架横梁的支座弯矩和水平力。为使支座节点板不致过大，屋架弦杆和斜腹杆的轴线一般汇交于柱的内边缘。

① 采用安装焊缝加支托的刚接支座节点：

图 2-4-40(a) 的支座斜腹杆为上升式，图 2-4-40(b) 的支座斜腹杆为下降式。安装时屋架端节点板与焊在柱翼缘上的竖直角钢相靠，在节点板另一侧加竖直肋板，屋架就位后再焊三条竖焊缝，竖直角钢下的短角钢为安装支托。

上弦节点一般另加盖板连接，连接盖板的厚度一般为 8~14 mm，连接角焊缝的焊脚尺寸为 6~10 mm。

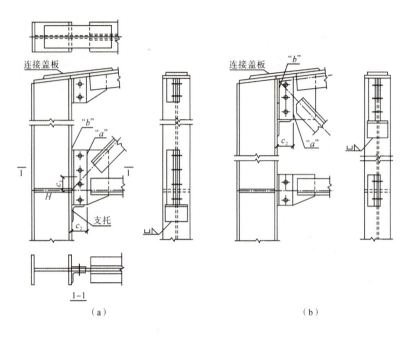

图 2-4-40 采用安装焊缝的刚性支座节点

②采用普通 C 级螺栓加承力支托的刚接支座节点：

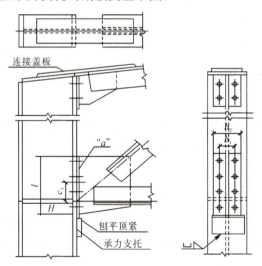

图 2-4-41 采用普通螺栓加承力支托的刚性支座节点

在屋架下弦支承节点处，与柱相连所用的普通螺栓一般成对配置，且不宜小于 6 个 M20 螺栓。焊于柱上的承力支托一般采用厚度为 30～40 mm 钢板制成，其宽度取屋架支承连接板宽度加 50～60 mm，高度不应小于 140 mm。当支座竖向反力较小时，可采用不小于 L 140×90×14 的角钢并切去部分水平肢做成。

（3）柱顶设置切口台阶的上承式屋架刚性支座节点。

如图 2-4-42 所示，该种支承形式适用于柱截面高度较大的场合。

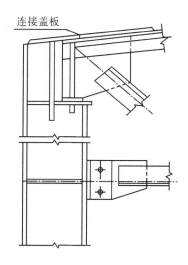

图 2-4-42　上承式屋架刚接节点

任务实施

1. 工作任务

通过引导文的形式了解钢屋架的类型、形式及节点构造要求等。

2. 实施过程

1）资料查询

利用在线开放课程、网络资源等查找相关资料，收集钢屋架知识相关内容。

2）引导文

（1）填空题。

①屋盖支撑可分为_____、_____、_____、_____和_____五类。

②普通钢屋架按其外形可分为_____、_____和_____三种。

③在工业厂房的某些局部，因工艺要求需要少放一根或几根柱，此时为了保持屋架的间距不变，需在这些局部设置_____以支承中间屋架。

④既能承受拉力又能承受压力的系杆称为_____。

⑤平面桁架系网架是由一些平面桁架相互交叉组成，包含_____、_____和_____三种。

⑥螺栓球节点由_____、_____、螺钉、六角形套筒、_____或_____组成。

⑦屋架的标志跨度是指_____。

⑧屋架的计算跨度是指_____。

⑨钢屋架支撑主要由_____、_____、_____、_____及_____组成。

⑩门式刚架是一种传统的结构体系,其上部主构架包括_____、_____、_____、_____、_____、_____等。

(2)选择题。

①梯形屋架采用再分式腹杆,主要是为了(　　)。

A.减小上弦压力　　　　　　　B.减小下弦拉力

C.避免上弦产生局部弯矩　　　D.减小腹杆内力

②下列屋架中,只能与柱做成铰接的屋架形式是(　　)。

A.三角形屋架　　B.梯形屋架　　C.平行弦屋架　　D.人字形屋架

③简支钢屋架有节间荷载作用时,上弦杆为(　　)。

A 拉弯构件　　B.轴心受压构件　　C.压弯构件　　D.受弯构件

④为了保持钢屋架间距不变,在抽柱处需设置(　　)。

A.托架　　B.支撑　　C.檩条　　D.角撑

⑤屋架设计中,积灰荷载应与(　　)同时考虑。

A.屋面活荷载　　　　　　B.屋面活荷载与雪荷载中较大者

C.雪荷载　　　　　　　　D.屋面活荷载与雪荷载

⑥梯形屋架端斜杆最合理的截面形式是(　　)。

A.两不等边角钢长边相连的 T 形截面

B.两不等边角钢短边相连的 T 形截面

C.两等边角钢相连的 T 形截面

D.两等边角钢相连的十字形截面

⑦屋面在重力荷载作用下,腹板垂直于屋面坡向设置的实腹式檩条为(　　)。

A 双向受弯构件　　B.双向压弯构件　　C.单向受弯构件　　D.单向压弯构件

⑧普通钢屋架所用的角钢规格不应小于(　　)。

A.L 30×3　　B.L 45×4　　C.L 100×6　　D.L 90×56×5

⑨屋架的主要尺寸包括(　　)和高度。

A 跨度　　B.有效跨度　　C.计算跨度　　D.标志跨度

⑩梯型钢屋架受压杆件的合理截面形式,应使所选截面尽量满足(　　)的要求。

A.等稳定　　B.等刚度　　C.等强度　　D.计算长度相等

(3)简答题

①何种措施可以将屋架与支撑桁架之间形成稳定的空间体系?其具体目的是什么?

②网架结构形式有哪些?并简述其适用范围。

知识拓展

钢结构设计标准(GB 50017—2017)关于钢管连接节点的部分规定如下:

13.1.1 规定适用于不直接承受动力荷载的钢管桁架、拱架、塔架等结构中的钢管间连接节点。

13.1.2 圆钢管的外径与壁厚之比不应超过;方(矩)形管的最大外缘尺寸与壁厚之比不应超过,为钢号修正系数。

13.2.1 钢管直接焊接节点的构造应符合下列规定:

1. 主管的外部尺寸不应小于支管的外部尺寸,主管的壁厚不应小于支管的壁厚,在支管与主管的连接处不得将支管插入主管内。

2. 主管与支管或支管轴线间的夹角不宜小于30°。

3. 支管与主管的连接节点处宜避免偏心;偏心不可避免时,其值不宜超过下式的限制:

$$-0.55 \leqslant e/D(\text{或 } e/h \leqslant 0.25)$$

式中:e——偏心距;

D——圆管主管外径(mm);

h——连接平面内的方(矩)形管主管截面高度(mm)。

4. 支管端部应使用自动切管机切割,支管壁厚小于6 mm时可不切坡口。

5. 支管与主管的连接焊缝,除支管搭接应符合本标准第13.2.2条的规定外,应沿全周连续焊接并平滑过渡;焊缝形式可沿全周采用角焊缝,或部分采用对接焊缝,部分采用角焊缝,其中支管管壁与主管管壁之间的夹角大于或等于120°的区域宜采用对接焊缝或带坡口的角焊缝,角焊缝的焊脚尺寸不宜大于支管壁厚的2倍;搭接支管周边焊缝宜为2倍支管壁厚。

6. 在主管表面焊接的相邻支管的间隙a不应小于两支管壁厚之和。

13.2.2 支管搭接型的直接焊接节点的构造尚应符合下列规定:

1. 支管搭接的平面K形或N形节点,其搭接率$\eta_{ov} = q/p \times 100\%$应满足$25\% \leqslant \eta_{ov} \leqslant 100\%$,且应确保在搭接的支管之间的连接焊缝能可靠地传递内力;

2. 当互相搭接的支管外部尺寸不同时,外部尺寸较小者应搭接在尺寸较大者上;当支管壁厚不同时,较小壁厚者应搭接在较大壁厚者上;承受轴心压力的支管宜在下方。

项目 3　钢结构构件加工制作

项目描述

钢结构构件制作一般在工厂进行,包括放样、号料、切割下料、边缘加工、弯卷成型、折边、矫正和防腐与涂饰等工艺过程。

因此,需要读懂钢结构图纸,了解钢构件加工前的准备工作,熟悉钢零件及部件加工的机具和具体方法,掌握钢结构焊接和预拼装,熟悉成品的检验与管理,以便以后在现场进行管理。

学习方法

抓核心:遵循"熟练识图→ 精准施工→ 质量管控→ 组织验收"知识链。

重实操:不仅要有必需的理论知识,更要有较强的操作技能,认真完成配备的实训内容,多去实训基地观察、动手操作,提高自己解决问题的能力。

举一反三:在掌握基本知识的基础上,不断总结,举一反三、以不变应万变,了解钢结构零部件的加工、拼装、除锈、涂装等工作。

知识目标

掌握钢结构加工制作的程序和方法;

熟悉钢零件及部件加工的机具和操作方法;

掌握钢结构焊接和预拼装;

熟悉成品的检验与管理;

了解钢结构工程量计算。

技能目标

能识读钢结构构件加工详图;

能编制钢构件加工制作工艺;

能检查钢构件拼装质量。

素质目标

认真负责,团结合作,维护集体的荣誉和利益;

努力学习专业技术知识,不断提高专业技能;

遵纪守法,具有良好的职业道德;

严格执行建设行业有关标准、规范、规程和制度。

任务1　钢结构设计图与施工详图

任务描述

钢结构设计图与施工详图编制深度,简单地说,设计图是理论性的,施工详图是实践性的。理论指导实践,故设计图指导施工详图的编制。

钢结构设计图的编制主体一般是有设计资质的设计院,设计图主要是原理图和杆件示意图,是生产制造单位编制施工详图的依据。设计图的编制深度及内容应完整但不冗余。在设计图中,对于设计依据、荷载资料(包括地震作用)、技术数据、材料选用及材质要求、设计要求(包括制造和安装、焊缝质量检验的等级、涂装及运输等)、结构布置、构件截面选用以及结构的主要节点构造等均应表示清楚,以利于施工详图的顺利编制,并能正确体现设计的意图。

钢结构施工详图又称加工图或放样图等。钢结构施工详图的编制主体通常是钢结构专业公司,或者生产制造单位,他们根据设计图进行具体的深化设计,也可由设计单位代为编制。施工详图的深度须能满足车间直接制造加工。

近年来钢结构工程项目增多,因此,需要掌握钢结构构件加工图、施工图的识读等。

知识学习

3.1.1　钢结构设计图与施工详图

钢结构构件的制作、加工必须以施工详图为依据,而详图则应根据设计图编制。

根据《建筑工程设计文件编制深度规定》(2016),钢结构工程设计制图有钢结构设计图(KM)和钢结构施工详图(KMд)。

1. 钢结构施工详图

1) 钢结构设计图与施工详图的区别

	设计图	施工详图
1.设计依据	根据工艺、建筑要求及初步设计等，并经施工设计方案与计算等工作而编制的较高阶段施工设计图	直接根据设计图编制的工厂制造及现场安装详图（可含有少量连接、构造等计算），只对深化设计负责
2.设计要求	表达设计思想，为编制施工详图提供依据	直接供制造、加工及安装的施工用图
3.编制单位	目前一般由设计单位编制	一般应由制造厂或施工单位编制，也可委托设计单位或详图公司编制
4.内容及深度	图样表示较简明，图样数量少；其内容一般包括：设计总说明、结构布置图、构件图、节点图、钢材订货表等	图样表示详细，数量多；其内容除包括设计图内容外，着重从满足制造，安装要求编制详图总说明、构件安装布置图、构件及节点详图、材料统计表等
5.适用范围	具有较广泛的适用性	体现本企业特点，只适宜本企业使用

2) 施工详图设计的内容

(1) 详图的构造设计与计算：

详图的构造设计，应按设计图给出的节点图或连接条件，并按设计规范的要求进行，是对设计图的深化和补充，一般应包括以下内容：

①桁架、支撑等节点板构造与计算；②连接板与托板的构造与计算；③柱、梁支座加劲肋的构造与计算；④焊接、螺栓连接的构造与计算；⑤桁架或大跨度实腹梁起拱构造与计算；⑥现场组装的定位、细部构造等。

(2) 详图图纸绘制的内容：

①图纸目录；②设计总说明，应根据设计图总说明编写；③供现场安装用布置图，一般应按构件系统分别绘制平面和剖面布置图，如屋架、钢架、吊车梁；④构件详图、按设计图及布置图中的构件编制，带材料表；⑤安装节点图。

2. 钢结构施工详图制图规定

1）钢结构详图的标注方法（见图 3-1-1～图 3-1-4）

序号	名称	截面	标注	说明
1	等边角钢	∟	∟ $b \times d$	b为肢宽 d为肢厚
2	不等边角钢	∟	∟ $B \times b \times d$	B为长肢宽
3	工字钢	I	I N，Q I N	轻型工字钢时加注Q字
4	槽钢	[	[N，Q [N	轻型槽钢时加注Q字
5	方钢	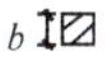 b ⬚	□ b	
6	扁钢	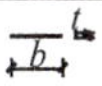	— $b \times t$	
7	钢板	—	— t	

图 3-1-1　常用型钢的标注方法

名称	图例	名称	图例
永久螺栓	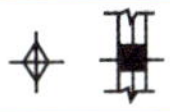	圆形螺栓孔	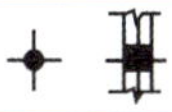
高强度螺栓	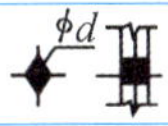 ϕd	长圆形螺栓孔	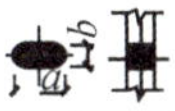
安装螺栓	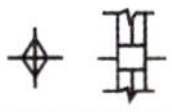	电焊铆钉	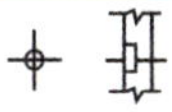

注：1. 细"＋"线表示定位线。
　　2. 必须标注螺栓、孔、电焊铆钉的直径。

图 3-1-2　螺栓、孔、电焊铆钉的标注方法

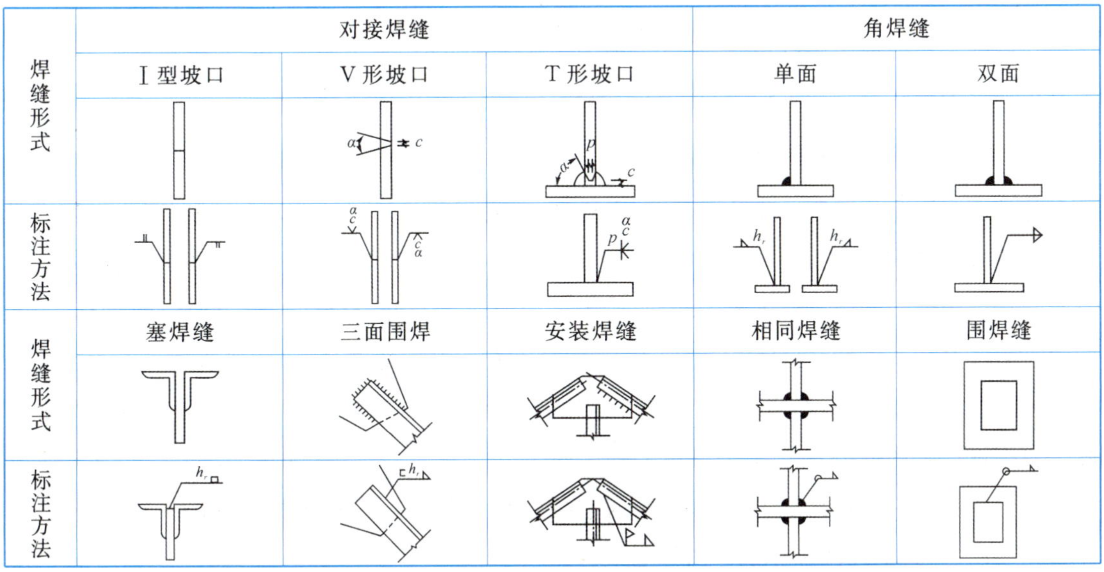

焊缝形式	对接焊缝			角焊缝	
	Ⅰ型坡口	V形坡口	T形坡口	单面	双面
焊缝形式					
标注方法					
焊缝形式	塞焊缝	三面围焊	安装焊缝	相同焊缝	围焊缝
标注方法					

图 3-1-3　常见焊缝的标注

(a) 可见焊缝　　　　　(b) 不可见焊缝　　　　　(c) 工地安装焊缝

图 3-1-4　焊缝标注图形

尺寸标注：焊缝符号主要由图形符号、辅助符号和引出线等部分组成，参见《建设结构制图标准》。

2) 布置图制图规定

① 结构的平面、立面布置图中，构件以粗单线或简单外形图表示，并在其旁注明标号；

② 构件编号一般在平、剖面图上，编号由首字母代号，一般采用拼音字母；

③ 图中剖面利用对称关系简化图形。

3) 构件图制图规定

① 构件图以粗实线绘制；

② 图形一般选用比例为 1∶15、1∶20、1∶50，对于构件较长、较高的，长度、高度与截面尺寸比例可能不相同；

③ 构件中每一零件均有编号，其规格、数量、重量等在材料表中查找；

④ 图中尺寸以 mm 为单位，写尺寸有斜度标注，多弧形构件表明每一户型尺寸对应的曲率半径；

⑤ 较复杂零件或交汇尺寸应由放大样或展开图查找。

3.1.2　钢结构施工图的内容

一套施工图一般由图纸目录、施工总说明、建筑施工图、结构施工图、设备施工图等组成。本书仅概括地叙述钢结构工程的建筑施工图和结构施工图的内容及要求。

1. 建筑施工图的内容及要求

建筑施工图是在确定了建筑平面图、立面图、剖面图初步设计的基础上绘制的，它必须满足施工的要求。建筑施工图是表示建筑物的总体布局、外部造型、内部布置、细部构造、内外装饰以及一些固定设施和施工要求的图样，它所表达的建筑构配件、材料、轴线、尺寸（包括标高）和固定设施等必须与结构、设备施工图取得一致，并互相配合与协调。总之，建筑施工图主要用来作为施工放线，砌筑基础及墙身，铺设楼板、楼梯、屋面，安装门窗、室内外装饰以及编制预算和施工组织设计等的依据。

建筑施工图一般包括施工总说明（有时包括结构总说明）、总平面图、门窗表、建筑平面图、建筑立面图、建筑剖面图和建筑详图等图纸。

(1) 施工总说明：施工总说明主要对图样上未能详细注写的用料和做法等要求做出具体的

文字说明。

(2)建筑总平面图:建筑总平面图是表明新建房屋所在基地有关范围内的总体布局,它反映新建房屋、构筑物等位置和朝向、室外场地、道路、绿化等的布置、地形、地貌、标高以及原有环境的关系和临界情况等;也是房屋及其他设施施工定位、土方施工以及绘制水、暖、电等管线总平面图和施工总平面图的依据。

建筑总平面图一般包括:图名、比例、新建或扩建工程的具体位置、标高、风向频率玫瑰图及指北针等。

(3)建筑平面图:建筑平面图主要来表示建筑物的平面形状、水平方向各部分(如出入口、走廊、楼梯、房间、阳台等)的布置和组合关系、门窗位置、墙和柱的布置以及其他建筑构配件的位置和大小等。平面图一般采用1:100、1:200或1:50的比例。

平面图的主要内容有:层次,图名,比例,纵横定位轴线及其编号,各房间的组合和分隔,墙、柱的断面形状及尺寸,门窗型号及其布置,楼梯梯级的形状、梯段的走向和级数,其他构件(如台阶、花台、雨篷、阳台以及各种装饰等)的位置、形状和尺寸,厕所、盥洗室、厨房等的固定设施的布置等,平面图中的应标注的尺寸、标高、坡度等,底层平面图中应表明剖面图的剖切位置线和剖视方向及其编号,表示房屋朝向的指北针,屋面平面图中应表示出屋顶形状、屋面排水方向、坡度或泛水,以及其他构配件的位置和某些轴线等,详图索引符号,各房间名称等。

(4)建筑立面图:建筑立面图用来表示建筑物的体型和外貌,并表明外墙面装饰要求等的图样,建筑立面图有多个立面,通常将房屋的主要出入口或反映房屋外貌主要特征的立面图称为正立面图,从而确定背立面图和左、右侧立面图,有时也可按房屋的朝向来确定立面图的名称。

立面图的主要内容有:图名,比例,立面图两端的定位轴线及其编号,门、窗的形状、位置及其开启方向符号,屋顶外形,各外墙面、台阶、花台、雨篷、窗台、雨水管、外墙装饰和各种线脚等的位置、形状、用料、做法(包括颜色)等,标高及其必须标注的局部尺寸,详图索引符号。

(5)建筑剖面图:建筑剖面图表示建筑物内部垂直方向的高度、楼层分层、垂直空间的利用以及简要的结构形式和构造方式等情况的图样。剖面图的剖切位置应选择在内部结构和构造比较复杂或有变化以及有代表性的部位,其数量视建筑物的复杂程度和实际情况而定,一般剖切平面位置都应通过门、窗洞口借此来表示门窗洞口的高度和竖直方向的位置和构造,以便施工。

剖面图的主要内容:图名,比例,外墙、或柱的定位轴线及其间距尺寸,剖切到的构件位置,竖直方向的尺寸和标高,详图索引符号,某些用料注释。

(6)建筑详图:建筑详图是建筑细部的施工图。

建筑详图的主要内容有:图名,比例,详图符号及其编号以及再需另画详图时的索引符号,建筑构配件的形状以及其他构配件的详细构造、层次、有关的详细尺寸和材料图例等,详细注明各部分和各层次的用料、做法、颜色以及施工要求等,需要画上的定位轴线及其编号,需要标注的标高等。

建筑平、立、剖面图在绘制时，一般先从平面开始，然后再画剖面、立面等，一般都是先画定位轴线，然后画出建筑构配件的形状和大小，再画出各个建筑细部，画上尺寸线、标高符号、详图索引符号等，最后注写尺寸、标高数字和有关说明。

2. 结构施工图的内容及要求

结构施工图是以图形和必要的文字、表格描述结构设计的结果，是制造厂加工制造构件、施工单位工地结构安装的主要依据。

结构施工图一般包括结构设计总说明、基础平面图、基础详图、柱网布置图、支撑布置图、各层(包括屋面)结构平面图、框架图、楼梯(雨篷)图、构件及节点详图等。

(1)结构设计总说明：结构设计总说明是结构施工图的前言，一般包括结构设计概况、设计依据和遵循的规范，主要荷载取值(风、雪、恒、活荷载及设防烈度等)，材料(钢材、焊条、螺栓等)的牌号或级别，加工制作、运输、安装的方法，注意事项，操作和质量要求，防火与防腐，图例，以及其他不易用图形表达或为简化图面而改用文字说明的内容，如未注明的焊缝尺寸、螺栓规格、孔径等。除了总说明外，必要时在相关图纸上还需提供有关设计、材质、焊接要求、制造和安装的方式，注意事项等文字内容。

(2)基础平面图：基础平面图是表示基础在基槽未回填时基础平面布置的图样，主要用于基础的平面定位、名称、编号以及各基础详图索引号等，制图比例可取 1∶100 或 1∶200。在基础平面图中，只要画出基础墙、构造柱、承重柱的断面以及基础地面的轮廓线，至于基础的细部投影都可省略不画。

基础平面图的主要内容有：图名，比例，纵横定位轴线及其编号，基础的平面布置(即基础墙、构造柱、承重柱以及基础底面的形状、大小及其与轴线的关系)，基础梁、圈梁的位置和代号，断面图的剖切线及其编号，轴线尺寸，基础大小尺寸和定位尺寸，施工说明等。

(3)基础详图：基础详图一般采用垂直断面图来表示，主要绘制各基础的立面图、剖(断)面图。

基础详图的主要内容有：图名，比例，基础断面图中轴线及其编号，基础断面形状、大小、材料、配筋，基础梁和基础圈梁的截面尺寸及配筋，基础圈梁与构造柱的连接做法，基础断面的详细尺寸，锚栓的平面位置及其尺寸和室内外地面、基础垫层底面的标高，防潮层的位置和做法，施工说明等。

(4)结构平面图：结构平面图是表示建筑物室外地面以上各层平面承重构件布置的图样，是施工时布置或安放各层承重构件的依据。

楼层结构平面图的内容包括梁柱的位置、名称、编号、连接节点的详图索引号，混凝土楼板的配筋图或预制楼板的排版图，有时也包括支撑的布置。结构平面图的制图比例一般取 1∶100。

(5)屋顶结构平面图：屋顶结构平面图是表示屋面承重构件平面布置的图样，其内容和图示要求与楼面结构平面图基本相同。

屋面结构平面图的主要内容概括如下：

图名,比例,定位轴线及其编号,下层承重墙和门窗洞的布置,本层柱子的位置,楼层或屋顶结构构件的平面布置(如各种梁、楼面梁、屋面梁、雨篷梁、阳台梁、门窗梁、圈梁等),楼板(或屋面板)的布置和代号等,单层厂房则有柱、吊车梁、连系梁(或墙梁)、柱间支撑结构布置图和屋架及支撑布置图,轴线尺寸和构件定位尺寸(含标高尺寸),附有有关屋架、梁、板等与其他构件连接的构造图,施工说明等。

(6)框架图:框架图即用于绘制各类框架和刚架的立面组成、标高、尺寸、梁柱编号名称,以及梁与柱、梁与梁、柱与柱的连接详图索引号等。

(7)其他详图:楼梯图和雨篷图分别绘制楼梯和雨篷的结构平、立、剖面详图,包括标高、尺寸、构件编号、配筋、节点详图、零部件编号等。

构件图和节点详图应详细注明全部零部件的编号、规格、尺寸,包括加工尺寸、拼装定位尺寸、孔洞位置等,制图比例一般为 1∶10 或 1∶20。

材料表用于配合详图进一步明确各零部件的规格、尺寸,按构件分别汇列全部零部件的编号、截面规格、长度、数量、重量和特殊加工要求,为材料准备、零部件加工和保管以及技术指标统计提供资料和方便。

3.1.3 钢结构施工图识读

1. 节点详图识读

钢结构是由若干构件连接而成,钢构件又是由若干型钢或零件连接而成。钢结构的连接有焊缝连接、铆钉连接、普通螺栓连接和高强度螺栓连接,连接部位统称为节点。连接设计是否合理,直接影响到结构的使用安全、施工工艺和工程造价,所以钢结构节点设计同构件或结构本身的设计一样重要。钢结构节点设计的原则是安全可靠、构造简单、施工方便和经济合理。

1)柱拼接详图识读

柱的拼接有多种形式,主要以螺栓和焊缝连接为主,如图 3-1-5 所示。

在此详图中,可知此钢柱为等截面拼接,HW452×417 表示立柱构件为热轧宽翼缘 H 型钢,高为 452 mm,宽为 417 mm,截面特性可查《热轧 H 型钢和部分 T 型钢》(GB/T 11263—2017);采用螺栓连接,18M20 表示腹板上排列 18 个直径为 20 mm 的螺栓,24M20 表示每块翼板上排列 24 个直径为 20 mm 的螺栓,由螺栓的图例,可知为高强度螺栓,从立面图可知腹板上螺栓的排列,从立面图和平面图可知翼缘上螺栓的排列,栓距为 80 mm,边距为 50 mm;拼接板均采用双盖板连接,腹板上盖板长为 540 mm,宽为 260 mm,厚为 6 mm,翼缘上外盖板长为 540 mm,宽与柱翼宽相同,为 417 mm,厚为 10 mm,内盖板宽为 180 mm。

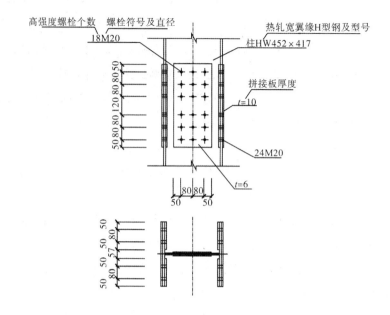

图 3-1-5 柱拼接连接详图(双盖板拼接)

变截面柱偏心拼接连接详图,见图 3-1-6。在此详图中,知此柱上段为 HW400×300 热轧宽翼缘 H 型钢,截面高、宽为 400 mm 和 300 mm,下段为 HW450×300 热轧宽翼缘 H 型钢,截面高、宽分别为 450 mm 和 300 mm,柱的左翼缘对齐,右翼缘错开,过渡段长 200 mm,使腹板高度达 1∶4 的斜度变化,过渡段翼缘宽度与上、下段相同,此构造可减轻截面突变造成的应力集中,过渡段翼缘厚为 26 mm,腹板厚为 14 mm;采用对接焊缝连接,从焊缝标注可知为带坡口的对接焊缝,焊缝标注无数字时,表示焊缝按构造要求开口。

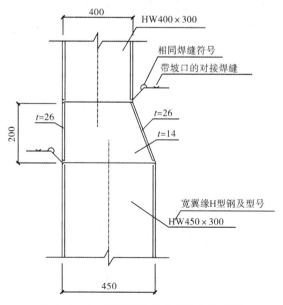

图 3-1-6 变截面柱偏心拼接连接详图

2) 梁拼接详图识读

梁拼接连接详图,见图3-1-7。在此详图中,可知此钢梁为等截面拼接,HN500×200表示梁为热轧窄翼缘H型钢,截面高、宽为500 mm和200 mm,采用螺栓和焊缝混合连接,其中梁翼缘为对接焊缝连接,小三角旗表示焊缝为现场施焊,从焊缝标注可知为带坡口有垫块的对接焊缝,焊缝标注无数字时,表示焊缝按构造要求开口,从螺栓图例可知为高强度螺栓,个数有10个,直径为20 mm,栓距为80 mm,边距为50 mm;腹板上拼接板为双盖板,长为420 mm,宽为250 mm,厚为6 mm。

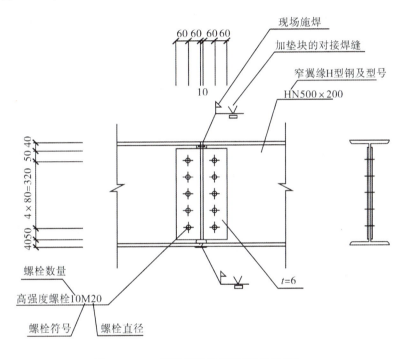

图3-1-7 梁拼接连接详图(刚性连接)

主次梁侧向连接详图,见图3-1-8。在此详图中,主梁为HN600×300,表示为热轧窄翼缘H型钢,截面高、宽为600 mm和300 mm,次梁为I36a,表示为热轧普通工字钢,截面高为360 mm。次梁腹板与主梁设置的加劲肋采用螺栓连接,从图例可知为普通螺栓连接,每侧有3个,直径为20 mm,栓距为80 mm,边距为60 mm,加劲肋宽于主梁的翼缘,对次梁而言,相当于设置隅撑;加劲肋与主梁翼缘、腹板采用焊接连接,从焊缝标注可知焊缝为三面围焊的双面角焊缝。

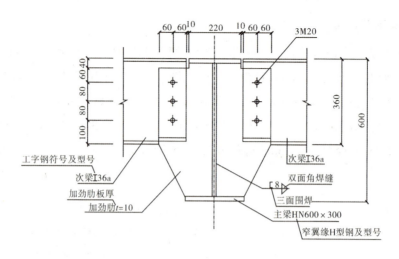

图 3-1-8 主次梁侧向连接详图

3) 梁柱连接详图识读

梁柱刚性连接详图,见图 3-1-9。从图可知此柱为 HW400×300 热轧宽翼缘 H 型钢,截面高、宽为 400 mm 和 300 mm,钢梁为 HN500×200,表示为热轧窄翼缘 H 型钢,截面高、宽为 500 mm 和 200 mm。梁柱之间通过两等边角钢 2∟125×12 采用螺栓和焊缝混合连接,其中梁翼缘为坡口对接焊缝连接,小三角旗表示焊缝为现场施焊,从焊缝标注可知为带坡口有垫块的对接焊缝,焊缝标注无数字时,表示焊缝按构造要求开口,从螺栓图例可知为高强度螺栓,个数有 5 个,直径为 20 mm,栓距为 80 mm,边距为 50 mm;角钢和柱翼缘用焊脚为 10 mm 的双面角焊缝。

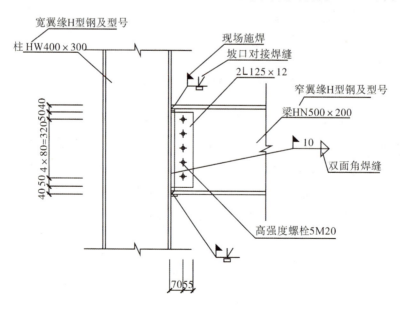

图 3-1-9 梁柱刚性连接详图

4) 屋架支座节点详图识读

梯形屋架支座节点详图,见图 3-1-10。在此详图中,将屋架上、下弦杆和斜腹杆与边柱螺栓连接,边柱为 HW400×300,表示柱为热轧宽翼缘 H 型钢,截面高、翼缘宽为 400 mm 和 300 mm。在与屋架上、下弦节点处,柱腹板成对设置构造加劲肋,长与柱腹板相等,宽为 100 mm,厚为 12 mm。

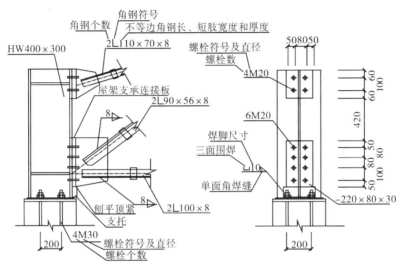

图 3-1-10 梯形屋架支座节点详图

在上节点,上弦杆采用两不等边角钢 2∟110×70×8 组成,通过长为 220 mm、宽为 240 mm 和厚为 14 mm 的节点板与柱连接,上弦杆与节点板用两条侧角焊缝连接,焊脚 8 mm,焊缝长度 150 mm,节点板与长为 220 mm、宽为 180 mm 和厚为 20 mm 的端板用双面角焊缝连接,焊脚 8 mm,焊缝长度为满焊,端板与柱翼缘用 4 个直径 20 mm 的普通螺栓连接。

在下节点,腹杆采用两不等边角钢 2∟90×56×8 组成,与长为 360 mm、宽为 240 mm 和厚为 14 mm 的节点板用两条侧角焊缝连接,焊脚为 8 mm,焊缝长度 180mm;下弦杆采用两等边角钢 2∟100×8 组成,与节点板用侧角焊缝连接,焊脚为 8 mm,焊缝长度 160 mm;节点板与长为 360 mm、宽为 240 mm 和厚为 20 mm 的端板用双面角焊缝连接,焊脚 8 mm,焊缝长度为满焊,端板与柱翼缘用 8 个直径 20 mm 的普通螺栓连接。柱底板长为 500 mm、宽为 400 mm 和厚为 20 mm,通过 4 个直径 30 mm 的锚栓与基础连接;下节点端板刨平顶紧置于支托上,支托长为 220 mm、宽为 80 mm 和厚为 30 mm,用焊脚 10 mm 的角焊缝三面围焊。

三角形屋架支座节点详图,见图 3-1-11。在此详图中,上弦杆采用两不等边角钢 2∟125×80×10 组成,下弦杆采用两不等边角钢 2∟110×70×10 组成,均与厚为 12 mm 的节点板用两条角焊缝连接,上弦杆肢背与节点板塞焊连接,肢尖与节点板用角焊缝连接,焊脚为 10 mm,焊缝长度为满焊,下弦杆用两条角焊缝与节点板连接,焊脚为 10 mm,焊缝长度为 180 mm,节点板用在两侧设置加劲肋,底板长为 250 mm、宽为 250 mm、厚为 160 mm,锚栓安装后再加垫片用焊脚 8 mm 的角焊缝四面围焊。

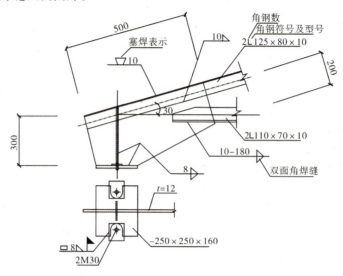

图 3-1-11　三角形屋架支座节点详图

5) 柱脚节点详图识读

柱脚根据其构造分为包脚式、埋入式和外露式,根据传递上部结构的弯矩要求又分为铰支和刚性柱脚。铰接柱脚详图,见图 3-1-12。

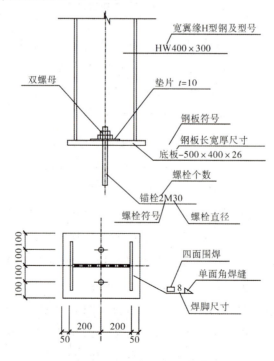

图 3-1-12　铰接柱脚详图

在此详图中,钢柱为 HW400×300,表示柱为热轧宽翼缘 H 型钢,截面高、宽为 400 mm 和 300 mm,底板长为 500 mm、宽为 400 mm、厚为 26 mm,采用 2 根直径为 30 mm 的锚栓,其位置从平面图中可确定。安装螺母前加垫厚为 10 mm 的垫片,柱与底板用焊脚为 8 mm 的角焊缝四面围焊连接。此柱脚连接几乎不能传递弯矩,为铰接柱脚。

包脚式柱脚详图,见图 3-1-13。

在此详图中,钢柱为 HW452×417,表示柱为热轧宽翼缘 H 型钢,截面高、宽为 452 mm 和 417 mm;柱底进入深度为 1000 mm,柱底板长为 500 mm、宽为 450 mm、厚为 30 mm,锚栓埋入深度为 1000 mm 的基础内,混凝土柱台截面为 917×900 mm,设置四根直径 25 mm 的纵向主筋(二级)和四根直径 14 mm(二级)的纵向构造筋,箍筋(一级)间距为 100 mm,直径为 8 mm,在柱台顶部加密区间距为 50 mm,混凝土基础箍筋(二级)间距 100 mm,直径 8 mm。

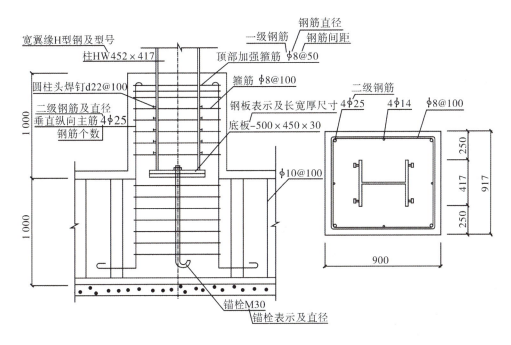

图 3-1-13 包脚式柱脚详图

6)支撑节点详图

支撑多采用型钢制作,支撑与构件、支撑与支撑的连接处称支撑连接节点。如图 3-1-14 所示,为一槽钢支撑节点详图。在此详图中,支撑构件为双槽钢 2[20a,截面高为 200 mm,槽钢连接于厚 12 mm 的节点板上,可知构件槽钢夹住节点板连接,贯通槽钢用双面角焊缝连接,焊脚为 6 mm,焊缝长度为满焊;分断槽钢用普通螺栓连接,每边螺栓有 6 个,直径 14 mm,螺栓间距为 80 mm。

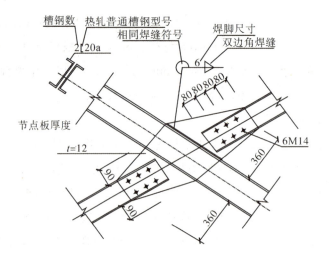

图 3-1-14 槽钢支撑节点详图

任务实施

1. 工作任务

识读钢结构节点详图。

2. 实施过程

1）资料查询

利用在线开放课程、网络资源等查找相关资料，收集钢结构识图相关知识。

2）识图题

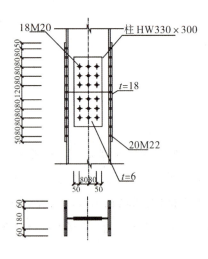

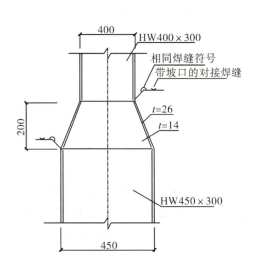

图 3-1-15　钢柱拼接连接详图（单盖板拼接）　　图 3-1-16　变截面柱轴心拼接详图

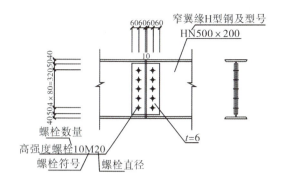

图 3-1-17　钢梁的拼接连接详图

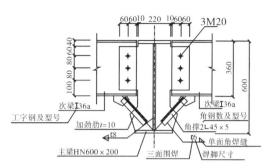

图 3-1-18　带角撑的主次梁连接详图

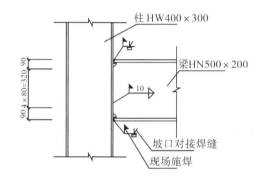

图 3-1-19　梁柱焊缝刚性连接详图

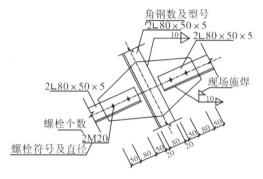

图 3-1-20　角钢支撑节点详图

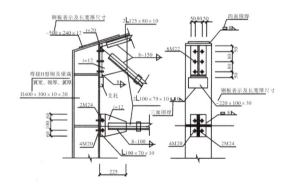

图 3-1-21　梯形屋架(上腹杆)节点详图

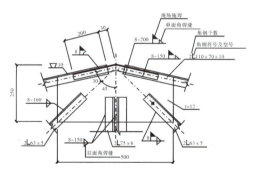

图 3-1-22　屋脊节点详图

知识拓展

"深化设计"是指在业主或设计顾问提供的条件图或原理图的基础上,结合施工现场实际情况,对图纸进行细化、补充和完善。深化设计后的图纸满足业主或设计顾问的技术要求,符合相关地域的设计规范和施工规范,并通过审查,图形合一,能直接指导现场施工。

因此,钢结构深化设计图是构件下料、加工和安装的依据。深化设计的主要内容有:

1)施工全过程仿真分析

施工全过程仿真一般包括以下内容:施工各状态下的结构稳定性分析,特殊施工荷载作用下的结构安全性仿真分析,整体吊装模拟验算,大跨结构的预起拱验算,大跨结构的卸载方案仿真研究,焊接结构施工合拢状态仿真,超高层结构的压缩预调分析,特殊结构的施工精度控制分析等。

2)结构设计优化

在仿真建模分析时,原结构设计的计算模型,与考虑施工全过程的计算模型,虽然最终状态相同,但在施工过程中因为施工支撑或施工温度等原因产生了应力畸变,这些在施工过程构件和节点中产生的应力并不会随着结构的几何尺寸恢复到设计状态而消失,通常会部分地保留下来,从而影响到结构在使用期的安全。

3)节点深化

普通钢结构连接节点主要有:柱脚节点、支座节点、梁柱连接、梁梁连接、桁架的弦杆腹杆连接,以及空间结构的螺栓球节点、焊接球节点、钢管空间相贯节点、多构件汇交节点,还有预应力钢结构中包括拉索连接节点、拉索张拉节点、拉索贯穿节点等。上述各类节点的设计均属施工图的范畴。节点深化的主要内容是指根据施工图的设计原则,对图纸中未指定的节点进行焊接强度验算、螺栓群验算、现场拼接节点连接计算、节点设计的施工可行性复核和复杂节点空间放样等。

4)构件安装图

安装图用于指导现场安装定位和连接。构件加工完成后,将每个构件安装到正确的位置,并采用正确的方式进行连接,是安装图的主要任务。

5)构件加工图

构件加工图为工厂的制作图,是工厂加工的依据,也是构件出厂验收的依据。构件加工图可以细分为构件大样图和零件图等部分。

6)工程量分析

在构件加工图中,材料表容易被忽视,但却是深化详图的重要部分,它包含构件、零件、螺栓编号,与之相应的规格、数量、尺寸、重量和材质的信息,这些信息对正确理解图纸大有帮助,还可以很容易得到精确的采购所需信息。通过对这些材料表格进行归纳分类统计,可以迅速制订材料采购计划和安装计划,为项目管理提供很大的便利。

任务 2　钢结构加工前的准备工作

任务描述

钢结构是由多种规格尺寸的钢板、型钢等型材，按设计要求裁剪加工成众多的零件，经过组装、连接、校正、涂漆等工序后制成成品，然后再运到现场安装建成。

钢结构的零、部件一般在工厂制作。一般的工厂都具有较为恒定的工作环境，有刚度大、平整度高的钢制平台，有精度较高的工装夹具和高效能的设备，施工条件也比现场优越，易于保证质量和提高效率，因此，应尽量在工厂内制作。

钢结构制作有严格的工艺标准，每道工序都有相关规定；对于特殊构件，还要通过工艺试验来确定其相应的工艺标准。钢结构制作时，每道工序都必须按图样和工艺标准进行生产。

因此，需要掌握钢结构构件加工前的生产准备工作等。

知识学习

3.2.1　图纸审查

一般设计院提供的设计图，不能直接用来加工制作钢结构，而是要考虑加工工艺，如公差配合、加工余量、焊接控制等因素后，在原设计图的基础上绘制加工制作图（又称施工详图）。详图设计一般由加工单位负责进行，应根据建设单位的技术设计图纸以及发包文件中所规定的规范、标准和要求进行。加工制作图是最后沟通设计人员及施工人员意图的详图，是实际尺寸、划线、剪切、坡口加工、制孔、弯制、拼装、焊接、涂装、产品检查、堆放、发送等各项作业的指示书。

图纸审查的目的，首先是检查图纸设计的深度能否满足施工的要求，如检查构件之间有无矛盾，尺寸是否全面等；其次是对工艺进行审核，如审查技术上是否合理，是否满足技术要求等。如果是加工单位自己设计施工详图，又经过审批就可简化审图程序。

图纸审核过程中发现的问题应报原设计单位处理，需要修改设计的应有书面设计变更文件。

图纸审核的主要内容包括以下项目：

①设计文件是否齐全，设计文件包括设计图、施工图、图纸说明和设计变更通知单等。②构件的几何尺寸是否标注齐全。③相关构件的尺寸是否正确。④节点是否清楚，是否符合国家标准。⑤标题栏内构件的数量是否符合工程和总数量。⑥构件之间的连接形式是否合理。⑦加

工符号、焊接符号是否齐全。⑧结合本单位的设备和技术条件考虑,能否满足图纸上的技术要求。⑨图纸的标准化是否符合国家规定等。

图纸审查后要做技术交底准备,其内容主要有:①根据构件尺寸考虑原材料对接方案和接头在构件中的位置。②考虑总体的加工工艺方案及重要的工装方案。③对构件的结构不合理处或施工有困难的地方,要与需方或者设计单位做好变更签证的手续。④列出图纸中的关键部位或者有特殊要求的地方,加以重点说明。

3.2.2 采购和复核

1. 采购

为了尽快采购钢材,采购应在详图设计的同时进行,这样就能不因材料原因耽误施工,应根据图纸材料表计算出各种材质、规格的材料净用量,再加上一定数量的损耗,提出材料需用量计划。工程预算一般可按实际用量所需数值再增加10%进行提料。核对来料的规格、尺寸和重量,仔细核对材质;如进行材料代用,必须经过设计部门同意,并进行相应修改。

2. 复核

复核来料的规格、尺寸和重量,并仔细核对材质。如进行材料代用,必须经设计部门同意,同时应按下列原则进行:

①当钢号满足设计要求,而生产厂商提供的材质保证书中缺少设计提出的部分性能要求时,应做补充试验,合格后方可使用。每炉钢材,每种型号规格一般不宜少于3个试件。

②当钢材性能满足设计要求,而钢号的质量优于设计提出的要求时,应注意节约,避免以优代劣。

③当钢材性能满足设计要求,而钢号的质量低于设计提出的要求时,一般不允许代用,如代用必须经设计单位同意。

④当钢材的钢号和技术性能都与设计提出的要求不符时,首先检查钢材,然后按设计重新计算,改变结构截面、焊缝尺寸和节点构造。

⑤对于成批混合的钢材,如用于主要承重结构时,必须逐根进行化学成分和机械性能试验。

⑥当钢材的化学成分允许偏差在规定的范围内可以使用。

⑦当采用进口钢材时,应验证其化学成分和机械性能是否满足相应钢号的标准。

⑧当钢材规格与设计要求不符时,不能随意以大代小,须经计算后才能代用。

⑨当钢材规格、品种供应不全时,可根据钢材选用原则灵活调整。建筑结构对材质要求一般是:受拉高于受压构件;焊接高于螺栓或铆接连接的结构;厚钢板高于薄钢板结构;低温高于高温结构;受动力荷载高于受静力荷载的结构。

⑩钢材机械性能所需的保证项目仅有一项不合格者,可按以下原则处理:a.当冷弯合格

时,抗拉强度的上限值可以不限;b.伸长率比规定的数值低1%时允许使用,但不宜用于塑性变形构件;c.冲击功值一组三个试样,允许其中一个单值低于规定值,但不得低于规定值的70%。

3.2.3 检验与工艺规程的编制

1. 材料检验

1)钢材复验

当钢材属于下列情况之一时,加工下料前应进行复验:

①国外进口钢材;②不同批次的钢材混合;③对质量有疑义的钢材;④板厚大于等于40 mm,并承受沿板厚方向拉力作用,且设计有要求的厚板;⑤建筑结构安全等级为一级,大跨度钢结构、钢网架和钢桁架结构中主要受力构件所采用的钢材;⑥现行设计规范中未含的钢材品种及设计有复验要求的钢材。

钢材的化学成分、力学性能及设计要求的其他指标应符合国家现行有关标准的规定,进口钢材应符合供货地区相应标准的规定。

2)连接材料的复验

①焊接材料:在大型、重型及特种钢结构上采用的焊接材料应进行抽样检验,其结果应符合设计要求和国家现行有关标准的规定。②扭剪型高强度螺栓:采用扭剪型高强度螺栓的连接副应按规定进行预拉力复验,其结果应符合相关的规定。③高强度大六角头螺栓:采用高强度大六角头螺栓的连接副应按规定进行扭矩系数复验,其结果应符合相关的规定。

3)工艺试验

一般可分为三类:

(1)焊接试验:钢材可焊性试验、焊接工艺性试验、焊接工艺评定试验等均属于焊接性试验,而焊接工艺评定试验是各工程制作时最常遇到的试验。焊接工艺评定是焊接工艺的验证,是衡量制造单位是否具备生产能力的一个重要的基础技术资料,未经焊接工艺评定的焊接方法、技术系数不能用于工程施工。焊接工艺评定对提高劳动生产率、降低制造成本、提高产品质量、搞好焊工技能培训是必不可少的。

(2)摩擦面的抗滑移系数试验:当钢结构构件的连接采用摩擦型高强度螺栓连接时,应对连接面进行处理,使其连接面的抗滑移系数能达到设计规定的数值。连接面的技术处理:喷砂或喷丸、酸洗、砂轮打磨、综合处理等。

(3)工艺性试验:对构造复杂的构件,必要时应在正式投产前进行工艺性试验。工艺性试验可以是单工序,也可以是几个工序或全部工序;可以是个别零件,也可以是整个构件,甚至是一个安装单元或全部安装构件。

2. 编制工艺规程

编制工艺流程的原则是保证操作能以最快的速度、最少的劳动量和最低的费用，可靠地加工出符合图纸设计要求的产品。

编制工艺流程包括：

1）成品技术要求

2）具体措施

关键零件的加工方法、精度要求、检查方法和检查工具；主要构件的工艺流程、工序质量标准、工艺措施（如组装次序、焊接方法等）；采用的加工设备和工艺设备。

编制工艺流程表（或工艺过程卡）基本内容包括零件名称、件号、材料牌号、规格、件数、工序名称和内容、所用设备和工艺装备名称及编号、工时定额等。关键零件还要标注加工尺寸和公差，重要工序要画出工序图。

钢结构工程施工前，制作单位应按施工图纸把技术文件的要求编制出完整、正确的施工工艺规程，用于指导、控制施工过程。

(1) 编制工艺规程的依据：

①工程设计图纸及施工详图；

②图纸设计总说明和相关技术文件；

③图纸和合同中规定的国家标准、技术规范等；

④制作单位实际能力情况等。

(2) 制订工艺规程的原则是在一定的生产条件下，操作时能以最快的速度、最少的劳动量和最低的费用，可靠地加工出符合图纸设计要求的产品，工艺规程要体现出技术的先进性、安全性及经济、合理且良好的劳动条件。

(3) 工艺规程的内容：

①根据执行的标准编写成品技术要求；

②为保证成品达到规定的标准而制订的措施：关键零件的精度要求、检查方法和检查具；主要构件的工艺流程、工序质量标准、工艺措施；采用的加工设备和工艺装备。

工艺规程是钢结构制造中主要的和根本性的指导性文件，也是生产制作中最可靠的质量保证措施。工艺规程必须经过审批，一经制订就必须严格执行，不得随意更改。

3. 组织技术交底

上岗操作人员应进行培训和考核，特殊工种应进行资格确认，充分做好各项工序的技术交底工作。技术交底按工程的实施阶段可分为两个层次。

第一个层次是开工前的技术交底会，参加的人员主要有：工程图纸的设计单位，工程建设单位，工程监理单位及制作单位的有关部门和有关人员。

技术交底主要内容有：①工程概况；②工程结构件的类型和数量；③图纸中关键部位的说明和要求；④设计图纸的节点情况介绍；⑤对钢材、辅料的要求和原材料对接的质量要求；⑥工程验收的技术标准说明；⑦交货期限、交货方式的说明；⑧构件包装和运输要求；⑨涂层质量要求；⑩其他需要说明的技术要求。

第二个层次是在投料加工前进行的本工厂施工人员交底会，参加的人员主要有：制作单位的技术、质量负责人，技术部门和质检部门的技术人员、质检人员，生产部门的负责人、施工员及相关工序的代表人员等。

此类技术交底主要内容除上述10点外，还应增加工艺方案、工艺规程、施工要点、主要工序的控制方法、检查方法等与实际施工相关的内容。

3.2.4　其他工艺准备

除了上述准备工作外，还有工号划分、编制工艺流程表、工艺卡和流水卡、配料与材料拼接、确定余量、工艺装备、加工工具准备等工艺准备工作。

1. 工号的划分

根据产品特点、工程量的大小和安装施工速度，将整个工程划分成若干个生产工号（生产单元），以便分批投料，配套加工，配套出成品。

生产工号（生产单元）的划分应注意以下几点：

①条件允许情况下，同一张图纸上的构件宜安排在同一生产工号中加工；②相同构件或加工方法相同的构件宜放在同一生产工号中加工；③工程量较大工程划分生产工号时要考虑施工顺序，先安装的构件要优先安排加工；④同一生产工号中的构件数量不要过多。

2. 工艺流程表的编制

从施工详图中摘出零件，编制出工艺流程表（或工艺过程卡）。加工工艺过程由若干工序所组成，工序内容根据零件加工性质确定，工艺流程表就是反应这个过程的文件。工艺流程表的内容包括零件名称、件号、材料编号、规格、工序顺序号、工序名称和向容、所用设备和工艺装备名称及编号、工时定额等。关键零件还需标注加工尺寸和公差，重要工序还需要画出工序图等。

3. 零件流水卡

根据工程设计图纸和技术文件提出的成品要求，确定各工序的精度要求和质量要求，结合制作单位的设备和实际加工能力，确定各个零件下料、加工的流水程序，即编制出零件流水卡。零件流水卡是编制工艺卡和配料的依据。

4. 材料拼接位置的确定与配料

根据来料尺寸和用料要求，统筹安排合理配料。当零件尺寸过长或过大无法运输，都需在现场对材料进行拼接，拼接位置应注意以下几点：

①拼接位置应避开安装孔和复杂部位;②双角钢断面的构件,两角钢应在同一处拼接;③一般接头属于等强度连接,应尽量布置在受力较小的部位;④焊接 H 型钢的翼、腹板拼接缝应尽量避免在同一断面处,上下翼缘板拼接位置应与腹板错开 200 mm 以上。

5. 预留焊接收缩量和加工余量

焊接收缩量由于受焊肉大小、气候条件、施焊工艺和结构断面等因素影响,其值变化较大。

由于铣刨加工时常常成叠进行操作,尤其长度较大时,材料不易对齐,在编制加工工艺时要对加工边预留加工余量,一般为 5 mm 为宜。

6. 工艺设备

钢结构制作工程中的工艺设备一般分两类,即原材料加工过程中所需的工艺设备和拼装焊接所需的工艺设备。前者主要能保证构件符合图纸的尺寸要求,如定位靠山、模具等;后者主要保证构件的整体几何尺寸和减少变形量,如夹紧器、拼装胎等。因为工艺装备的生产周期较长,要根据工艺要求提前准备,争取先行安排加工。

7. 加工设备和工具

根据产品加工需要来确定加工设备和操作工具,有时还需要调拨或添置必要的设备和工具,这些都应提前做好准备工作。

8. 钢结构制作的安全生产

钢结构生产效率很高,工件在空间内大量、频繁地移动,各个工序中大量采用的机械设备都须作必要的防护和保护。因此,生产过程中的安全措施极为重要,特别是在制作大型、超大型钢结构时,更要十分重视安全事故的防范。

①进入施工现场的操作者和生产管理人员均应穿戴好劳动防护用品,按规程要求操作。

②对操作人员进行安全学习和安全教育,特殊工种必须持证上岗。

③为了便于钢结构的制作和操作者的操作活动,构件宜在一定高度上测量。装配组装胎架、焊接胎架、各种搁置架等,均应与地面相距 0.4～1.2 m。

④构件的堆放、搁置应十分稳固,必要时应设置支撑或定位。构件堆垛不得超过二层。

⑤索具、吊具要定时检查,不得超过额定荷载。正常磨损的钢丝绳应按规定更换。

⑥所有钢结构制作中各种胎具的制造和安装,均应进行强度计算,不能仅凭经验估算。

⑦生产过程中所使用的氧气、乙炔、丙烷、电源等必须有安全防护措施,并定期检测泄漏和接地情况。

⑧对施工现场的危险源应做出相应的标志、信号、警戒等,操作人员必须严格遵守各岗位的安全操作规程,以避免意外伤害。

⑨构件起吊应听从指挥。构件移动时,移动区域内不得有人滞留和通过。

⑩所有制作场地的安全通道必须畅通。

3.2.5 加工场地的布置

要根据产品的品种、特点和批量、工艺流程、产品的进度要求、每班的工作量、生产面积、现有生产设备和起重运输能力等来布置生产场地。

加工场地布置的原则：

①根据流水顺序安排生产场地，尽量减少运输量，避免倒流水；②根据生产需要合理安排操作面积，以保证操作安全并要保证材料和零件有足够的堆放场地；③保证成品能顺利运出；④供电、供气良好，照明线路合理的布置；⑤加工设备布置要考虑留有一定间距，以便操作和堆放材料等，如图3-2-1所示。

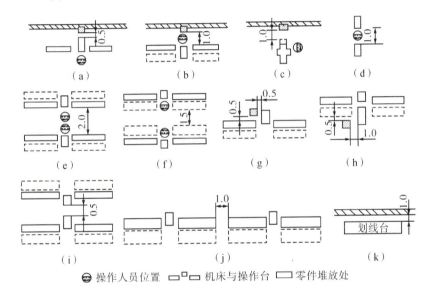

图3-2-1 设备之间的最小间距(m)

1. 工作任务

通过引导文的形式了解钢结构加工前的准备工作。

2. 实施过程

1）资料查询

利用在线开放课程、网络资源等查找相关资料，收集钢结构深化设计相关知识。

2）引导文

(1)填空题。

①钢结构安装准备工作包括_____、_____、_____和

人员准备等内容。

②图纸审查的目的是_____、_____。

③钢材焊接性试验包含_____、_____、_____等。

④GB 50017 中规定，焊接性试验指评定母材金属的试验，钢材的焊接性指钢材对焊接加工的适应性，是用以衡量钢材在一定工艺条件下获得优质接头的_____和该接头能否在使用条件下_____的具体技术指标。

⑤对于成批混合的钢材，如用于主要承重结构时，必须逐根进行_____和_____。

(2)选择题。

①( )是最后沟通设计人员及施工人员意图的详图，是实际尺寸、划线、剪切、坡口加工、制孔、弯制、拼装、焊接、涂装、产品检查、堆放、发送等各项作业的指示书。

A. 加工制作图　　　　B. 设计图　　　　C. 建筑施工图　　　　D. 结构施工图

②( )不是图纸审核的主要内容。

A. 设计文件是否齐全　　　　　　　B. 节点是否清楚
C. 构件连接形式是否合理　　　　　D. 设计单位资质

③( )试验是焊接工艺的验证，是衡量制造单位是否具备生产能力的一个重要的基础技术资料，未经焊接工艺评定的焊接方法、技术系数不能用于工程施工。

A. 焊接工艺评定　　B. 钢材可焊性　　C. 焊接工艺性　　　　D. 焊接材料适用性

④下列钢材中，需进行焊接性试验的是( )。

A. 国内小钢厂生产的 20♯ 钢材

B. 国内大型钢厂新开发的钢材

C. 国外进口的 16Mn 钢材

D. 国外进口未经使用，但提供了焊接性评定资料的钢材

⑤钢材加工下料前应进行复验的是( )。

A. 国产钢材

B. 不同批次的钢材混合

C. 板厚大于等于 40 mm

D. 建筑结构安全等级为一级，大跨度钢结构中所采用的钢材

(3)简答题。

①简述钢结构加工前技术交底的内容。

②编制工艺流程表的内容有哪些?

③简述什么是零件流水卡。

知识拓展

中国钢结构的市场,从钢结构研发、制造到施工,中国已形成相关产业链。目前,我国钢结构仍以板材为主,并且我国钢结构仍然以房屋建筑为主,2019年以来,在政策支持下,多高层钢结构发展显著,占比显著增长;但是,钢结构行业发展想要突破,还需继续重视发展住宅钢结构,突破行业发展瓶颈。桥梁钢结构近年来发展仍不尽人意,桥梁钢结构占比偏低且改观迹象不明显,且主要应用于大跨桥梁;突破桥梁钢结构的发展瓶颈,还需大力推广中小跨径钢桥和组合桥。

受市场经济不断变化的影响,未来钢结构行业的发展规划趋势总体呈现出科学化、合理化、环保型的趋势。

从科学化的角度来看,科学技术创新改革迎来了新的历史机遇,受科学技术深入推广和运用的影响,其钢结构物资材料科技含量成分较多、抗压力强度逐步提升以及施工技术都得到了有效地提升,使得钢结构行业产业发展迎来了较为宽阔的发展空间。钢结构行业建筑体系所包含的钢结构及相应部件的工业化生产,实现了构件的工厂制件和现场装配化施工,实现了建筑技术集成化和产业化,提高了住宅产业化的水平,提高了建筑的科技含量。

从合理化、环保型方面来讲,受我国环保政策的影响,未来我国城市建设发展空间所面临的压力将会越来越大,有限的城市发展空间已经不能够满足日益加快的城市化社会建设步伐,建筑施工范围将会越来越小,同时由于能源紧张、非可再生资源的存量逐步减少等因素,使得未来钢结构行业发展同样面临着巨大的挑战。

因此钢结构产业发展将会朝着合理规划、节能环保的方向发展,通过钢结构产业加工制作简单、施工方便、施工周期短、结构灵活,造型设计自如,使用效果好等多种因素,进一步调动冶金行业、房地产行业以及建筑行业三者资源的优化配置,按需分配按量规划,将有限的资源效能最大化处理,这也可以促使减少对周边建筑施工环境的损害,进一步净化的周边生活空气环境,为社会可持续发展赢得了更为广阔的发展空间。

任务3 钢零件及钢部件加工

任务描述

钢结构制作的工序较多,对加工顺序要周密安排,避免或减少工作倒流,以减少往返运输和周转时间。根据专业化程度和生产规模,钢结构有三种生产组织方式:专业分工的大流水作业生产;一包到底的混合组织方式;扩大放样室的业务范围。图3-3-1为大流水作业生产的工艺流程。

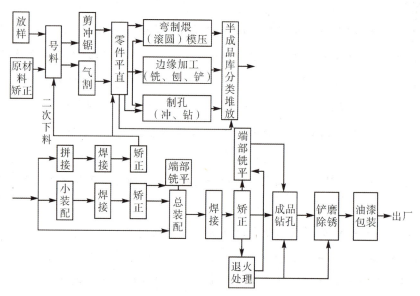

图3-3-1 大流水作业生产的工艺流程

因此,需要掌握钢结构构件生产加工工艺流程等。

知识学习

3.3.1 钢结构常用加工机具

1. 测量、画线工具

钢卷尺、直角尺、卡钳、划针、划规及长划规、样冲等。

2. 切割、切削机具

切割机、砂轮机、风铲、剪板机锉刀等,详见图3-3-2至图3-3-4。

图 3-3-2　剪板机　　　　图 3-3-3　抛丸机　　　　图 3-3-4　数控、多头直条气割机

3.3.2　放样

1. 概念

放样指以 1∶1 的比例在放样台上利用几何作图法弹出大样图。放样是钢结构制作工艺中的第一道工序，只有放样尺寸准确，才能避免以后各道加工工序的累计误差，才能保证整个工程的质量。

2. 内容

包括：①核对图纸的安装尺寸和孔距；②以 1∶1 的大样放出节点；③核对各部分的尺寸；④制作样板和样杆作为下料、弯制、铣、刨、制孔等加工的依据。

3. 工具及设备

划针、冲子、手锤、粉线、弯尺、直尺、钢卷尺、大钢卷尺、剪子、小型剪板机、折弯机。

4. 操作方法

(1) 放样前应从熟悉图纸开始，首先应看清施工技术要求，并逐个核对图样之间的尺寸和相互关系，并校对图样各部分尺寸有无不符之处，与土建和其他安装部分有无矛盾。

(2) 放样作业人员应该熟悉整个钢结构加工工艺，了解工艺流程及加工过程，以及加工过程中需要的机械设备的情况。

(3) 放样时以 1∶1 的比例在放样台上弹出大样。

(4) 用作计量长度的钢卷尺，应附有偏差卡片，使用时按偏差卡片的记录数值核对误差。

(5) 对单一的产品零件，可直接在所需厚度的平板材料（或型材）上进行画线，不必进行放样和制作样板；对于复杂且带有角度的结构零件，利用样板进行号料。

5. 样板及样杆

1) 概念

样板一般用 0.5～0.75 mm 的薄钢板或者塑料板制作；样杆一般用钢板或扁钢制作，当长度较短时也可采用木尺杆。

2)常用样板的名称和用途(见表 3-3-1)

表 3-3-1　常用样板的名称和用途

顺序	样板名称	用途
1	平面样板	在板料及型钢平面进行画线下料
2	弧形样板	检查各种圆弧及圆的曲率大小
3	切口样板	各种角钢、槽钢切口弯曲的画线标准
4	展开样板	各种板料及型材展开零件的实际长度及形状
5	覆盖样板	按照放样图(或实物图)上的图形,用覆盖方法所放出的实样(常用于连接构件)
6	号孔样板	以此为依据决定零件的孔心位置
7	弯曲样板	各种压型件及制作胎模零件的检查标准

3)操作方法

对不需要展开的平面零件的号料样板的制作方法:

画样法:按零件图的尺寸直接做出样板;

过样法:不覆盖过样,通过做垂线或平行线,将实样图中的零件形状过到样板料上;

覆盖过样:把样板覆盖在实样图上,再依据事前做出的延长线,画出样板。

4)操作要点

(1)根据施工图中的具体要求,以 1∶1 的比例尺寸和基准画线以及正投影的作图步骤,画出构件相互之间的尺寸及真实图形;

(2)产品放样经检查无误后,采用 0.5～1 mm 的薄钢板或者油毡纸等材料,以实际尺寸为依据制作出零件的样板、样杆;

(3)放样所画的石笔线条粗细不得超过 0.5 mm,粉线在弹线时粗细不超过 1 mm;

(4)剪切后的样板不应有锐口,直线与圆弧剪切时应保持平直和圆弧光滑;

(5)样板制作后,需在上面注明图号、零件名称、件数、位置、材料牌号、规格及加工符合等内容,以便使下料工作有序进行。

(6)加工余量的控制。

3.3.3　号料

1. 概念

根据施工图样的几何尺寸、形状制成的样板,再利用样板直接在钢材的表面上画钢零件形状的加工界限,最后通过锯切、剪切、冲裁或气割的手段而得到钢零件的工序。

2. 内容

包括:①检查核对材料;②在材料上划出切割、铣、刨、弯曲、钻孔等加工位置;③打冲孔;④标出零件编号等。

钢材如有较大弯曲等问题时应先矫正,根据配料表和样板进行套裁,尽可能节约材料。当工艺有规定时,应按规定的方向进行取料,号料应有利于切割和保证零件质量。

3. 下料计算

1) 角钢、槽钢直角零件料长计算

(1) 角钢外煨直角框:

尺寸标注在外皮:$L=2(A+B)-8b$

尺寸标注在里皮:$L=2(A+B)$

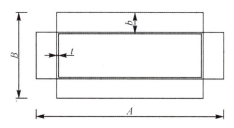

(2) 角钢内煨直角框:$L=a+b-2t$

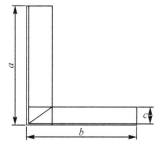
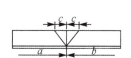

(3) 槽钢内煨 90°直角:

尺寸标注在外皮:$L=a+b$

尺寸标注在里皮:$L=a+b-2t$

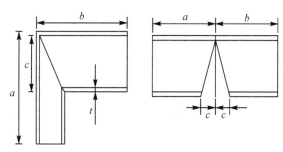

4. 放样号料应注意的问题

(1) 放样时,铣、刨的工作要考虑加工余量,焊接构件要按工艺要求放出焊接收缩量,高层钢结构的框架柱尚应预留弹性压缩量;

(2) 号料时要根据切割方法留出适当的切割余量;

(3) 如果图纸要求桁架起拱,放样时上、下弦应同时起拱,起拱后垂直杆的方向仍然垂直于水平线,而不与下弧杆垂直;

(4) 样板的允许偏差见表 3-3-2,号料的允许偏差见表 3-3-3 和表 3-3-4。

表 3-3-2 样板的允许偏差

平行线距离和分段尺寸	±0.5 mm
宽度、长度	±0.5 mm
孔距	±0.5mm
对角线差	1.0 mm
加工样板角度	±20′
质量检验方法	用钢尺检测

表 3-3-3 号料的允许偏差　　　　　　　　　　　单位:mm

外形尺寸	±1.0
孔距	±0.5

表 3-3-4 切割及机加工余量　　　　　　　　　　单位:mm

加工余量	锯切	剪切	手工切割	半自动切割	精密切割
切割缝		1	4～5	3～4	2～3
刨边	2～3	2～3	3～4	1	1
铣平	3～4	2～3	4～5	2～3	2～3

3.3.4 切割

切割是将放样和号料的零件形状从原材料上进行下料分离。常用的切割方法有:气割、机械剪切和等离子切割三种方法。

1. 气割下料

利用氧气与可燃气体混合产生的预热火焰加热金属表面达到燃烧温度并使金属发生剧烈的氧化,放出大量的热促使下层金属也自行燃烧,同时通以高压氧气射流,将氧化物吹除以形成一条狭小而整齐的割缝。

气割法有手动气割、半自动气割和自动气割。手动气割割缝宽度为 4 mm，自动气割割缝宽度为 3 mm。

气割法设备灵活、费用低廉、精度高，能切割各种厚度的钢材，尤其是带曲线的零件或厚钢板，是目前使用最广泛的切割方法。

2. 机械剪切下料

通过冲剪、切削、摩擦等机械来实现。

冲剪切割：当钢板厚不大于 12 cm 时，采用剪板机、联合冲剪机切割钢材，速度快、效率高，但切口略粗糙。

切削切割：采用弓锯床、带锯机等切削钢材，精度较好。

摩擦切割：采用摩擦锯床、砂轮切割机等切割钢材，速度快、但切口不够光洁、噪声大。

3. 等离子切割下料

利用高温高速的等离子焰流将切口处金属及其氧化物熔化并吹掉来完成切割，能切割任何金属，特别是熔点较高的不锈钢及有色金属铝、铜等。

3.3.5 成型

1. 概念

钢材成型加工指在钢结构制作中，需要对钢材、钢板、钢管、型钢进行加工，以得到所需要的形状的工序。

2. 分类

卷曲、边缘加工、制孔、折边、模具压制。

①卷曲加工：根据构件形状的需要，利用加工设备和一定的工具、磨具把钢板或型钢弯制成一定形状的工艺方法。包括钢板卷曲、型材弯曲和折边。

钢板卷曲是通过旋转辊轴对板料进行连续三点弯曲所形成的。钢板卷曲包括预弯、对中和卷曲三个过程。

预弯是钢板在卷板机上卷曲时，两端边缘总有卷不到的部分，即剩余直边。通过预弯消除剩余直边。对中是为防止钢板在卷板机上卷曲时发生歪扭，应将钢板对中，使钢板的纵向中心线与滚筒轴线保持严格的平行。卷曲是对中后，利用调节辊筒的位置使钢板发生初步的弯曲，然后来回滚动而卷曲。

型钢弯曲时断面会发生畸变，弯曲半径越小，则畸变越大。应控制型钢的最小弯曲半径。构件的曲率半径较大，宜采用冷弯；构件的曲率半径较小，宜采用热弯。

钢管弯曲：在自由状态下弯曲时截面会变形，外侧管壁会减薄，内侧管壁会增厚。管中加入填充物(砂)或穿入芯棒进行弯曲;或用滚轮和滑槽在管外进行弯曲。弯曲半径不小于管径的3.5倍(热弯)到4倍(冷弯)。

②边缘加工:对于尺寸精度要求高的腹板、翼缘板、加劲板、支座支撑面和有技术要求的焊接坡口,需要对剪切或气割过的钢板边缘进行加工。

边缘加工方法有:铲边、刨边、铣边和碳弧气刨边。

③制孔:包括铆钉孔、螺栓孔,可钻可冲。钻孔用钻孔机进行,能用于钢板、型钢的孔加工;冲孔用冲孔机进行,一般只能在较薄的钢板、型钢上冲孔,且孔径一般不小于钢材的厚度。施工现场的制孔可用电钻、风钻等加工。

④折边是把构件的边缘压弯成倾角或一定形状的操作过程。折边可提高构件的强度和刚度,广泛用于薄板构件。弯曲折边利用折边机进行。

⑤模具压制:在压力设备上利用模具使钢板成型的一种工艺。

3.3.6 矫正

钢材在存放、运输、吊运和加工成型过程中会变形,必须对不符合技术标准的钢材、构件进行矫正。钢结构的矫正,是通过外力或加热作用迫使钢材反变形,使钢材或构件达到技术标准要求的平直或几何形状。

矫正的方法:火焰矫正(亦称热矫正)、机械矫正和手工矫正(亦称冷矫正)。

1. 火焰矫正

火焰矫正是利用火焰对钢材进行局部加热,被加热处理的金属由于膨胀受阻而产生压缩塑性变形,使较长的金属纤维冷却后缩短而完成的。

影响矫正效果的因素:火焰加热位置、加热的形式、加热的温度。

火焰矫正加热的温度:对于低碳钢和普通低合金钢为600~800 ℃。

2. 机械矫正

机械矫正是通过专用矫正机使用权弯曲的钢材在外力作用下产生过量的塑性变形,以达到平直的目的。

拉伸机矫正:用于薄板扭曲、型钢扭曲、钢管、带钢、线材等的矫正。

压力机矫正:用于板材、钢管和型钢的矫正。

多辊矫正机:用于型材、板材等的矫正。

3. 手工矫正

手工矫正是采用锤击的方法进行,操作简单灵活。由于矫正力小、劳动强度大、效率低而用于矫正尺寸较小的钢材,或矫正设备不便于使用时采用。

3.3.7 组装

组装,也称拼装、装配、组立,是按照施工图的要求,把已加工完成的各零件和半成品构件装配成独立的成品。

1. 组装方法

钢结构组装的方法包括地样法、仿形复制装配法、立装法、卧装法、胎模装配法。

(1)地样法:用1∶1的比例在装配平台上放出构件实样,然后根据零件在实样上的位置,分别组装起来成为构件。此装配方法适用于桁架、构架等小批量结构的组装。

(2)仿形复制装配法:先用地样法组装成单面(单片)的结构,然后定位点焊牢固,将其翻身,作为复制胎模,在其上面装配另一单面结构,往返两次组装。此种装配方法适用于横断面互为对称的桁架结构。

(3)立装法:根据构件的特点及其零件的稳定位置,选择自上而下或自下而上的顺序装配。此装配方法适用于放置平稳,高度不大的结构或者大直径的圆筒。

(4)卧装法:将构件放置于卧的位置进行装配。适用于断面不大,但长度较大的细长构件。

(5)胎模装配法:将构件的零件用胎模定位在其装配位置上的组装方法。此种装配方法适用于制造构件批量大、精度高的产品。

2. 组装要求

(1)必须按工艺要求的次序进行,当有隐蔽焊缝时,必须先予施焊,经检验合格方可覆盖。为减少变形,尽量采用小件组焊,经矫正后再大件组装。

(2)组装的零件、部件应经检查合格,零件、部件连接接触面和沿焊缝边缘约30~50 mm范围内的铁锈、毛刺、污垢、冰雪、油迹等应清除干净。

(3)布置拼装胎具时,其定位必须考虑预放出焊接收缩量及加工余量。

(4)为减少大件组装焊接的变形,一般应先采取小件组焊,经矫正后,再组装大部件。胎具及组装的首件必须经过检验方可大批进行组装。

(5)板材、型材的拼接应在组装前进行;构件的组装应在部件组装、焊接、矫正后进行,以便减少构件的残余应力,保证产品的制作质量。构件的隐蔽部位应提前进行涂装。

(6)组装时要求磨光顶紧的部位,其顶紧接触面应有75%以上的面积紧贴。

(7)组装好的构件应立即用油漆在明显部位编号,写明图号、构件号、件数等,以便查找钢构件组装的允许偏差。

任务实施

1. 工作任务

通过现场教学,了解钢结构零部件加工所需的机器设备、施工工艺、生产过程。

2. 实施过程

1)资料查询

利用在线开放课程、网络资源等查找相关资料,收集钢结构深化设计相关知识。

2) 引导文

(1) 填空题。

① 在钢结构构件的零件放样中，_____ 是下料、制弯、铣边、制孔等加工的依据。

② 钢材切割下料的方法有 _____ 、_____ 和 _____ 等。

③ 钢材边缘加工有 _____ 、_____ 和 _____ 三种。

④ 检查核对钢结构材料，在材料上划出切割、铣、刨、制孔等加工位置，打冲孔，标出零件编号等的操作是 _____ 。

⑤ 钢材的切割方法有 _____ 、_____ 、_____ 和 _____ 等。

(2) 选择题。

① 普通螺栓孔成孔的方法是(　　)。

A. 气割扩孔　　　B. 气割成型　　　C. 钻孔成型　　　D. 气焊成型

② 熔点较高的金属宜采用的切割方法是(　　)。

A. 机械切割法　　B. 气割法　　　C. 砂轮切割　　　D. 等离子切割

③ 较厚的钢结构构件通常要开坡口，其目的不是(　　)。

A. 提高焊接质量　　　　　　B. 使根部能够焊透

C. 易于清除熔渣　　　　　　D. 减小焊接热影响范围

④ 下列哪一个不属于机械加工的内容(　　)。

A. 火焰矫正　　　B. 手工矫正　　C. 机械矫正　　　D. 冷脆矫正

⑤ 钢结构拼装前的主要准备工作是(　　)。

A. 检查剖口截面　B. 测量放线　　C. 卡具、角钢的数量　D. 施工流向

(3) 简答题。

① 什么是放样和划线？零件加工主要有哪些工序？

② 简述钢结构组装方法和要求。

3) 任务实施

通过参观钢结构生产企业，在现场工程师的讲解下了解钢结构零部件生产加工过程及注意事项。

知识拓展

钢结构是指由钢板、型钢、钢管等钢材通过焊接、螺栓连接或铆接而制成的工程结构，为现代建筑工程中主要的结构形式之一。钢结构具有强度高、自重轻、跨度大、施工简便、抗震性及抗冲击性能好等优点，被广泛应用于大型厂房、场馆、超高层建筑、桥梁等领域。

在桥梁建筑工程中，相较于传统的混凝土、钢筋混凝土或者预应力钢筋混凝土等建筑材质，桥梁钢结构具有诸多优点，见下表：

主要优势	主要体现
强度高、自重轻	钢材的抗拉、抗压、抗剪强度较高，钢构件断面小、自重轻。强度高，适于建造荷载很大的桥梁；自重轻则可减轻基础的负荷，降低基础造价，同时还便于运输和吊装
良好的塑性和韧性，抗震性能好	桥梁尤其是大跨度的大型桥梁除了桥面的高负荷恒载和动载外，还要应对风荷载、地震荷载等特殊外力影响，钢结构通过结构的变形能较多的吸收能量，同时又具有能反复作用的韧性，从而大大提高了钢结构的抗震性能，从而保证桥梁的稳定性和安全性
便于安装，施工工期短	钢结构材料加工简易而迅速，结构空间中有许多孔洞与舱室，便于管线布置、吊装和焊接。同时占用场地小，制作安装方便，极大地缩短了施工周期
施工质量容易保证	钢结构构件一般都在工厂制造、加工，工业化程度较高，精度能很好地得到控制和保证
绿色、环保	相比于混凝土结构，钢结构能更有效利用材料，通过再回收、回炉等措施循环使用，节约资源，符合"绿色经济"的倡导和可持续发展的政策
适用范围广泛	钢结构适用于不同跨度、不同类型的桥梁建造，可满足大跨径的桥梁建造要求，适用范围更为广泛

任务 4　钢构件的拼装

任务描述

拼装工序亦称装配、组装，是把制备完成的半成品和零件按图纸规定的运输单元，装成构件或其部件，然后连接成为整体。

拼装必须按工艺要求的次序进行，当有隐藏焊缝时，必须先预施焊，经检验合格方可覆盖。当复杂部位不易施焊时，亦须按工艺规定分别先后拼装和施焊。为减少变形，尽量采取小件组焊，经矫正后再大件组装。胎具及装出的首件必须经过严格检验，方可大批进行装配工作。

拼装好的构件应立即用油漆在明显部位编号，写明图号、构件号和件数，以便查找。

由于受运输、吊装等条件的限制，有时构件要分成两段或若干段出厂，为了保证安装的顺利进行，应根据构件或结构的复杂程度和设计要求，在出厂前进行预拼装；除管结构为立体预拼装，并可设卡、夹具外，其他结构一般均为平面拼装，且构件应处于自由状态，不得强行固定。

因此，需要掌握钢构件拼装的方法及质量要求等。

3.4.1 钢构件拼装的一般规定

钢结构构件的拼装是遵照施工图的要求,把已加工完成的各零件或半成品构件,用装配的手段组合成为独立的成品,这种装配的方法通常也称为组装。组装根据装构件的特性及组装程度,可分为部件组装、组装、预总装。

1. 概念

(1)部件组装是装配的最小单元的组合,它由两个或两个以上零件按施工图的要求装配成为半成品的结构部件。

(2)组装是把零件或半成品按施工图的要求装配成为独立的成品构件。

(3)预总装是根据施工总图把相关的两个以上成品构件,在工厂制作场地上,按其各构件空间位置总装起来。其目的是直观地反映出各构件装配节点,保证构件安装质量。目前已广泛使用在采用高强度螺栓连接的钢结构构件制造中。

2. 钢构件组装的一般规定

(1)组装前,施工人员必须熟悉构件施工图及有关的技术要求。并且根据施工图要求复核其需组装零件质量。

(2)由于原材料的尺寸不够,或技术要求需拼接的零件,一般必须在组装前拼接完成。

(3)在采用胎模装配时必须遵照下列规定:①选择的场地必须平整,而且还具有足够的刚度。②布置装配胎模时必须根据其钢结构构件特点考虑预放焊接收缩余量及其他各种加工余量。③组装出首批构件后,必须由质量检查部门进行全面检查,经合格认可后方可进行继续组装。④构件在组装过程中必须严格按工艺规定装配,当有隐蔽焊缝时,必须先行预施焊,并经检验合格方可覆盖。当有复杂装配部件不易施焊时,亦可采用边装配边施焊的方法来完成其装配工作。⑤为了减少变形和装配步骤,尽量可采取先组装焊接成小件,并进行矫正,尽可能消除施焊产生的内应力,再将小件组装成整体构件。⑥高层建筑钢结构和框架钢结构构件必须在工厂进行预拼装。

3.4.2 预拼装的允许偏差

预拼装的允许偏差应符合规范规定(见表3-4-1)。

在预拼装时,对螺栓连接的节点板除检查各部位尺寸外,还应对多层板叠用试孔器检查孔的通过率。在施工过程中,错孔的现象时有发生,如错孔在3.0 mm以内时,一般都用绞刀铣或锉刀锉孔,其孔径扩大不超过原孔径的1.2倍;如错孔超过3.0 mm,一般用焊条焊补堵孔或更换零件,不得采用钢块填塞。

预拼装检查合格后，对上、下定位中心线、标高基准线、交线中心点等应标注清楚、准确；对管结构、工地焊接连接处，除应标注上述标记外，还应焊接一定数量的卡具、角钢或钢板定位器等，以便按预拼装结果进行安装。

表 3-4-1 实体预拼装的允许偏差(mm)

构件类型	项目		允许偏差	检验方法
多节柱	预拼装单元总长		±5.0	用钢尺检查
	预拼装单元弯曲矢高		$l/1500$，且不应大于 10.0	用拉线和钢尺检查
	接口错边		2.0	用焊缝量规检查
	预拼装单元柱身扭曲		$h/200$，且不应大于 5.0	用拉线、吊线和钢尺检查
	顶紧面至任一牛腿		±2.0	用钢尺检查
梁、桁架	跨度最外两端安装孔或两端支承面最外侧距离		+5.0 -10.0	用钢尺检查
	接口截面错位		2.0	用焊缝量规检查
	拱度	设计要求起拱	±$l/5000$	用拉线和钢尺检查
		设计未要求起拱	$l/2000$	
	节点处杆件轴线错位		4.0	划线后用钢尺检查
管构件	预拼装单元总长		±5.0	用钢尺检查
	预拼装单元弯曲矢高		$l/1500$，且不应大于 10.0	用拉线和钢尺检查
	对口错边		$t/10$，且不应大于 3.0	用焊缝量规检查
	坡口间隙		+2.0，-1.0	
构件平面总体预拼装	各楼层柱距		±4.0	用钢尺检查
	相邻楼层梁与梁之间距离		±3.0	
	各层间框架两对角线之差		$H/2000$，且不应大于 5.0	
	任意两对角线之差		$\Sigma H/2000$，且不应大于 8.0	

注：H_i 为各结构楼层高度。

3.4.3 钢构件拼装方法

1. 平装法

平装法操作方便，不需稳定加固措施；不需搭设脚手架；焊缝焊接大多数为平焊缝，焊接操作简易，不需技术很高的焊接工人，焊缝质量易于保证；校正及起拱方便、准确。

适于拼装跨度较小,构件相对刚度较大的钢结构,如长度 18 m 以内钢柱、跨度 6 m 以内天窗架及跨度 21 m 以内的钢屋架的拼装。

2. 立拼拼装法

立拼拼装法可一次拼装多个构件;块体占地面积小;不用铺设或搭设专用拼装操作平台或枕木墩,节省材料和工时;省却翻身工序,质量易于保证,不用增设专供块体翻身、倒运、就位、堆放的起重设备,缩短工期;块体拼装连接件或节点的拼接焊缝可两边对称施焊,可防止预制构件连接件或钢构件因节点焊接变形而使整个块体产生侧弯。

但需搭设一定数量稳定支架;块体校正、起拱较难;钢构件的连接节点及预制构件的连接件的焊接立缝较多,增加焊接操作的难度。

适于跨度较大、侧向刚度较差的钢结构,如 18 m 以上的钢柱、跨度 9 m 及 12 m 的窗架、24 m 以上的钢屋架以及屋架上的天窗架。

3. 利用模具拼装法

模具是指符合工件几何形状或轮廓的模型(内模或外模)。用模具来拼装组焊钢结构,具有产品质量好、生产效率高等许多优点。对成批的板材结构、型钢结构,应当考虑采用模具耕组装。

桁架结构的装配模,往往是用两点连直线的方法制成,其结构简单,使用效果好。图 3-4-1 为构架装配模示意图。

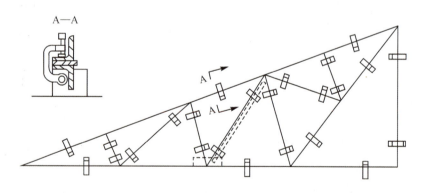

图 3-4-1 构架装配模示意图

3.4.4 典型梁、柱拼装

根据设计要求的梁和柱的结构形式,可以用型钢与型钢连接和型钢与钢板混合连接,所以梁和柱的结构拼装操作方法也就不同。

1. ⊥形梁拼装

⊥形梁多是用相同厚度的钢板,以设计图纸标注的尺寸而制成,见图 3-4-2。

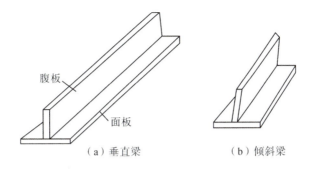

图 3-4-2 ⊥形梁构造

⊥形梁的立板通常称为腹板;与平台面接触的底板称为翼板(面板),上面的称为上翼板,下面的称为下翼板。

⊥形梁的结构根据工程实际需要,有互相垂直的,见图 3-4-2(a)所示,也有倾斜一定角度的,见图 3-4-2(b)。在拼装时,先定出面板中心线,再按腹板厚度画线定位,该位置就是腹板和面板结构接触的连接点(基准线)。如果是垂直的⊥形梁,可用直角尺找正,并在腹板两侧按 200~300 mm 距离交错点焊;如果属于倾斜一定角度的⊥形梁,就用同样角度样板进行定位,按设计规定进行点焊。

⊥形梁两侧经点焊完成后,为了防止焊接变形,可在腹板两侧临时用增强板将腹板和面板点焊固定,以增加刚性减小变形。在焊接时,采用对称分段退步焊接法焊接角焊缝,这是防止焊接变形的一种有效措施。

2. 工字钢梁、槽钢梁拼装

工字钢和槽钢是由钢板组合的工程结构梁,它们的组合连接形式基本相同,仅是型钢的种类和组合成型的形状不同,如图 3-4-3 所示。

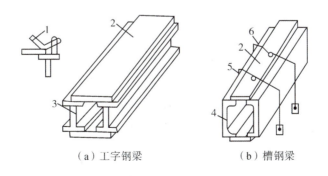

1—撬杠;2—面板;3—工字钢;4—槽钢;5—龙门架;6—压紧工具。

图 3-4-3 工字钢梁、槽钢梁拼装

在拼装组合时,首先按图纸标注的尺寸、位置在面板和型钢连接位置处进行画线定位。在组合时,如果面板宽度较窄,为使面板与型钢垂直和稳固,防止型钢向两侧倾斜,可用与面板同厚度的垫板临时垫在底面板(下翼板)两侧来增加面板与型钢的接触面。用直角尺或水平尺检验侧面与平面垂直,几何尺寸正确后方可按一定距离进行点焊。拼装上面板以下底面板为基准。为保证上、下面板与型钢严密结合,如果接触面间隙大,可用撬杠或卡具压严靠紧,然后进行点焊和焊接。

3. 箱形梁拼装

箱形拼装的结构有由钢板组成的,也有由型钢与钢板组成的,但大多数箱形梁的结构是采用钢板结构成型的。箱形梁是由上下面板、中间隔板及左右侧板组成。

箱形梁的拼装过程是先在底面板画线定位,如图3-4-4(a)所示;按位置拼装中间定向隔板,如图3-4-4(b)所示。为防止移动和倾斜,应将两端和中间隔板与面板用型钢条临时固定,然后以各隔板的上平面和两侧面为基准,同时拼装箱形梁左右立板。两侧立板的长度要以底面板的长度为准,靠齐并点焊。当两侧板与隔板侧面接触间隙过大时,可用活动型卡具夹紧,再进行点焊,如图3-4-4(c)所示。最后拼装梁的上面板,如果上面板与隔板上平面接触间隙大、误差多时,可用手砂轮将隔板上端找平,并用]型卡具压紧进行点焊和焊接,见图3-4-4(c)。

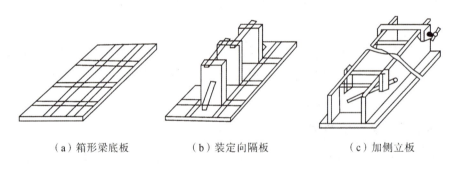

(a)箱形梁底板　　　(b)装定向隔板　　　(c)加侧立板

图3-4-4　箱形梁拼装

4. 柱底座板和柱身组合拼装

钢柱的底座板和柱身组合拼装工作一般分为两步进行:

(1)先将柱身按设计尺寸规定拼装焊接,使柱身达到横平竖直,符合设计和验收标准的要求。如果不符合质量要求,可进行矫正以达到质量要求。

(2)将事先准备好的柱底板按设计规定尺寸,分清内外方向画结构线并焊挡铁定位,以防在拼装时位移。

柱底板与柱身拼装之前,必须将柱身与柱底板接触的端面用刨床或砂轮加工平整。同时将柱身分几点垫平,如图3-4-5所示。使柱身垂直柱底板,安装后受力均匀,避免产生偏心压力,以达到质量要求。

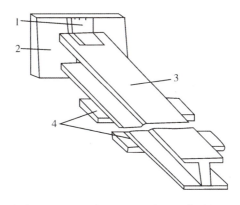

1—定位角钢；2—柱底板；3—柱身；4—水平垫基。

图 3-4-5　钢柱拼装示意图

端部铣平面的允许偏差，见表 3-4-2。

表 3-4-2　端部铣平面的允许偏差

序号	项目	允许偏差
1	两端铣平时构件长度	±2.0 mm
2	铣平面的不平直度	0.3 mm
3	铣平面的倾斜度（正切值）	不大于 $l/1500$
4	表面粗糙度	0.03 mm

拼装时，将柱底座板用角钢头或平面型钢按位置点固，作为定位倒吊挂在柱身平面，并用直角尺检查垂直度及间隙大小，待合格后进行四周全面点固。为防止焊接变形，应采用对角或对称方法进行焊接。

如果柱底板左右有梯形板，可先将底板与柱端接触焊缝焊完后，再组对梯形板，并同时焊接，这样可避免梯形板妨碍底板缝的焊接。

3.4.5　屋架拼装

1. 拼装准备

（1）按设计尺寸和长、高尺寸，以 1/1000 的长、高预留焊接的收缩量，在拼装平台上放置拼装底样，见图 3-4-6。因为屋架在设计图纸的上、下弦处不标注起拱量，所以需放底样，按跨度比例画出起拱。

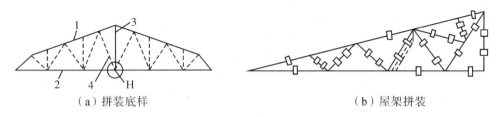

(a)拼装底样　　　　　　　　　　(b)屋架拼装

1—上弦;2—下弦;3—立撑;4—斜撑。

图 3-4-6　屋架拼装示意图

(2)在底样上按图画好角钢面宽度、立面厚度,作为拼装时的依据。如果在拼装时角钢的位置和方向能记牢,其立面的厚度可省略不画,只画出角钢面的宽度即可。

拼装时,应给下一步运输和安装工序创造有利条件。除按设计规定的技术说明外,还应结合屋架的跨度(长度),整体拼装或按节点分段进行拼装。

(3)屋架拼装一定要注意平台的水平度,如果平台不平,可在拼装前用仪器或拉粉线调整垫平,否则拼装成的屋架,会在上、下弦及中间位置产生侧向弯曲。

2. 拼装作业

放好底样后,将底样上各位置上的连接板用电焊点牢,并用挡铁定位,作为第一次单片屋架拼装基准的底模,如图 3-4-7 所示。

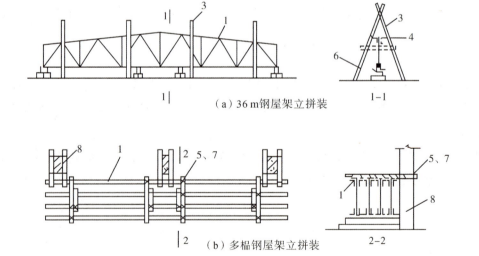

(a)36m钢屋架立拼装

(b)多榀钢屋架立拼装

1—36m钢屋架块体;2—枕木或砖墩;3—木人字架;4—横档木铁丝绑牢;
5—8号铁丝绑牢;6—斜撑木;7—木方;8—柱。

图 3-4-7　屋架的立拼装

接着就可将连接板按位置放在底模上。屋架的上、下弦及所有的立、斜撑,限位板放到连接板上面,进行找正对齐,用卡具夹紧点焊。待全部点焊牢固后,可用吊车作 180°翻身,这样就可用该扇单片屋架为基准仿效组合拼装,如图 3-4-8 所示。

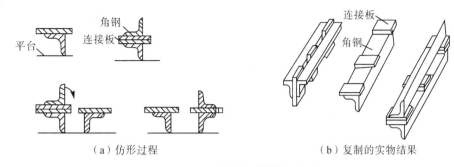

(a) 仿形过程　　　　　　(b) 复制的实物结果

图 3-4-8　屋架仿形拼装示意图

对特殊动力厂房屋架,为适应生产的强度要求,一般不采用焊接而用铆接。

仿效复制拼装法具有效率高、质量好、便于组织流水作业等优点。因此,对于截面对称的钢结构,如梁、柱和框架等都可应用。

3. 拼装要点

(1)钢构件出厂前,先验收钢构件,尽量把问题消灭在加工厂内。

(2)现场拼装地基坚硬,并做相应的拼装台;必要时加约束处理找平。

(3)首先检查拼装节点处的角钢或钢管是否变形,如有变形用机械矫正或火焰矫正,达到标准再拼装。

(4)将两半榀屋架放在拼装平台上,每榀至少有 4 个点或 6 个点进行找平,拉通线尺寸无误,进行点焊,按焊接顺序焊好。

(5)对侧向刚性较小的屋架,焊完一面要进行加固,构件翻身后继续找平,复核尺寸焊接。

(6)屋架拼装后扭曲或折线弯曲调整。屋架上下弦杆扭曲或折线变形,主要是焊接或运输堆放压弯。矫正方法有机械矫正、火焰矫正和火工矫正等几种方法。

(7)碳素结构钢和低合金高强度结构钢允许加热矫正。其加热温度严禁超过正火温度,用火焰矫正时,对钢材的牌号为 Q345、Q390 的焊件,不准浇水冷却,一定要在自然状态下缓慢冷却。

(8)矫正后的杆件表面上不应有凹陷、凹痕及其他损伤。

(9)屋架起拱与跨度:起拱与跨度有矛盾时,要以起拱数值为准。屋架拼装节点处,构件制作角度及总尺寸不符合要求时应及时修理。屋架拼装有立拼和卧拼,尤其是立拼,如果支架搭的不牢,由于屋架自重易引起支架下沉,起拱数值不易保证。如果采取小拼到中拼的办法,会出现累积偏差,造成跨度加大或变小,为保证跨度值,起拱数值不易保证。

3.4.6 钢柱拼装

1. 平拼拼装

先在柱的适当位置用枕木搭设 3~4 个支点,见图 3-4-9(a)。各支承点高度应拉通线,使柱轴线中心线成一水平线,先吊下节柱找平,再吊上节柱,使两端头对准,然后找中心线,并把安装螺栓或夹具上紧,最后进行接头焊接,采取对称施焊,焊完一面再翻身焊另一面。

2. 立拼拼装

在下节柱适当位置设 2~3 个支点,上节柱设 1~2 个支点,见图 3-4-9(b),各支点用水平仪测平垫平。拼装时先吊下节,使牛腿向下,并找平中心,再吊上节,使两节的节头端对准,然后找正中心线,并将安装螺栓拧紧,最后进行接头焊接。

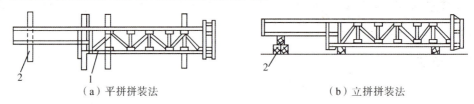

(a) 平拼拼装法　　　　　　　(b) 立拼拼装法

1—拼接点;2—枕木。

图 3-4-9　钢柱的拼装

3. 拼装要点

(1) 对于需要多节柱拼装在一起安装,需在地面将节或节钢柱拼在一起,一次吊装就位。

(2) 为便于保证钢柱拼接质量,减少高空作业,在地面卧拼,起重机起重能力能满足一次起吊。

(3) 根据钢柱断面不同,采取相应的钢平台及胎具。

(4) 每节钢柱都弹好中线,在断面处互相垂直,如图 3-4-10 所示。多节柱拼装时,三面都要拉通线,拉通线时,注意线的垂度。

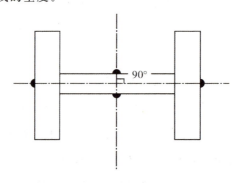

图 3-4-10　钢柱定位示意

(5)每个节点处最容易出现的问题是翼缘板错口。如发现翼缘板制作构件时发生变形,采用方便的机械矫正或火工矫正,达到允许误差内继续拼接。拼接一般使用倒链,在两接口处焊耳板,进行校正对接。

(6)节点必须采用连接板作拘束度,当焊接冷却后再拆除,如图3-4-11所示。

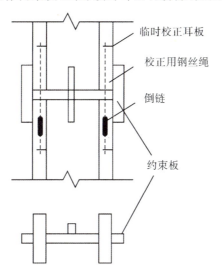

图3-4-11 钢柱拼接示意

(7)焊接冷却后将柱翻身,焊另一面前进行找平,继续量测通线—找标高—点焊—焊好—扣约束板—焊接—冷却—割掉约束板及耳板—复核尺寸。

3.4.7 托架拼装

1. 平装

搭设简易钢平台或枕木支墩平台,见图3-4-12。进行找平放线,在托架四周设定位角钢或钢挡板,将两半榀托架吊到平台上。拼缝处装上安装螺栓,检查并找正托架的跨距和起拱值,安上拼接处连接角钢。用卡具将托架和定位钢板卡紧,拧紧螺栓并对拼装焊缝施焊。施焊要求对称进行,焊完一面,检查并纠正变形,用木杆二道加固,而后将托架吊起翻身,再同法焊另一面焊缝。符合设计和规范要求,方可加固、扶直和起吊就位。

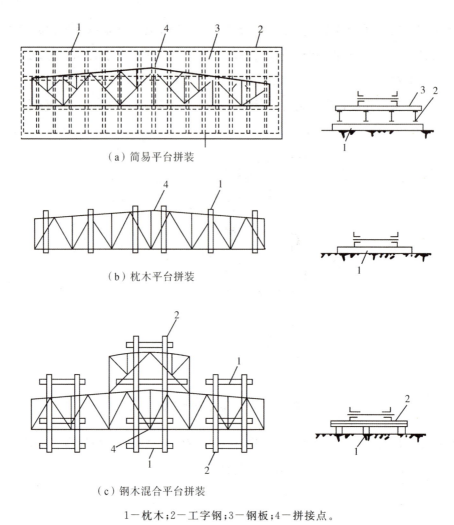

(a)简易平台拼装

(b)枕木平台拼装

(c)钢木混合平台拼装

1—枕木；2—工字钢；3—钢板；4—拼接点。

图 3-4-12 天窗架平拼装

2. 立拼

拼装时采用人字架稳住托架进行合缝，校正调整好跨距、垂直度、侧向弯曲和拱度后，安装节点拼接角钢，并用卡具和钢楔使其与上下弦角钢卡紧，复查后用电焊进行定位焊，并按先后顺序进行对称焊接，直至达到要求为止。当托架平行并紧靠柱列排放时，可以 3~4 榀为一组进行立拼装，用方木将托架与柱子连接稳定。

焊接梁的工地对接缝拼接处，上、下翼缘的拼接边缘均宜做成向上的 V 形坡口，以便熔焊。为了使焊缝收缩比较自由，减小焊接残余应力，应留一段（长度 500 mm 左右）翼缘焊缝在工地焊接，并采用合适的施焊程序。

对于较重要的或受动力荷载作用的大型组合梁，考虑到现场施焊条件较差，焊缝质量难以保证，其工地拼接宜用高强度螺栓摩擦型连接，如图 3-4-13 所示。

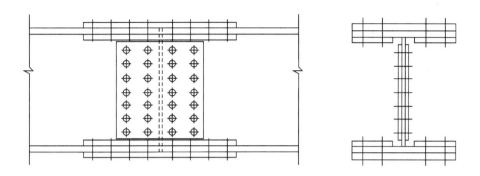

图 3-4-13 采用拼接板的螺栓连接

3.4.8 梁的拼接

梁的拼接有工厂拼接和工地拼接两种形式。由于钢材尺寸的限制,梁的翼缘或腹板的接长或拼大等拼接在工厂中进行,故称工厂拼接。由于运输或安装条件的限制,梁需分段制作和运输,然后在工地拼接,这种拼接称工地拼接。工厂拼接多为焊接拼接,由钢材尺寸确定其拼接位置。拼接时,翼缘拼接与腹板拼接最好不要在一个剖面上,以防止焊缝密集与交叉,见图 3-4-14,拼接焊缝可用直缝或斜缝,腹板的拼接焊缝与平行于它的加劲肋间至少应相距 $10t_w$。

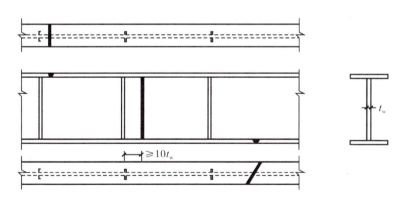

图 3-4-14 梁用对接焊缝的拼接

腹板和翼缘通常都采用对接焊缝拼接,如图 3-4-15 所示。用直焊缝拼接比较省料,但如果焊缝的抗拉强度低于钢板的强度,则可将拼接位置布置在应力较小的区域,或采用斜焊缝。斜焊缝可布置在任何区域,但较费料,尤其是在腹板中。此外也可以用拼接板拼接。这种拼接与对接焊缝拼接相比,虽然具有加工精度要求较低的优点,但用料较多,焊接工作量大,而且会产生较大的应力集中。

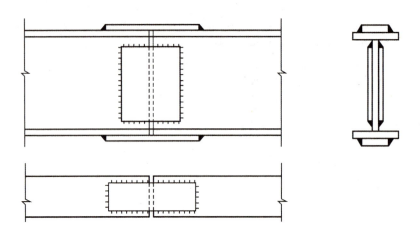

图 3-4-15 腹板和翼缘的拼接

为了使拼接处的应力分布接近于梁截面中的应力分布,防止拼接处的翼缘受超额应力,腹板拼接板的高度应尽量接近腹板的高度。

工地拼接的位置主要由运输和安装条件确定,一般布置在弯曲应力较低处。翼缘和腹板应基本上在同一截面处断开,以便于分段运输。拼接构造端部平齐,如图 3-4-16(a)所示,防止运输时碰损,但其缺点是上、下翼缘及腹板在同一截面拼接会形成薄弱部位。翼缘和腹板的拼接位置略为错开一些,如图 3-4-16(b)所示,这样受力情况较好,但运输时端部突出部分应加以保护,以免碰损。

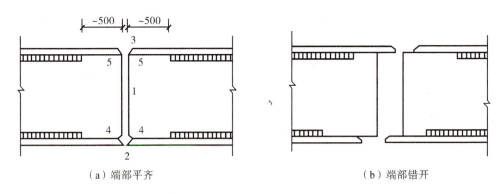

(a)端部平齐　　　　　　　　　　　(b)端部错开

图 3-4-16 翼缘和腹板的拼接

①钢梁拼装用于较大跨度桁架、轻型钢结构,端面 I、H、□型居多,连接方法有高强度螺栓连接、栓焊组合连接和焊接三种形式。

梁的拼接连接方式见图 3-4-17。

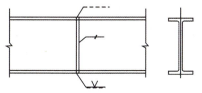
（a）翼缘和腹板均采用完全焊透的对接焊缝连接（工厂拼接）　　（b）翼缘和腹板均采用完全焊透的坡口对接焊缝连接（工厂拼接）

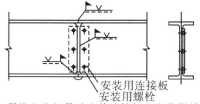
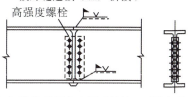
（c）翼缘和腹板借助安装连接板和安装螺栓采用完全焊透的坡口对接焊缝连接（现场拼接）　　（d）翼缘采用完全焊透的坡口对接焊缝连接腹板采用高强度螺栓连接（现场拼接）

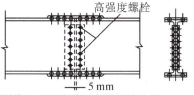
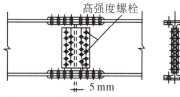
（e）翼缘和腹板均采用高强螺栓连接（一）（现场拼接）　　（f）翼缘和腹板采用高强度螺栓连接（现场拼接）

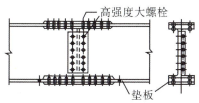
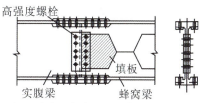
（g）梁高差异不大时借助垫板的高强度连接　　（h）蜂窝梁与实腹梁的高强度螺栓连接（现场拼接）

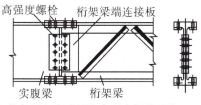
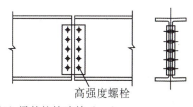
（i）桁架梁与实腹梁的高强度螺栓连接（现场拼接）　　（j）梁的校接连接（一）

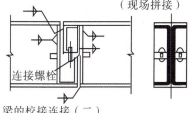
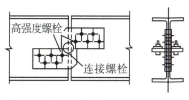
（k）梁的校接连接（二）　　（l）梁的校接连接（三）

图 3-4-17　梁的拼接连接

②拼装方法根据不同结构形式,不同杆件连接方法,采取不同方法;起重设备起重能力能满足,吊装方法可行,就先考虑卧拼,卧拼程序与屋架卧拼程序相同,其次考虑立拼方法。

3.4.9 门式刚架斜梁拼接

斜梁拼接时,宜使端板与构件外边缘垂直,如图3-4-18所示。

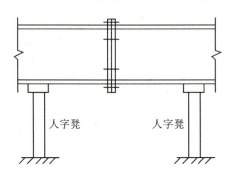

图3-4-18 斜梁拼接示意

将要拼的单元放在人字凳的拼装平台上,找平-接通线-安装普通螺栓定位-安装高强度螺栓-按拧高强度螺栓的顺序由内向外扩展-初拧-终拧-复核尺寸。

轻型钢结构的梁的最大缺点是侧向刚度很小,将已拼好的钢梁移动或下拼装台时,视刚度情况,可采取多吊点吊移的方法。

3.4.10 框架横梁与柱连接

框架横梁与柱直接连接可采用柱到顶与梁连接、梁延伸与柱连接和梁柱的角中线连接,见图3-4-19。这三种工地安装连接方案各有优缺点。所有工地焊缝均采用角焊缝,以便于拼装,另加拼接盖板可加强节点刚度。但在有檩条或墙架的框架中会使横梁顶面或柱外立面不平,产生构造上的麻烦。对此,可将柱或梁的翼缘伸长与对方柱或梁的腹板连接。

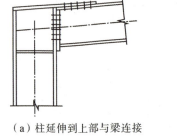  

(a)柱延伸到上部与梁连接　　(b)梁延伸与柱连接　　(c)梁柱角接

图3-4-19 梁柱螺栓连接节点示意图

对于跨度较大的实腹式框架,由于构件运输单元的长度限制,常需在屋脊处做一个工地拼接,可用工地焊缝或螺栓连接。工地焊缝需用内外加强板,横梁之间的连接用突缘结合。螺栓连接则宜在节点处变截面,以加强节点刚度。拼接板放在受拉的内角翼缘处,变截面处的腹板设有加劲肋,见图3-4-20。

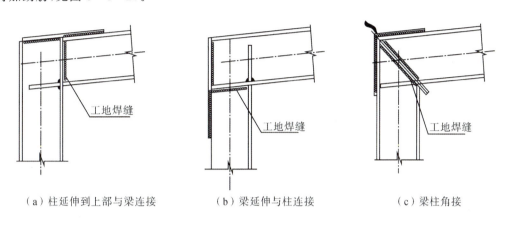

（a）柱延伸到上部与梁连接　　（b）梁延伸与柱连接　　（c）梁柱角接

图3-4-20　梁柱螺栓连接节点示意图

任务实施

1. 工作任务

通过现场教学,了解钢结构零部件拼装过程。

2. 实施过程

1）资料查询

利用在线开放课程、网络资源等查找相关资料,收集钢结构零部件拼装相关知识。

2）引导文

（1）填空题。

①拼装也称为装配、组装,是把制备完成的半成品和零件按图纸规定的运输单元,装成构件或其部件,然后连接成为整体,钢构件常见拼装方法有_____、_____、_____。

②焊接梁工地对接缝拼接处,为了使焊缝收缩比较自由,减小_____,应留一段(长度500 mm左右)翼缘焊缝在工地焊接,并采用合适的施焊程序。

③对于较重要的或受动力荷载作用的大型组合梁,考虑到现场施焊条件较差,焊缝质量难以保证,其工地拼接宜用高强度_____螺栓连接。

④梁在拼接时,翼缘拼接与腹板拼接最好不要在同一个剖面上,以防焊缝密集与交叉,拼接焊缝可用直缝或斜缝,腹板的拼接焊缝与平行于它的加劲肋间至少应相距_____。

⑤梁腹板和翼缘通常都采用对接焊缝拼接,用直焊缝拼接比较省料,但如焊缝的抗拉强度低于钢板的强度,则可将拼接位置布置在应力_____的区域或采用_____焊缝。

(2)选择题。

①由两个或两个以上零件按施工图的要求装配成半成品的结构部件,此方法称为(　　)。

A. 部件组装　　　　B. 组装　　　　C. 预总装　　　　D. 拼装

②在预拼装施工时,如错孔超过 3.0 mm,不得采用(　　)。

A. 焊条焊补堵孔　　B. 更换零件　　C. 钢块填塞　　D. 锉刀锉孔

③拼装施焊时,为防止焊接变形,应采用(　　)方法进行焊接。

A. 逆序　　　　　　B. 对称　　　　C. 对齐　　　　D. 顺序

④对特殊动力厂房屋架,为适应生产性质的要求强度,一般采用(　　)。

A. 焊接　　　　　　B. 铆接　　　　C. 普通螺栓　　D. 高强度螺栓

⑤屋架采用(　　)拼装时,如果支架搭的不牢,由于屋架自重引起支架易下沉,起拱数值不易保证。

A. 立拼　　　　　　B. 卧拼　　　　C. 横拼　　　　D. 竖拼

(3)简答题

①简述钢构件组装时的一般规定。

②简述钢构件拼装方法的优缺点。

3)任务实施

通过参观钢结构生产企业,在现场工程师的讲解下了解钢结构零部件拼装的规定、方法及典型构件的拼装等。

知识拓展

中建科工集团有限公司(原中建钢构有限公司)是中国最大的钢结构产业集团、国家高新技术企业、国家知识产权示范企业,隶属于世界500强中国建筑股份有限公司。

中建科工以承建"高、大、新"工程著称于世,主营业务为高端房建、基础设施工程,通过钢结构专业承包、EPC、PPP等模式在国内外承建了一大批体量大、难度高、工期紧的标志性建筑。其中,创造了国内钢结构施工史上"最早""最高""最大""最快"的业绩。1985年承建的深圳发展中心大厦是国内第一座超高层钢结构大楼;上海环球金融中心是时年世界结构高度最高的建筑、天津117大厦是目前中国建成的结构第一高楼、深圳汉京金融中心是当今世界最高的全钢结构构筑物;中央电视台新台址主楼是世界上面积最大的钢结构办公楼和中国最大的单体钢结构建筑;深圳平安金融中心获"世界最高办公建筑"认证;在深圳地王大厦和广州国际金融中心(西塔)施工中先后创造了"两天半一层楼"和"两天一层"的世界高层建筑施工新纪录。

任务 5 钢构件成品检验、管理和包装

任务描述

钢结构成品构件通常是在钢结构公司加工好的构件,运输到指定地点进行安装。在成品构件加工好后,我们应该如何运输,才能保护它不在安装时受损。在钢结构工程安装进程中,成品构件制造、运载、拼装、吊装均需制订细致的钢结构成品、半成品掩护措施,预防变形及名义喷漆毁坏等。

因此,需要掌握钢构件成品的检验、管理和包装等。

知识学习

3.5.1 钢构件成品检验

1. 成品检查

钢结构成品的检查项目各不相同,要依据各工程具体情况而定。若工程无特殊要求,一般检查项目可按该产品的标准、技术图纸规定、设计文件要求和使用情况而确定。成品检查工作应在材料质量保证书、工艺措施、各道工序的自检、专检等前期工作无误后进行。钢构件因其位置、受力等的不同,其检查的侧重点也有所不同。

2. 表面修整

构件的各项技术数据经检验合格后,对加工过程中造成的焊疤、凹坑应予补焊并磨平。对临时支撑、夹具应予割除。

铲磨后零件表面的缺陷深度不得大于材料厚度负偏差值的 1/2,对于吊车梁的受拉翼缘尤其应注意其光滑过渡。

在较大平面上磨平焊疤或磨光长条焊缝边缘,常用高速直柄风动手砂轮。

3. 资料验收

产品经过检验部门签收后进行涂底,并对涂底的质量进行验收。钢结构制造单位在成品出厂时应提供钢结构出厂合格证书及技术文件,其中应包括:

(1)施工图和设计变更文件,设计变更的内容应在施工图中的相应部位注明;
(2)制作中对技术问题处理的协议文件;
(3)钢材、连接材料和涂装材料的质量证明书和试验报告;
(4)焊接工艺评定报告;
(5)高强度螺栓摩擦面抗滑移系数试验报告、焊缝无损检验报告及涂层检测资料;
(6)主要构件验收记录;
(7)构件发运和包装清单;
(8)需要进行预拼装时的预拼装记录。

此类证书、文件作为建设单位的工程技术档案的一部分。上述内容并非所有工程都具备,而是根据工程的实际情况提供。

3.5.2 钢构件成品管理和包装

1. 标识

1)钢构件重心和吊点标注

(1)构件重心的标注:重量在 5 t 以上的复杂构件,一般要标出重心,重心的标注用鲜红色油漆标出,再加上一个箭头向下,如图 3-5-1 所示。

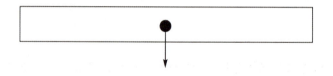

图 3-5-1 重心标注

(2)吊点的标注:在通常情况下,吊点的标注是由吊耳来实现的。吊耳也称眼板(见图 3-5-2 和图 3-5-3),在制作厂内加工、安装好。眼板及其连接焊缝要做无损探伤,以保证吊运构件时的安全。

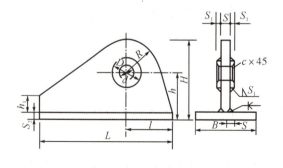

图 3-5-2 吊耳形式一

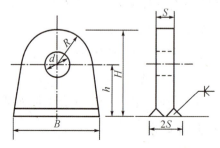

图 3-5-3 吊耳形式二

2)钢构件标记

钢结构构件包装完毕,要对其进行标记。标记一般由承包商在制作厂成品库装运时标明。对于国内的钢结构用户,其标记可用标签方式带在构件上,也可用油漆直接写在钢结构产品或包装箱上。对于出口的钢结构产品,必须按海运要求和国际通用标准标明标记。

标记通常包括下列内容:工程名称、构件编号、外廓尺寸(长、宽、高,以 m 为单位)、净重、毛重、始发地点、到达港口、收货单位、制造厂商、发运日期等,必要时要标明重心和吊点位置。

2. 堆放

成品验收后,在装运或包装以前堆放在成品仓库。目前国内钢结构产品大部分露天堆放,部分小件一般可用捆扎或装箱的方式放置于室内。由于成品堆放的条件一般较差,所以堆放时更应注意防止失散和变形。

成品堆放时应注意下述事项:

(1)堆放场地的地基要坚实,地面平整干燥,排水良好,不得有积水。

(2)堆放场地内备有足够的垫木或垫块,使构件得以放平稳,以防构件因堆放方法不正而产生变形。

(3)钢结构产品不得直接置于地上,要垫高 200 mm 以上。

(4)侧向刚度较大的构件可水平堆放,当多层叠放时,必须使各层垫木在同一垂线上,堆放高度应根据构件来决定。

(5)大型构件的小零件应放在构件的空当内,用螺栓或铁丝固定在构件上。

(6)不同类型的钢构件一般不堆放在一起。同一工程的构件应分类堆放在同一区域内,以便于装车发运。

(7)构件编号要在醒目处,构件堆放处之间应有一定距离。

(8)钢构件的堆放应尽量靠近公路、铁路,以便运输。

3. 包装

钢结构的包装方法应视运输形式而定,并应满足工程合同提出的包装要求。

(1)包装工作应在涂层干燥后进行,并应注意保护构件涂层不受损伤。包装方式应符合运输的有关规定。

(2)每个包装的重量一般不超过 3~5 t,包装的外形尺寸则根据货运能力而定。如通过汽车运输,一般长度不大于 12 m,个别件不应超过 18 m,宽度不超过 2.5 m,高度不超过 3.5 m,超长、超宽、超高时要做特殊处理。

(3)包装时应填写包装清单,并核实数量。

(4)包装和捆扎均应注意保持密实和紧凑,以减少运输时的失散、变形,而且还可以降低运输的费用。

(5)钢结构的加工面、轴孔和螺纹,均应涂以润滑脂和贴上油纸,或用塑料布包裹,螺孔应用木楔塞住。

(6)包装时要注意外伸的连接板等物要尽量置于内侧,以防造成钩刮事故,不得不外漏时要做好明显标记。

(7)涂刷过油漆的构件,在包装时应该用木材、塑料等垫衬加以隔离保护。

(8)单件超过1.5 t的构件单独运输时,应用垫木作外部包裹。

(9)细长构件可打捆发运,一般用小槽钢在外侧用长螺丝夹紧,其空隙处填以木条。

(10)有孔的板形零件,可穿长螺栓,或用铁丝打捆。

(11)较小零件应装箱,已涂底又无特殊要求者不另做防水包装,否则应考虑防水措施。包装用木箱,其箱体要牢固、防雨,下方要留有铲车孔以及能承受箱体总重的枕木,枕木两端要切成斜面,以便捆吊或捆运。铁箱的箱体外壳要焊上吊耳,以便在运输过程中吊运。

(12)一些不装箱的小件和零配件可直接捆扎或用螺栓扎在钢构件主体的需要部位上,但要捆扎、固定牢固,且不得影响运输和安装。

(13)片状构件,如屋架、托架等,平运时易造成变形,单件竖运又不稳定,一般可将几片构件装夹成近似一个框架,其整体性能好,各单件之间互相制约而稳定。用活络拖斗车运输时,装夹包装的宽度要控制在1.6~2.2 m之间,过窄容易失稳。装夹件一般是同一规格的构件,装夹时要考虑整体性能,防止在装卸和运输过程中产生变形和失稳。

(14)需海运的构件,除大型构件外,均需打捆或装箱。螺栓、螺纹杆以及连接板要用防水材料外套封装。每个包装箱、裸装件及捆装件的两边都要有标明船运的所需标志,标明包装件的重量、数量、中心和起吊点。

4. 发运

多构件运输时应根据钢构件的长度、重量选用车辆,钢构件在运输车辆上的支点、两端伸出的长度及绑扎方法均应保证钢构件不产生变形、不损伤涂层。

钢结构产品一般是陆路车辆运输或者铁路包车皮运输。陆路车辆运输现场拼装散件时,使用一般货运车即可。散件运输一般不需装夹,但要能满足在运输过程中不产生过大的变形。对于成型大件的运输,可根据产品不同而选用不同车型的运输货车。由于制作厂对大构件的运输能力有限,有些大构件的运输则由专业化大件运输公司承担。对于特大件钢结构产品的运输,则应在加工制造以前就与运输有关的各个方面取得联系,得到批准后方可运输;如果不允许就采用分段制造分段运输方式。在一般情况下,框架钢结构产品的运输多用活络拖斗车,实腹类构件或容器类产品多用大平板车运输。

公路运输装运的高度极限为4.5 m,如需通过隧道时,则高度极限为4 m,构件不得长出车身超过2 m。

钢结构构件的铁路运输,一般由生产厂负责向车站提出车皮计划,经由车站调拨车皮装运。铁路运输应遵守国家火车装车限界,当超过影线部分而未超出外框时,应预先向铁路部门提出超宽(或超高)通行报告,经批准后可在规定的时间运送。

海轮运输时,在到达港口后由海港负责装船,所以要根据离岸码头和到岸港口的装卸能力,来确定钢结构产品运输的外形尺寸、单件重量——即每夹或每箱的总量。根据构件的具体情况,有时也可考虑采用集装箱运输。内河运输时,则必须考虑每件构件的重量和尺寸,使其不超过当地的起重能力和船体尺寸。国内船只规格参差不齐,装卸能力较差,钢结构产品有时也只能散装,捆扎多数不用装夹。

任务实施

1. 工作任务

通过现场教学,了解钢构件成品管理。

2. 实施过程

1)资料查询

利用在线开放课程、网络资源等查找相关资料,收集钢构件成品管理相关知识。

2)引导文

(1)填空题。

①钢结构成品的检查项目各不相同,要依据各工程具体情况而定。一般情况下,成品检查工作应在_____、_____、_____、自检、专检等前期工作无误后进行。

②钢结构的加工面、_____和_____,均应涂以润滑脂和贴上油纸,或用塑料布包裹,螺孔应用木楔塞住。

③钢构件的各项技术数据经检验合格后,对加工过程中造成的_____、_____应予补焊并磨平。对临时支撑、夹具应予_____。

④钢构件的标记一般由承包商在_____成品库装运时标明。

⑤钢结构产品不得直接置于地上,要垫高_____mm以上。

(2)选择题。

①钢构件产品铲磨后,零件表面的缺陷深度不得大于材料厚度(　　)的1/2,对于吊车梁的受拉翼缘尤其应注意其光滑过渡。

A. 负偏差值　　　　B. 正偏差值　　　　C. 偏差值　　　　D. 允许值

②重量在5 t以上的复杂构件,一般要标出(　　),重心的标注用鲜红色扫漆标出,再加上一个箭头向下。

A. 形心　　　　　　B. 重心　　　　　　C. 垂心　　　　　　D. 中心

③单件超过( )的构件单独运输时,应用垫木做外部包裹。
A.1.5 t　　　　　B.2 t　　　　　C.2.5 t　　　　　D.3 t

(3)简答题

①钢结构制造单位在成品出厂时,应提供哪些资料?

②钢构件制作完毕后,标记的内容有哪些?

3)任务实施

通过参观钢结构生产企业,在现场工程师的讲解下了解钢构件成品检验方法、成品的标识、堆放、包装及运输要求等。

知识拓展

近年来,随着我国劳动力结构的改变和新技术的应用,在国家和地方政府大力提倡节能减排的环境保护政策引领下,我国建筑业在迈向绿色建筑及建筑工业化的发展之路,大力推进传统建筑向工业化建筑转型,出台了大量发展装配式建筑的相关政策。现有装配式混凝土结构连接烦琐、施工质量无法保证且检测困难,制约了装配式混凝土框架的发展。装配式钢结构具有材料强度高、延性好、抗震性能优越等特点。节点连接主要采用焊接及螺栓组合方式,且钢材虽然是不燃材料,但其耐火性能很差,钢结构需要定期重新涂刷维护,这给后期用户的使用造成了较大的麻烦,尤其是住宅,是制约装配式钢结构发展的根本问题。

任务6　钢结构涂装工程

任务描述

钢结构具有强度高、韧性好、制作方便、施工速度快、建设周期短等一系列优点,钢结构在建筑工程中应用日益增多。但是钢结构也存在容易腐蚀、耐高温不耐火的缺点,钢结构的腐蚀不仅造成经济损失,还直接影响到结构安全,因此做好钢结构的防腐防火工作具有重要的经济和社会意义。

因此,需要掌握钢构件的表面处理方法、要求,掌握钢构件涂装工程的材料要求、施工工艺、安全质量要求等。

3.6.1 钢结构的表面处理

1. 表面处理的要求

钢材表面与外界介质相互作用而引起的破坏称为腐蚀(锈蚀)。腐蚀不仅使钢材有效截面减小,承载力下降,而且严重影响钢结构的耐久性。

根据钢材与环境介质的作用原理,腐蚀分以下两类:

(1)化学腐蚀:指钢材直接与大气或工业废气中的氧气、碳酸气、硫酸气等发生化学反应而产生腐蚀。

(2)电化学腐蚀:由于钢材内部有其他金属杂质,它们具有不同的电极电位,与电解质溶液接触产生原电池作用,使钢材腐蚀。

钢材在大气中腐蚀是电化学腐蚀和化学腐蚀同时作用的结果。

为了减轻或防止钢结构的腐蚀,目前国内外主要采用涂装方法进行防腐,涂装防护是利用涂料的涂层使钢结构与环境隔离,从而达到防腐的目的,延长钢结构的使用寿命。

要发挥涂料的防腐效果重要的是漆膜与钢材表面的严密贴敷,若在基底与漆膜之间夹有锈、油脂、污垢及其他异物,不仅会损害防锈效果,还会引起反作用而加速锈蚀。因而钢材表面处理,并控制钢材表面的粗糙度,在涂料涂装前是必不可少的。

对钢构件表面处理的具体要求如下:

(1)加工的构件和制品,应经验收合格后,方可进行表面处理。

(2)钢材表面的毛刺、电焊药皮、焊瘤、飞溅物、灰尘和积垢等,应在除锈前清理干净,同时也要铲除疏松的氧化皮和较厚的锈层。

(3)钢材表面如有油污,应在除锈前清除干净。如只在局部面积上有油污和油脂,一般可采用局部处理措施;如大面积或全面积上都有,可采用有机溶剂或热碱进行清洗。

(4)钢材表面有酸、碱、盐时,可用热水或蒸汽冲洗掉。

(5)有些新轧制的钢材,为了在短期内存放或运输过程中不除锈,而涂有保养漆。这时要视情况处理,可用砂布、钢丝绒打毛。

(6)对钢材表面涂车间底漆或一般底漆进行保养的图层,一般要根据图层的现状及下道配套漆决定处理方法。

2. 表面锈蚀、油污、旧涂层的清除

1）表面锈蚀的清除

钢材表面在除锈前,应清除厚的锈层、油污和污垢;除锈后应清除钢材表面上的浮灰和碎屑。

(1) 表面锈蚀等级

钢材表面分 A、B、C、D 四个锈蚀等级：

A 级：全面地覆盖着氧化皮而几乎没有铁锈；B 级：已发生锈蚀,并且部分氧化皮剥落；C 级：氧化皮因锈蚀而剥落,或者可以剥除,并有少量点蚀；D 级：氧化皮因锈蚀而全面剥落,并普遍发生点蚀。

(2) 喷射或抛射除锈等级

喷射或抛射除锈用 Sa 表示,分四个等级。

(3) 手工和动力工具除锈等级

用 St 表示,分两个等级。

(4) 火焰除锈等级

用 Fl 表示,它包括在火焰加热作业后,以动力钢丝刷清除加热后附着在钢材表面的产物,只有一个等级。

2）钢材表面处理方法

钢材表面除锈方法有：手工除锈、动力工具除锈、喷射或抛射除锈、酸洗除锈和火焰除锈。

(1) 手工除锈：工具简单,施工方便,但生产效率低、劳动强度大、除锈质最差、影响周围环境,一般只能除掉疏松的氧化皮、较厚的锈和鳞片状的旧涂层。在金属制造厂加工制造钢结构时不宜采用此法；一般在不能采用其他方法除锈时,方可采用此法。

金属表面的铁锈可用钢丝刷、钢丝布或粗砂布擦拭,直到露出金属本色,再用棉纱擦除,此方法施工简单,比较经济,可以在小构件和复杂外形构件上处理。

手工除锈常用的工具：尖头锤；铲刀或剁刀；砂布或砂纸；钢丝刷、钢丝球或钢丝绒。

(2) 动力工具除锈：利用压缩空气或电能为动力,使除锈工具产生圆周式或往复式运动,产生摩擦或冲击斗清除铁锈或氧化铁皮等。此方法工作效率和质量均高于手工除锈,是目前常用的除锈方法。常用工具有砂磨机、电动砂磨机、风动钢丝刷、风动气铲等。

下雨、下雪、大雾或湿度大的天气,不宜在户外进行手工和动力工具除锈。钢材表面经手工和动力工具除锈后,应及时涂上底漆,以防返锈。如在涂底漆前已返锈,则需重新除锈和清理,并需及时涂上底漆。

(3) 喷射除锈：利用经过油、水分离处理过的压缩空气将磨料带入并通过喷嘴以高速喷向钢

材表面。靠磨料的冲击和摩擦力将氧化铁皮等除掉,同时使表面获得一定的粗糙度。此方法效率高,除锈效果好,但费用较高。喷射除锈分干喷射法和湿喷射法两种,湿法比干法工作条件好,粉尘少,但易出现返锈现象。

(4)抛射除锈:利用抛射机叶轮中心吸入磨料和叶尖抛射磨料的作用,以高速的冲击和摩擦除去钢材表面的污物。此方法劳动强度比喷射方法低,对环境污染程度轻,而且费用也比喷射方法低,但扰动性差,磨料选择不当,易使被抛件变形。

(5)酸洗除锈:亦称化学除锈,利用酸洗液中的酸与金属氧化物进行反应,使金属氧化物溶解从而将其除去。此方法除锈质量比手工和动力工具除锈好,与喷射除锈质量相当,但没有喷射除锈的粗糙度,在施工过程中酸雾对人和建筑物有害。

3)各种除锈方法的特点

表 3-6-1 除锈方法的特点

除锈方法	设备工具	优点	缺点
手工、机械	砂布、钢丝刷、铲刀、尖锤、平面砂轮机、动力钢丝刷等	工具简单、操作方便、费用低	劳动强度大、效率低、质量差、只能满足一般的涂装要求
喷射	空气压缩机、喷射机、油水分离器等	能控制质量、获得不同要求的表面粗糙度	设备复杂、需要一定操作技术、劳动强度较高、费用高、污染环境
酸洗	酸洗槽、化学药品、厂房等	效率高、适用大批件、质量较高、费用较低	污染环境、废液不易处理、工艺要求较高

3.6.2 防腐涂装工程

1. 涂料的选用及处理

(1)涂料品种繁多,性能各异,对品种的选择直接关系到涂装工程质量,在选择时考虑以下几方面因素:

①考虑涂料用途,是用作打底还是罩面。

②考虑工程使用场合和环境,如潮湿环境、腐蚀气体作用等。

③考虑技术条件在施工过程中能否满足。

④考虑工程使用年限、质量要求、耐久性等因素。

⑤考虑是否满足经济性要求。

(2)涂料选定后,按下列方法进行处理才能施涂:

①开桶前应清理桶外杂物,同时对涂料名称、型号等检查,若有结皮现象应清除掉。

②将桶内涂料搅拌均匀后方可使用。

③对于双组分涂料使用前必须按说明书规定的比例来混合,并需要在一定时间后才能使用。

④有的涂料因储存条件、施工方法、作业环境等因素影响,需用稀释剂来调整。

2. 涂层结构与厚度

1）涂层结构的形式

底漆-中间漆-面漆;底漆-面漆;底漆和面漆是同一种漆。底漆附着力强,防锈性能好;中间漆兼有底漆和面漆的性能,并能增加漆膜总厚度;面漆防腐蚀耐老化性好。为了发挥最好的作用、获得最好的效果,它们必须配套使用。在使用时要避免它们发生互溶或"咬底"的现象,硬度要基本一致,若面漆的硬度过高,容易干裂;烘干温度也要基本一致,否则有的层次会出现过烘干现象。

2）确定涂层厚度的主要因素

钢材表面原始状况,钢材除锈后的表面粗糙度,选用的涂料品种,钢结构使用环境对涂层的腐蚀程度,涂层维护的周期等。

涂层厚度要适当,过厚虽然可增加防护能力,但附着力和机械性能都要下降;过薄易产生肉眼看不见的针孔和其他缺陷,起不到隔离环境的作用。

3. 涂料涂装

1）钢结构涂装工序

刷防锈漆、局部刮腻子、涂料涂装、漆膜质量检查。

2）涂料涂装方法

刷涂法、滚涂法、浸涂法、空气喷涂法、无气喷涂法。

(1)刷涂法:是一种古老施工方法,它具有工具简单、施工方法简单、施工费用少、易于掌握、适应性强、节约涂料等优点。它的缺点是劳动强度大、生产效率低、施工质量取决于操作者的技能等。

刷涂法操作要点:①采用直握方法使用工具;②应蘸少量涂料以防涂料倒流;③对于干燥较快涂料不易反复涂刷;④刷涂顺序采用先上后下,先里后外,先难后易的原则;⑤最后一遭刷涂走向,垂直平面易由上而下进行,水平表面应按光线照射方向进行。

(2)滚涂法:是用多孔吸附材料制成的滚子进行涂料施工的方法。该方法施工用具简单,操作方便,施工效率比刷涂法高,适合用于大面积的构件。缺点是劳动强度大,生产效率较低。

滚涂法操作要点:①涂料装入装有滚涂板的容器,将滚子浸入涂料,在滚涂板上来回滚动,使多余涂料滚压掉;②把滚子按 W 形轻轻地滚动,将涂料大致涂布在构件上,然后密集滚动,将涂料均匀分布开,最后使滚子按一定的方向滚平表面并修饰;③滚动初始时用力要轻以防流淌。

(3)浸涂法:是将被涂物放入漆槽内浸渍,经过一段时间后取出,让多余涂料尽量滴净再晾干。其优点是施工方法简单,涂料损失少,适用于构造复杂构件,缺点是有流挂现象,溶剂易挥发。

浸涂法操作时应注意:①为防止溶剂挥发和灰尘落入漆槽内,不作业时将漆槽加盖;②作业过程中应严格控制好涂料黏度;③浸涂厂房内应安装排风设备。

(4)空气喷涂法:是利用压缩空气的气流将涂料带入喷枪,经喷嘴吹散成雾状,并喷涂到物体表面上的涂装方法。其优点是可获得均匀、光滑的漆膜,施工效率高;缺点是消耗溶剂量大,污染现场,对施工人员有害。

空气喷涂法操作时应注意:①在进行喷涂时,将喷枪调整到适当程度,以保证喷涂质量;②喷涂过程中控制喷涂距离;③喷枪注意维护,保证正常使用。

(5)无气喷涂法:是利用特殊的液压泵,将涂料增至高压,当涂料经喷嘴喷出时,高速分散在被涂物表面上形成漆膜。其优点是喷涂效率高,对涂料适应性强,能获得厚涂层。缺点是如果要改变喷雾幅度和喷出量必须更换喷嘴,还会损失涂料,对环境有一定污染。

无气喷涂法操作时应注意:①使用前检查高压系统各固定螺母和管路接头;②涂料应过滤后才能使用;③喷涂过程中注意补充涂料,吸入管不得移出液面;④喷涂过程中容易发生意外事故。

3)涂装施工时的环境要求

(1)环境温度:施工环境温度宜为5～38 ℃,具体应按涂料产品说明书的规定执行。

(2)环境湿度:施工环境湿度一般宜在相对湿度小于85%的条件下进行,不同涂料的性能不同,所要求的施工环境湿度也不同。

(3)钢材表面温度与露点温度:规范规定钢材表面的湿度必须高于空气露点温度3 ℃以上方可施工。露点温度与空气温度和相对湿度有关。

(4)特殊施工环境:在雨、雪、雾和较大灰尘的环境下,在易污染的环境下,在没有安全的条件下施工均需有可靠的防护措施。

4. 防腐涂装工程质量检查验收

1)涂装前检查

(1)涂装前钢材表面除锈应符合设计要求和国家现行标准的规定。当设计无要求时,钢材表面除锈等级应符合规范《涂覆涂料前钢材表面处理 表面清洁度的目视评定》(GB/T 8923.1—2011)的规定。

检查数量:按构件数抽查10%,且同类构件不少于3件。

检查方法:用铲刀检查和用现行标准规定的图片对照观察检查,若钢材表面有返锈现象,则需再除锈,经检查合格后才能继续施工。

(2)进厂的涂料应检查有无产品合格证,并经复验合格,方可使用。涂料的选择及处理是否符合要求。

(3)涂装环境的检查是否符合要求。

(4)钢结构禁止涂漆的部位在涂装前是否进行遮蔽。

2)涂装过程中检查

(1)每道漆都不允许有咬底、剥落、漏涂和起泡等缺陷,如发现应进行处理。

(2)涂装过程中的间隔时间是否符合要求。

(3)测湿膜厚度以控制干膜厚度和漆膜质量。

3)涂装后检查

(1)漆膜外观应均匀、平整、饱满且有光泽;颜色应符合设计要求;不允许有咬底、裂纹、剥落、针孔等缺陷。

(2)涂料、涂装遍数、涂刷厚度应符合设计要求。当设计无要求时,涂层干漆膜总厚度室外应为 $125 \sim 175~\mu m$,室内应为 $100 \sim 150~\mu m$。每遍涂层干漆膜厚度的合格质量偏差为 $-5~\mu m$。测定厚度的抽查数为构件数的 10%,且同类构件不应少于 3 件,每件应测 5 处。

4)验收

涂装工程施工完毕后,必须经过验收,符合规范要求后方可交付使用。

5. 涂层的性能检验

1)涂层性能检验

涂层是由底漆、中间漆、面漆的漆膜组合而成,测定其各项性能,具有实用价值。涂层和漆膜的性能有漆膜柔韧性、漆膜耐冲击性、漆膜附着力、漆膜硬度、光泽度、耐水性、耐磨性、耐候性、耐湿性、耐盐雾、耐霉菌、耐化学试剂等。

漆膜附着力是指漆膜对底材黏合的牢固强度,以级表示,用附着力试验仪测定,分七个等级,一级附着力最佳,七级最差。附着力好坏,直接影响涂装的质量和效果。

2)钢结构涂装防腐涂料的选用与检验取样

钢结构涂装防腐涂料,宜选用醇酸树脂、氯化橡胶、氯磺化聚乙烯、环氧树脂、聚氨酯、有机硅等品种。

选用涂料时,首先应选已有国家或行业标准的品种,其次选用已有企业标准的品种,无标准的产品不得选用。

涂料进场应有产品出厂合格证,并应取样复验,符合产品质量标准后,方可使用。

抽样、检查和试验所需样品的采取,除另有规定外,应按 GB/T 3186 的规定进行。

3)漆膜性能的检验

漆膜性能的检验参照《漆膜耐水性测定法》(GB/T 1733—1993)、《色漆和清漆 漆膜厚度的测定》(GB/T 13452.2—2008)、《漆膜厚度的测定 超声波测厚仪法》(GB/T 37361—2019)、《漆膜划圈试验》(GB/T 1720—2020)、《色漆和清漆 划格试验》(GB/T 9286—2021)、《热喷涂 涂层厚度的无损测量方法》(GB/T 11374—2012)等相关国家标准执行。

3.6.3 防火涂装工程

火灾是由可燃材料的燃烧引起的,是一种失去控制的燃烧过程。建筑物发生火灾的损失较大,尤其是钢结构,一旦发生火灾容易破坏而倒塌。火灾时产生的热量传给结构构件,钢是不燃烧体,但却易导热,实例表明,不加保护的钢构件的耐火极限仅为10~20 min。温度在200 ℃以下时,钢材性能基本不变;当温度超过300 ℃时,钢材力学性能迅速下降;达到600 ℃时钢材失去承载能力,造成结构变形,最终导致垮塌。

国家规范对各类建筑构件的燃烧性能和耐火极限都有要求,当采用钢材时,钢构件的耐火极限应符合现行国家标准《建筑设计防火规范》(GB 50016—2018)中的有关规定。

1. 防火涂料施工

1)一般规定

(1)钢结构防火涂料的生产厂家、检验机构、涂装施工单位均应具有相应的资质,并通过公安消防部门的认证。

(2)钢结构涂料涂装前,构件应安装完毕并验收合格。如若提前施工,应考虑施工后补喷。

(3)钢结构表面杂物应清理干净,其连接处的缝隙应用防火涂料或其他材料填平后方可施工。

(4)喷涂前,钢结构表面应除锈,并根据使用要求确定防锈处理方式。

(5)喷涂前应检查防火涂料,防火涂料的质量是否满足要求,是否有厂方的合格证,检测机构的耐火性能检测报告和理化性能检测报告。

(6)防火涂料的底层和面层应相互配套,底层涂料不得腐蚀钢材。

(7)涂料施工过程中,环境温度宜在5~38 ℃之间,相对湿度不应大于85%。涂装时构件表面不应有结露,涂装后4 h内应免受雨淋。

2)防火涂料施工

(1)薄涂型钢结构防火涂料施工:底层喷涂时采用喷枪,面层可用刷涂、喷涂或滚涂。

喷涂时操作要点:①底层一般喷2~3遍,待前遍干燥后再喷后一遍,第一遍盖住70%即可,二、三遍每遍不超过2.5 mm为宜;②面层一般涂饰1~2遍,头遍从左至右,二遍则从右至左,以保证全部覆盖底层;③底层喷涂过程中随时检测厚度,待总厚度达到要求后并基本干燥,方可面层涂饰。

(2)厚涂型钢结构防火涂料施工:一般采用喷涂施工,搅拌和调配涂料,使稠度适当,喷涂后不会流淌和下坠。

喷涂时操作要点:①喷涂分若干次完成,第一次基本盖住钢材面即可,以后每次喷涂厚度为 5~10 mm;②必须在前一次基本干燥后再接着喷;③喷涂保护方式,喷涂遍数与涂层厚度应根据设计要求确定;④施工过程中应随时检测涂层厚度,直至符合设计厚度方可停止。

3)防火涂料涂装工程验收

(1)防火涂料涂装前钢材表面除锈及防锈底漆涂装应符合规定。按构件数抽查10%且同类构件不应少于3件。表面除锈用铲刀检查和用图片对照观察检查;底漆涂装用干漆膜测厚仪检查,每个构件检测5处。

(2)防火涂料不应有误涂、漏涂,涂层应闭合无脱层、空鼓、明显凹陷、粉化松散和浮浆等外观缺陷,应剔除乳突。

(3)薄涂型防火涂料涂层表面裂纹宽度不应大于0.5 mm,厚涂型防火涂料涂层表面裂纹宽度不应大于1 mm。按同类构件数抽查10%,且均不应少于3件。

(4)薄涂型防火涂料涂层厚度应符合设计要求。厚涂型防火涂料涂层的厚度,80%及以上面积应符合设计要求,且最薄处厚度不应低于设计要求的85%。用涂层厚度测试仪、测针和钢尺检查,应符合下列规定:

①测点选定。楼板和防火墙的防火涂层厚度测定,可选两相邻纵、横轴线相交中的面积为一单元,在其对角线上每 m 选一点。全钢框架结构的梁、柱以及桁架结构的上、下弦的防火涂层厚度测定,在构件长度上每隔 3 m 取一截面,按图 3-6-1 所示位置测试。桁架结构其他腹杆每根取一截面检测。

②测量结果。对于楼板和墙面在所选择面积中至少测5点;对于梁、柱在所选位置中分别测出 6 个和 8 个点,分别计算它们平均值,精确到 0.5 mm。

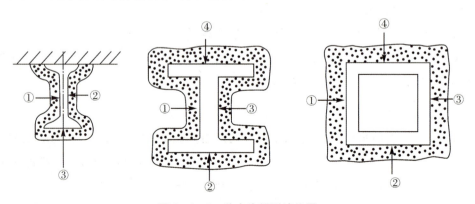

图 3-6-1 防火涂料测试位置

2. 涂料性能与检测

涂料的性能包括干燥时间、初期干燥抗裂性、黏结强度、抗压强度、导热率、抗震性、抗弯性、耐水性、耐冻融循环性能、耐火性能、耐酸性、耐碱性等。

耐火试验时,试件平放在卧式燃烧炉上,三面受火,试验结果以钢结构防水涂层厚度(mm)和耐火极限(h)表示。

3.6.4 涂装工程质量控制

为了防止钢构件的腐蚀以及由此而造成的经济损失,采用涂料保护是目前我国防止钢结构件腐蚀的最主要的手段之一。涂装防护是利用涂料的涂层使被涂物与环境隔离,从而达到防腐蚀的目的,延长被涂物件的使用寿命。显而易见,涂层的质量是影响涂装防护效果的关键因素,而涂层的质量除了与涂料的质量有关外,还与涂装之前钢构件表面的除锈质量、漆膜厚度、涂装的施工工艺条件和其他等因素有关。表3-6-2列出了上述各种因素对涂层寿命影响的分析结果。

表3-6-2 影响涂层质量分析

序号	影响因素	影响程度/%
1	钢铁表面除锈质量	49.5
2	涂层厚度	19.1
3	涂料种类	4.9
4	涂装工艺条件等其他因素	26.5

1. 涂装前钢构件表面处理的质量控制

由表3-6-2可见,涂装前钢构件表面的除锈质量是确保漆膜防腐蚀效果和保护寿命的关键因素。涂装前的钢材表面处理,亦称除锈。它不仅是指除去钢材表面的污垢、油脂、铁锈、氧化皮、焊渣或已失效的旧漆膜的清除程度,即清洁度,还包括除锈后钢材表面所形成的合适的"粗糙度"。

1)钢材表面处理方法的选择

钢材表面的除锈可按不同的方法分类。按除锈顺序可分为一次除锈和二次除锈;按工艺阶段可分为车间原材料预处理、分段除锈、整体除锈;按除锈方式可分为喷射除锈、动力工具除锈、手工敲铲除锈和酸洗等方法。

2)钢材表面粗糙度的控制

表面粗糙度即表面的微观不平整度,钢材表面处理后的粗糙度由初始粗糙度和喷射除锈或机械除锈所产生。钢材表面合适的粗糙度有利于漆膜保护性能的提高。但是粗糙度太大或太小都是不利于漆膜的保护性能。

3)对镀锌、镀铝、涂防火涂料的钢材表面的预处理质量控制

(1)外露构件需热浸锌和热喷锌、铝的,除锈质量等级为 Sa2.5～Sa3 级,表面粗糙度应达 30～35 μm。

(2)对热浸锌构件允许用酸洗除锈,融洗后必须经 3～4 次水洗,将残留酸完全清洗,干燥后方可浸锌。

(3)要求喷涂防火涂料的钢结构件除锈,可按《钢结构防火规程》和设计技术要求进行。

2. 涂装施工质量控制

施工质量好坏直接影响涂层效果和使用寿命。三分材料,七分施工,涂料是半成品,必须通过施工涂装到钢构件表面,成膜后才能起到防护作用。所以,对涂装施工准备工作、施工环境条件、施工方法和施工质量必须加强质量控制。

1)涂装施工准备工作的质量控制

开桶;搅拌;配比;熟化;稀释;过滤。

2)施工环境条件的质量控制

工作场地;环境温度;相对湿度;其他质量控制。

3)施工方法的质量控制

防腐涂料涂装方法一般有浸涂、手刷、滚刷和喷漆等。其中采用高压、无气喷涂具有功率高、涂料损失少、一次涂层厚的优点,在涂装时应优先考虑选用。在涂刷过程中的顺序应自上而下,从左到右,先里后外,先难后易,纵横交错地进行涂刷。

4)施工质量的控制

施工现场质量控制除了本节上述部分外还应对涂层厚度控制、涂装外观质量控制和涂装修补的质量控制。

5)防火涂料强度试验方法

(1)黏结强度试验:

①试件准备:将待测涂料按说明书规定的施工工艺施涂于 70 mm×70 mm×10 mm 的钢板上(见图 3-6-2)。

②试验步骤:将准备好的试件装在试验机上,均匀连续加荷至试件涂层破裂为止。每次试验,取 5 块试件测量,剔除最大和最小值,其结果应取其余 3 块的算术平均值,精确度为 0.01 MPa。

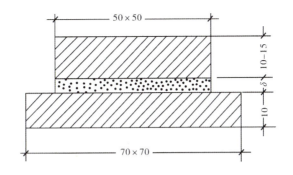

图 3-6-2　测黏结强度的试件

(2)抗压强度试验：

①试块的制作。先在规格为 70.7 mm×70.7 mm×70.7 mm 的金属试模内壁涂一薄层机油,将拌好的涂料注满试模内,轻轻振摇试模,并用油漆刮刀插捣抹平,待基本干燥固化后脱模,放置在规定的试验条件下干燥养护期满后,再放置在 (60±5)℃ 的烘箱中干燥 48 h。

②试验与取值。将试块的侧面作为受压面；置于压力试验机的加压座上,试样的中心线与压力机中心线应重合,以 150～200 N/min 的速度均匀加荷至试样破坏,在接近破坏荷载时更应严格掌握。记录试样破坏时的压力读数。

6)防火涂料涂层厚度测定方法

测针(厚度测量仪),由针杆和可滑动的圆盘组成,圆盘始终保持与针杆垂直,并在其上装有固定装置,圆盘直径不大于 30 mm,以保持完全接触被测试件的表面。如果厚度测量仪不易插入被插试件中,也可使用其他适宜的方法测试。测试时,将测厚探针(见图 3-6-3)垂直插入防火涂层直至钢基材表面上,记录标尺读数。

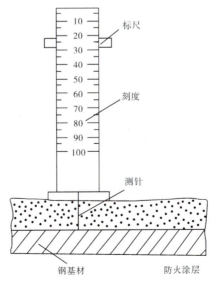

图 3-6-3　测涂料涂层厚度示意图

任务实施

1. 工作任务

以某门式刚架(或 6 m 钢屋架大样图)作为项目载体,进行焊接 H 型钢柱和工字形截面梁加工制作的实践操作(含梁柱节点),完成钢结构构件制作技术交底资料编制任务和工程量统计(设计图纸附在文后)。

2. 实施过程

1)资料查询

利用在线开放课程、网络资源等查找相关资料,收集门式刚架制作工艺流程及注意事项。

2)引导文

(1)填空题。

①钢结构涂装时的环境温度和相对湿度应符合涂料产品说明书的要求,当说明书无要求时,环境温度宜在_____,相对湿度不应大于_____。

②钢结构构件防腐涂料涂装施工的常用方法有_____、_____、_____、_____和无气喷涂法。

③采用干漆膜测厚仪检查时,每处的数值为 3 个相距_____mm 测点涂层干漆膜厚度的平均值。

④防腐涂装前的钢材表面除锈检查,同类构件数量不应少于_____件。

⑤主要用于钢结构建筑中的一些小部件,目前最佳的防锈及保护钢铁的方法是_____。

⑥厚涂型防火涂料涂层表面裂纹宽度不应大于_____。

⑦涂层附着力测试检查数量:不应少于_____件。

⑧防火涂料可按使用厚度分类,涂层厚度大于 7 mm 且小于等于 45 mm,属于_____涂料。

⑨当温度超过_____℃时,钢材力学性能迅速下降。

⑩涂层是由_____、_____、_____的漆膜组合而成。

(2)选择题。

①钢结构涂装用防火涂料按涂层厚度共分为( )类。

A. 一   B. 二   C. 三   D. 四

②钢结构涂装后至少在( )内应保护,免受雨淋。

A. 1 h   B. 2 h   C. 3 h   D. 4 h

③钢结构涂装工程中,对于防火涂料的涂层厚度,下列情况有可能符合要求的是( )。

A. 厚涂型涂料最薄处厚度为设计要求的 80%

B. 薄涂型涂料最薄处厚度为设计要求的 90%

C. 薄涂型涂料的涂层厚度90%符合有关耐火极限的设计要求

D. 厚涂型涂料的涂层厚度80%符合有关耐火极限的设计要求

④钢结构防腐涂装施工的面漆涂装前一步是(　　)。

A. 中间漆涂装　　B. 底漆涂装　　C. 基面处理　　D. 检查验收

⑤采用刷涂法进行钢结构构件防腐涂装时,施涂顺序一般为(　　)。

A. 先上后下,先难后易　　B. 先上后下,先易后难

C. 先下后上,先难后易　　D. 先下后上,先易后难

⑥钢结构防腐涂料涂装检测涂料、涂装遍数、涂层厚度均应符合设计要求。当设计对涂层厚度无要求时,下列说法正确的是(　　)。

A. 按构件数抽查10%,且同类构件不应少于3件

B. 涂层干漆膜总厚度:室外应为150 μm,室内应为125 μm,其允许偏差为−5 μm

C. 每个构件检测3处,每处的数值为5个相距50 mm测点涂层干漆膜厚度的平均值

D. 每遍涂层干漆膜厚度的允许偏差为5 μm

⑦在钢结构防火涂料涂装检测中,防火涂料涂装前钢材表面除锈及防锈底漆涂装的检查数量为构件数的_____,且同类构件不应少于_____件。(　　)

A. 5%,5　　B. 10%,5　　C. 5%,3　　D. 10%,3

⑧涂料、涂装遍数、涂层厚度均应符合设计要求。当设计对涂层厚度无要求时,室外涂层干漆膜总厚度应为(　　)。

A. 125 μm　　B. 100 μm　　C. 150 μm　　D. 160 μm

⑨检测超过25 m长度的H型钢梁漆膜厚度时,可以把钢梁分成(　　)m一段再进行膜厚度测量。

A. 6　　B. 8　　C. 10　　D. 12

⑩钢结构防火措施中,抵御火灾最有效的防护措施是(　　)。

A. 外包层　　B. 充水(水套)　　C. 屏蔽　　D. 钢结构防火涂料

(3)简答题。

①简述确定涂层厚度的主要因素。

②简述涂料涂装方法的优缺点。

3)方案制订

步骤1:项目概况;

步骤2:所需材料及主要机具;

步骤3：作业条件；

步骤4：零部件加工；

步骤5：钢构件拼装；

步骤6：钢构件涂装；

步骤7：成品检验与管理。

4）任务实施

本任务为团队操作项目（按图纸进行缩尺模拟），由六名同学协助完成生产前准备、图纸审核与备料计算、钢构件加工制作、钢构件拼装、质量检验，还需做到工完料净场地清。

为均衡实操内容及考核学生的综合能力，将实操内容进行工艺内容切分，给每个学生随机分配实操项目的一部分工艺内容和其余工艺操作的协助内容。实操工艺进展到其主负责实操项目时，学生转变为主导学生角色，负责指挥团队其他协助学生进行工艺操作；负责协助工艺操作的学生转变为主操学生角色，负责听取主导学生指导，正确选择材料和工具，完成实操内容。

知识拓展

钢结构防火涂料是一种涂抹在钢结构外围的涂料，我们知道钢材在建筑中被大范围的使用，因其是一种不会燃烧，并且具有抗震、抗弯等特性的材料。但其作为建筑材料在防火方面又存在一些难以避免的缺陷。它的机械性能，如屈服点、抗拉及弹性模量等均会因温度的升高而急剧下降，所以在施工过程中就必须先对其进行相关的防火涂料处理。

超薄型或薄型钢结构防火涂料的防火隔热原理：

涂覆在钢结构上的超薄型或薄型钢结构防火涂料的防火隔热原理是防火涂料层在受火时膨胀发泡，形成泡沫，泡沫层不仅隔绝了氧气，而且因为其质地疏松而具有良好的隔热性能，可延滞热量传向被保护基材的速度；根据物理化学原理分析，涂层膨胀发泡产生泡沫层的过程因为体积扩大而发生吸热反应，有利于降低体系的温度，这几个方面的作用，使防火涂料产生显著的防火隔热效果。

厚型钢结构防火涂料的防火隔热原理：

涂覆在钢构件上的厚型钢结构防火涂料的防火隔热原理是防火涂料受火时涂层基本上不发生体积变化，但涂层热导率很低，延滞了热量传向被保护基材的速度，防火涂料的涂层本身是不燃的，对钢构件起屏障和防止热辐射作用，避免了火焰和高温直接进攻钢构件。涂料中有些组分遇火放出不可燃气体的过程是吸热过程，有利于降低体系温度，因此防火效果显著，对钢材起到良好的防火隔热保护作用。另外该类钢结构防火涂料受火时涂层不发生体积变化，而是形成釉状保护层，它能起隔绝氧气的作用，使氧气不能与被保护的易燃基材接触，从而避免或减少燃烧反应的发生。但这类涂料所生成釉状保护层的导热率往往较大，隔热效果差，为了取得一定的防火隔热效果，厚涂型防火涂料一般涂层较厚才能达到一定的防火隔热性能要求。

项目 4　钢结构安装施工

项目描述

钢结构工程施工前,施工单位应具有健全的质量管理体系、相应的技术标准、施工工法和施工质量控制制度,应及时进行技术策划,对技术选型、技术经济可行性和可建造性进行评估,并应科学合理地确定建造目标与施工方案。

施工单位应组织技术人员编制钢结构安装的施工组织设计,做好施工前的劳动力部署计划、机械设备配套计划及材料进场计划,现场查看钢结构材料进场的道路是否畅通等,掌握钢结构工程施工技术和组织管理方法,了解建筑工程施工机械的相关知识,能够合理选择、运用施工机械,掌握钢结构施工的定位、放线、抄平技能,能组织单层、多层及高层钢结构施工,具有解决实际问题和处理工程质量事故的技能与知识,确保安全施工、文明施工。

学习方法

抓核心:遵循"熟练识图→ 精准施工→ 质量管控→ 组织验收"知识链。

重实操:不仅要有必需的理论知识,更要有较强的操作技能,认真完成配备的实训内容,多去实训基地观察、动手操作,提高自己解决问题的能力。

举一反三:在掌握基本知识的基础上,不断总结,举一反三、以不变应万变,数量掌握钢结构工程专项施工方案,能够解决施工实际问题。

知识目标

了解钢结构常用安装机具设备;
掌握钢结构安装前需做的准备工作;
掌握钢结构的施工方法;
掌握钢结构工程安装质量控制要点;
掌握钢结构安装质量控制及质量通病防治方法。

技能目标

能选择钢结构工程安装所需的机械设备;

能够编制钢结构工程专项施工方案；

能组织钢结构吊装技术交底。

素质目标

认真负责，团结合作，维护集体的荣誉和利益；

努力学习专业技术知识，不断提高专业技能；

遵纪守法，具有良好的职业道德；

严格执行建设行业有关标准、规范、规程和制度。

任务 1　钢构件安装准备

任务描述

钢结构安装的准备工作包括文件资料与技术的准备、施工机具的准备、场地准备、钢构件准备和人员准备等内容。

因此，需要掌握钢构件的表面处理方法、要求，掌握钢构件涂装工程的材料要求、施工工艺、安全质量要求等。

知识学习

4.1.1　文件资料与技术准备

1. 图纸会审和设计变更

钢结构安装前应进行图纸会审，在会审前施工单位应熟悉并掌握设计文件内容，发现设计中影响构件安装的问题，并查看与其他专业工程配合不适宜的方面。

1）图纸会审

在钢结构安装前，为了解决施工单位在熟悉图纸过程中发现的问题，将图纸中发现的技术难题和质量隐患消灭在萌芽之中，参建各方要进行图纸会审。

图纸会审的内容一般包括：

(1) 设计单位的资质是否满足，图纸是否经设计单位正式签署；

(2) 设计单位做设计意图说明和提出工艺要求，制作单位介绍钢结构制作工艺；

(3) 各专业图纸之间有无矛盾；

(4)各图纸之间的平面位置、标高等是否一致,标注有无遗漏;

(5)各专业工程施工程序和施工配合有无问题;

(6)安装单位的施工方法能否满足设计要求。

2)设计变更

施工图纸在使用前、使用后均有可能出现由于建设单位要求的改变,现场施工条件的变化,或国家政策法规的改变等原因而引起的设计变更。设计变更不论何原因,由谁提出都必须征得建设单位同意并且办理书面变更手续。设计变更的出现会对工期和费用产生影响,在实施时应严格按规定办事使责任明确,避免出现索赔事件,不利于施工。

2. 钢结构安装施工组织设计

1)施工组织设计的编制依据

(1)合同文件:上级主管部门批准的文件,施工合同、供应合同等。

(2)设计文件:设计图、施工详图、施工布置图、其他有关图纸。

(3)调查资料:现场自然资源情况(如气象、地形)、技术经济调查资料(如能源、交通)、社会调查资料(如政治、文化)等。

(4)技术标准:现行的施工验收规范、技术规程、操作规程等。

(5)其他:建设单位提供的条件、施工单位情况、企业总施工计划、国家法规等其他参考资料。

2)施工组织设计的内容

(1)工程概况及特点介绍;

(2)施工程序和工艺设计;

(3)施工机械的选择及吊装方案;

(4)施工现场平面图;

(5)施工进度计划;

(6)劳动组织、材料、机具需用量计划;

(7)质量保证措施、安全措施、降低成本措施。

3. 文件资料准备

1)设计文件

钢结构设计图,建筑图,相关基础图,钢结构施工总图,各分部工程施工详图,其他有关图纸及技术文件。

2)记录

图纸会审记录,支座或基础检查验收记录,构件加工制作检查记录等。

3) 文件资料

施工组织设计、施工方案或作业设计,技术交底,材料、成品质量合格证明文件及性能检测报告等。

4.1.2 施工机具的准备

钢结构安装,离不开各种型号规格的起吊机具,主要是起重机、履带吊和汽车吊,以及如千斤顶、倒链、钢丝绳、吊钩、卡环、吊索、横吊梁等辅助工具。另外,钢结构安装还需有一定技术支持,技术设备主要是测量设备,有全站仪、经纬仪、水准仪、垂直仪等。本节内容主要讲授塔式起重机和汽车吊的选择和应用。

塔式起重机按有无行走机构可分为固定式和移动式两种。前者固定在地面上或建筑物上,后者按其行走装置又可分为履带式、汽车式、轮胎式和轨道式四种;按其回转形式可分为上回转和下回转两种;按其变幅方式可分为水平臂架小车变幅和动臂变幅两种;按其安装形式可分为自升式、整体快速拆装和拼装式三种。

目前,应用最广的是下回转、快速拆装、轨道式塔式起重机和能够一机四用(轨道式、固定式、附着式和内爬式)的自升塔式起重机。拼装式塔式起重机因拆装工作量大而逐渐被淘汰。

表4-1-1 塔式起重机型号分类及表示方法

分类	组别	型号	特性	代号	代号含义	主参数	
						名称	单位表示法
建筑起重机	塔式起重机 Q、T (起、塔)	轨道式	—	QT	上回转式塔式起重机	额定起重力矩	$kN \cdot m \times 10^{-1}$
			Z(自)	QTZ	上回转自升式塔式起重机		
			A(下)	QTA	下回转式塔式起重机		
			K(快)	QTK	快速安装式塔式起重机		
		固定式 G(固)	—	QTG	固定式塔式起重机		
		内爬升式 P(爬)	—	QTP	内爬升式塔式起重机		
		轮胎式 L(轮)	—	QTL	轮胎式塔式起重机		
		汽车式 Q(汽)	—	QTQ	汽车式塔式起重机		
		履带式 U(履)	—	QTU	履带式塔式起重机		

1. 塔式起重机的安装、拆除与转移

1) 塔式起重机的安装与拆除方法

塔式起重机的安装方法根据起重机的结构形式、质量和现场的具体情况确定,一般有整体自立法、旋转起扳法、立装自升法三种。同一台塔式起重机的拆除方法和安装方法相同,仅程序相反。

(1) 整体自立法的安装步骤:

整体自立法利用本身设备完成安装作业,适用于轻、中型下回转塔式起重机。现以 QT1-

2型塔式起重机为例,介绍其安装步骤(见图4-1-1):

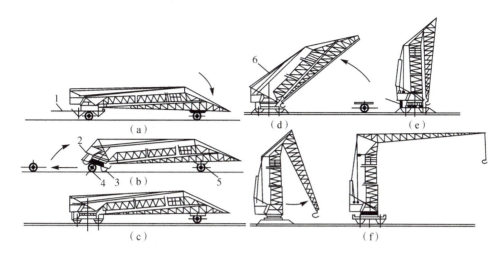

1—拖运牵引杆;2—起重机行走架;3—前行走轮;4—前拖行轮;5—后拖行轮;6—起重机变幅滑车组

图4-1-1 QT1-2型塔式起重机安装步骤(整体自立法)

安装前,先对设备和铺设的轨道进行全面检查,确认无误后方可进行安装。

①在离安装点5m以外,设置临时电源。拆除起重机的牵引杆,检查且拧紧各部位的螺栓;检查起升和变幅卷扬机制动器,确认无误后,支起导轮架和滑轮架(见图4-1-1(a))。

②开动变幅卷扬机,使起重机行走架缓慢倾斜,并使前行走轮徐徐落在轨道上,拆下前拖行轮,使其移出轨道(见图4-1-1(b))。

③缓慢松开变幅卷扬机制动器,使起重机后行走轮缓慢落在轨道上(见图4-1-1(c))。然后将回转机构减速器极限力矩限制器锁盖打开,调整弹簧,使摩擦盘紧密接触,并用夹轨钳夹牢钢轨。将4m³砂子装入配重箱,并将箱门锁好。解开起重臂与拖行轮间连接杆,并对起重机各部位再进行一次全面检查和润滑。

④开动变幅卷扬机起立塔身(见图4-1-1(d))。塔身立起后,用销钉将塔身与回转平台连成一体,并用两个千斤顶顶紧(见图4-1-1(e))。

⑤拆开塔身与起重臂间连接杆,继续开动变幅卷扬机,拉起起重臂直至水平位置(见图4-1-1(f))。

⑥松开夹轨钳,拆除拉板和松开千斤顶,调整回转机动极限力矩限制器弹簧。然后对各机构再进行一次全面检查和润滑,安装工作即可完成。

(2)旋转起扳法安装步骤:

旋转起扳法一般适用于需要解体转移而非自升的塔式起重机。此法一般用轻型汽车起重机进行辅助,在工地上进行组装,利用自身起升机构使塔身旋转而直立。现以TQ60/80型塔式起重机为例,简述其步骤(见图4-1-2):

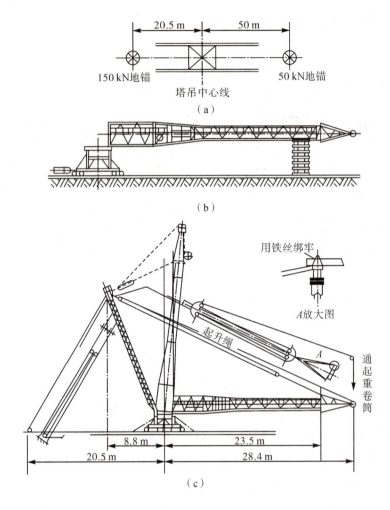

图 4-1-2 用旋转起扳法安装塔式起重机

① 按要求铺设轨道并埋设起扳塔身的地锚。

② 安装行走台车、门架于轨道上并安装压重。

③ 组装塔身并安置于起扳起始位置处,将塔身下端与门架铰耳相连接。

④ 组装起重臂并安装就位,在其头部装上变幅拉杆,另一端通过拉索与地锚连接。

⑤ 在塔身与臂杆之间穿绕起扳塔身滑车组,并在臂杆顶端和塔身顶端捆绑缆风。吊杆顶端缆风的下端与 150 kN 地锚连接;塔顶缆风的下端绕在 50 kN 地锚环上,作下落塔身之用。

⑥ 竖立塔身。开动卷扬机将臂杆拉起至其仰角为 45°～60°时止,然后收紧并固定好缆风。再开动卷扬机,塔身便逐渐被拉起。当塔身离开枕木垛 50 cm 时刹车进行检查。如无异常情况,继续开动卷扬机使塔身缓慢立起。当塔身接近竖直时,应稍收紧拴于塔顶的缆风绳进行保险,并与卷扬机配合使塔身缓慢地就位。

⑦开动起重卷扬机,将平衡臂与塔帽连接并用拉绳固定,装上平衡重。

⑧提升起重臂,穿绕变幅钢丝绳并安装就位。

(3)立装自升法安装步骤:

立装自升法适用于自升式塔式起重机。主要做法为用其他起重机(辅机)将所要安装的塔式起重机除塔身中间节以外的全部部件,立装于安装位置,然后用本身的自升装置安装塔身中间节。立装自升法的安装步骤如图4-1-3所示。中间节(标准节)的安装方法见塔式起重机的塔身升降、附着及内爬升。

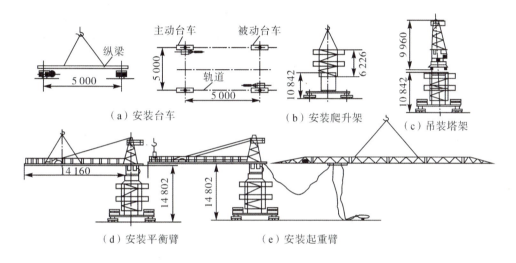

图4-1-3 立装自升法安装塔式起重机的步骤(未包括塔身中间节)

2)塔式起重机拆装作业注意事项

(1)起重机的拆装必须由已取得建设行政主管部门颁发的拆装资质证书的专业队伍进行,并应有技术和安全人员在场监护。

(2)起重机拆装前,应按照出厂有关规定,编制拆装作业方法、质量要求和安全技术措施,经企业技术负责人审批后,作为拆装作业技术方案,并向全体作业人员交底。

(3)起重机的金属结构、轨道及所有电气设备的金属外壳,应有可靠的接地装置,接地电阻不应大于4 Ω。

(4)起重机的拆装作业应在白天进行。当遇大风、浓雾和雨雪等恶劣天气时,应停止作业。

(5)指挥人员应熟悉拆装作业方案,遵守拆装工艺和操作规程,使用明确的指挥信号进行指挥。所有参与拆装作业的人员,都应听从指挥,如发现指挥信号不清或有错误时,应停止作业,待沟通清楚后再进行。

(6)拆装人员在进入工作现场时,应穿戴安全保护用品,高处作业时应系好安全带,熟悉并严格按拆装工艺和操作规程执行,当发现异常情况或疑难问题时,应及时向技术负责人反映,不得自行解决,以防处理不当而造成事故。

(7)在拆装上回转、小车变幅的起重臂时,应根据出厂说明书的拆装要求进行,并应保持起重机的平衡。

(8)采用高强度螺栓连接的结构,应使用原厂制造的连接螺栓,自制螺栓应有质量合格的试验证明,否则不得使用。连接螺栓时,应采有扭矩扳手或专用扳手,并应按装配技术要求拧紧。

(9)在拆装作业过程中,当遇天气剧变、突然停电、机械故障等意外情况,短时间不能继续作业时,必须使已拆装的部位达到稳定状态并固定牢靠,经检查确认无隐患后,方可停止作业。

(10)安装起重机时,必须将大车行走缓冲止挡器和限位开关碰块安装牢固可靠,并应将各部位的栏杆、平台、扶杆、护圈等安全防护装置装齐。

(11)在拆除因损坏或其他原因而不能用正常方法拆卸的起重机时,必须按照技术部门批准的安全拆卸方案进行。

(12)起重机安装过程中,必须分阶段进行技术检验。整机安装完毕后,应进行整机技术检验和调整,各机构动作应正确、平稳、无异响,制动可靠,各安全装置应灵敏有效;在无载荷情况下,塔身和基础平面的垂直度允许偏差为4/1000,经分阶段及整机检验合格后,应填写检验记录,经技术负责人审查签字后,方可交付使用。

3)塔式起重机的转移

塔式起重机转移前,要按照安装的相反顺序,采用相似的方法,将塔机降下或解体,然后进行整体拖运或解体运输。

(1)采用整机拖运的下回转塔机,轻型的大多采用全挂式拖运方式,中型及重型的则多采用半挂式拖运方式。拖运的牵引车可利用载重汽车或平板拖车的牵引车。由于整机拖运长度超限,在拖运中必须注意下列几点:

①拖运前,必须对拖运路线进行勘察,对路面宽度、弯道半径、架空电线、路面起伏等情况做充分了解,根据实际情况采取相应的安全措施。

②路面宽度小于7 m,弯道半径小于10 m,架空电线低于4.5 m,桥涵孔洞净空高度小于4.5 m,桥梁承载力低于15 t者,均不能通行。

③拖运前,应为拖运列车配齐尾灯和制动器,并在牵引车上装适当配重。

④拖运速度不得超过25 km/h,通过弯道时更应低速缓行,并有专人负责地面指挥使拖运列车顺利通过。

⑤在拖运途中,必须随时注意检查,发现异常现象应及时排除。

(2)自升塔式起重机及TQ60/80型等上回转塔机都必须解体运输。为了使装卸运输便利,缩短组装及安装时间,在拆卸塔机时,不需全部解体,而是分解为若干组件,如将整个底架保留成一体。也可根据结构部件尺寸的特点,把臂架节塞装到塔身标准节里,从而压缩运输空间、降低运输费用。由于自升塔式起重机体型大,组件的重量和轮廓尺寸都比较大,必须用平板拖车运输,以汽车起重机配合装卸。

2. 塔式起重机的塔身升降、附着及内爬升

1)顶升接高(自升)与降落

(1)顶升作业步骤。

自升式塔式起重机的顶升接高系统由顶升套架、引进轨道及小车、液压顶升机组等三部分组成。顶升接高的步骤如下(见图4-1-4):

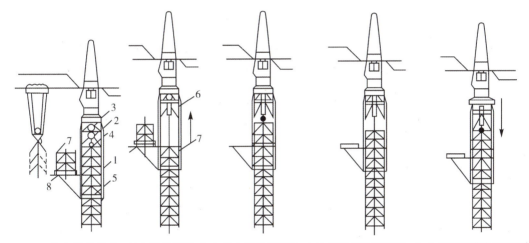

(a)准备状态 (b)顶升塔顶 (c)推入塔身标准节 (d)安装塔身标准节 (e)塔顶与塔身连成整体

1—顶升套架;2—液压千斤顶;3—承座;4—顶升横梁;5—定位销;
6—过渡节;7—标准节;8—摆渡小车。

图4-1-4 自升式塔式起重机的顶升接高过程

①回转起重臂使其朝向与引进轨道一致并加以销定。吊运一个标准节到摆渡小车上,并将过渡节与塔身标准节相连的螺栓松开,准备顶升。

②开动液压千斤顶,将塔机上部结构包括顶升套架约上升到超过一个标准节的高度;然后用定位销将套架固定,于是塔式起重机上部结构的重量就通过定位箱传递到塔身。

③液压千斤顶回缩,形成引进空间,将装有标准节的摆渡小车开到引进空间内。

④利用液压千斤顶稍微提起待接高的标准节,退出摆渡小车,然后将待接高的标准节平稳地落在下面的塔身上,并用螺栓连接。

⑤拔出定位销,下降过渡节,使之与已接高的塔身连成整体。

塔身降落与顶升方法相似,仅程序相反。

(2)升降作业注意事项。

①在升降作业过程中,必须有专人分别进行指挥、照看电源、操作液压系统、紧固螺栓工作。非操作人员不得登上爬升套架的操作平台,更不得启动液压系统的泵、阀开关或其他电气设备。

②升降作业应尽量在白天进行。特殊情况需在夜间作业时,必须备有充分的照明。

③风力在四级以上时,不得进行升降作业。在作业过程中如风力突然加大时,必须立即停止作业,并紧固连接螺栓。

④顶升前应预先放松电缆,其长度宜大于顶升总高度,并应紧固好电缆卷筒,下降时应适时收紧电缆。

⑤顶升过程中,应将回转机构制动,严禁回转塔身及其他作业。

⑥升降时,必须调整好顶升套架滚轮与塔身标准节的间隙,并应按规定使起重臂和平衡臂处于平衡状态,并将回转机构制动住,当回转台与塔身标准节之间的最后一处连接螺栓拆卸困难时,应将其对角方向的螺栓重新插入,再采取其他措施。不得以旋转起重臂动作来松动螺栓;

⑦升降时,顶升撑脚(爬爪)就位后,应插上安全销,插好后方可继续下一动作。

⑧升降完毕后,各连接螺栓应按规定扭力紧固,液压操纵杆回到中间位置,并切断液压升降机构的电源。

2)附着

自升塔式起重机的塔身接高到设计规定的独立高度后,须使用锚固装置将塔身与建筑物相联结(附着),以减少塔身的自由高度,保持塔机的稳定性,减小塔身内力,提高起重能力。锚固装置由附着框架、附着杆和附着支座组成。

塔式起重机的附着应按使用说明书的规定进行,一般应注意下列几点:

(1)根据建筑施工总高度、建筑结构特点及施工进度要求制订附着方案。

(2)起重机附着的建筑物,其锚固点的受力强度应满足起重机的设计要求。附着杆系的布置方式、相互间距和附着距离等,应按出厂使用说明书规定执行。有变动时,应另行设计。

(3)装设附着框架和附着杆件,应采用经纬仪测量塔身垂直度,并应采用附着杆进行调整,在最高锚固点以下垂直度允许偏差为2/1000。

(4)在附着框架和附着支座布设时,附着杆倾斜角不得超过10°。

(5)附着框架宜设置在塔身标准节连接处,箍紧塔身。塔架对角处在无斜撑时应加固。

(6)塔身顶升接高到规定锚固间距时,应及时增设与建筑物的锚固装置。塔身高出锚固装置的自由端高度,应符合出厂规定。

(7)起重机作业过程中,应经常检查锚固装置,发现松动或异常情况时,应立即停止作业,故障未排除,不得继续作业。

(8)拆卸起重机时,应随着降落塔身的进程拆卸相应的锚固装置。严禁在落塔之前先拆锚固装置。

(9)遇有六级及以上大风时,严禁安装或拆卸锚固装置。

(10)锚固装置的安装、拆卸、检查和调整,均应有专人负责,工作时应系安全带和戴安全帽,并应遵守高处作业有关安全操作的规定。

(11)轨道式起重机作附着式使用时,应提高轨道基础的承载能力和切断行走机构的电源,并应设置阻挡行走轮移动的支座。

(12)应对布设附着支座的建筑物构件进行强度验算(附着荷载的取值,一般塔机使用说明书均有规定),如强度不足,须采取加固措施。构件在布设附着支座处应加配钢筋并适当提高混凝土的强度等级。安装锚固装置时,附着支座处的混凝土强度必须达到设计要求。附着支座须固定牢靠,其与建筑物构件之间的空隙应嵌塞紧密。

3)内爬升

内爬升塔式起重机是一种安装在建筑物内部(电梯井或特设空间)的结构上,依靠爬升机构随建筑物向上建造而向上爬升的起重机。适用于框架结构、剪力墙结构等高层建筑施工。一般内爬升塔式起重机的爬升过程如图4-1-5所示。

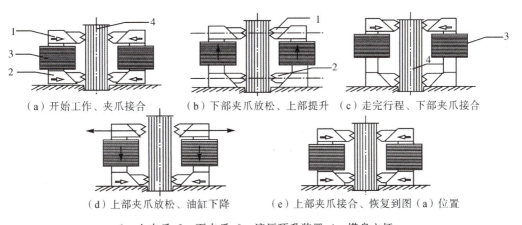

1—上夹爪;2—下夹爪;3—液压顶升装置;4—塔身立杆。

图4-1-5 内爬式塔式起重机爬升过程

爬升作业注意事项:

①内爬升作业应在白天进行。风力在五级及以上时,应停止作业;

②内爬升时,应加强机上与机下之间的联系以及上部楼层与下部楼层之间的联系,遇有故障及异常情况,应立即停机检查,故障未排除,不得继续爬升;

③内爬升过程中,严禁进行起重机的起升、回转、变幅等各项动作;

④起重机爬升到指定楼层后,应立即拔出塔身底座的支承梁或支腿,通过内爬升框架固定在楼板上,并应顶紧导向装置或用楔块塞紧;

⑤内爬升塔式起重机的固定间隔不宜小于3个楼层;

⑥对固定内爬升框架的楼层楼板,在楼板下面应增设支柱做临时加固。搁置起重机底座支承梁的楼层下方两层楼板,也应设置支柱做临时加固;

⑦每次内爬升完毕后,楼板上遗留下来的开孔,应立即采用钢筋混凝土封闭;

⑧起重机完成内爬升作业后,应检查内爬升框架的固定、底座支承梁的紧固以及楼板临时支撑的稳固等,确认可靠后,方可进行吊装作业。

3. 起重机的选择

1) 起重机类型的选择

起重机的类型主要是根据厂房的结构特点、跨度、构件重量、吊装高度、吊装方法及现有起重设备条件等来确定。要综合考虑其合理性、可行性和经济性。

一般中小型厂房跨度不大,构件的重量及安装高度也不大,厂房内的设备多在厂房结构安装完毕后进行安装,所以多采用履带式起重机、轮胎式起重机或汽车式起重机。缺乏上述起重设备时,可采用桅杆式起重机(独脚拔杆、人字拔杆等)。

重型厂房跨度大,构件重,安装高度大,厂房内的设备往往要同结构吊装穿插进行,所以一般采用大型履带式起重机、轮胎式起重机、重型汽车式起重机,以及重型塔式起重机与其他起重机械配合使用。

2) 起重机型号的选择

确定起重机的类型以后,要根据构件的尺寸、重量及安装高度来确定起重机型号。所选定的起重机的三个工作参数包括起重量 Q、起重高度 H、起重半径 R 要满足构件吊装的要求。

(1) 构件吊装要求

①起重量 Q:起重机的起重量必须大于或等于所安装构件的重量与索具重量之和,即

$$Q \geqslant Q_1 + Q_2 \tag{4.1.1}$$

式中, Q——起重机的起重量,kN;

Q_1——构件的重量,kN;

Q_2——索具的重量(包括临时加固件重量),kN。

②起重高度 H:起重机的起重高度(见图4-1-6)必须满足所吊装的构件的安装高度要求,即

$$H \geqslant h_1 + h_2 + h_3 + h_4 \tag{4.1.2}$$

式中，H——起重机的起重高度（从停机面至吊钩的距离），m；

h_1——安装支座顶面高度（从停机面至顶点的距离），m；

h_2——安装间隙，视具体情况而定，但不小于 0.3 m；

h_3——绑扎点至起吊后构件底面的距离，m；

h_4——索具高度（从绑扎点到吊钩中心的距离），m。

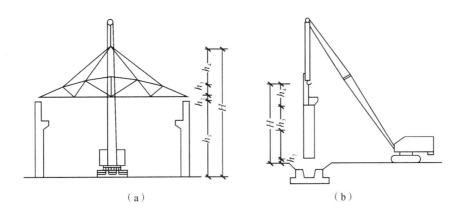

图 4-1-6 起升高度计算见图

③起重半径 R：a. 当起重机可以不受限制地开到吊装位置附近时，对起重机的起重半径没有要求。b. 对起重机的起重半径有要求的情况：起重机需要跨越地面上某些障碍物吊装构件时，如跨过地面上已安装好或就位好的屋架吊装吊车梁时；吊装柱子、屋架等构件，其开行路线及构件就位位置已定的情况。

④最小臂长：下述情况下对起重机的臂长有最小臂长的要求：

吊装平面尺寸较大的构件时，应使构件不与起重臂相碰撞（如吊屋面板）；跨越较高的障碍物吊装构件时，应使起重臂不碰到障碍物，如跨过已安装好的屋架或天窗架，吊装屋面板、支撑等构件时，应使起重臂不碰到已安装好的结构。最小臂长要求是一定的起重高度下对起重半径的要求。

如图 4-1-7 所示的几何关系，起重臂长 L 可表示为其仰角 α 的函数

$$L = l_1 + l_2 = h/\sin\alpha + (a+g)/\cos\alpha \tag{4.1.3}$$

$$\alpha \geqslant \alpha_0 = \arctan[(H - h_1 + d_0)/(a+g)] \tag{4.1.4}$$

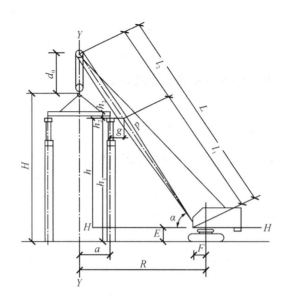

图 4-1-7 起重机最小臂长图

式中，h ——起重臂下铰点至吊装构件支座顶面的高度，$h = h_1 - E$，m；

h_1 ——支座高度，m；

E ——初步选定的起重机的臂下铰点至停机面的距离，m；

a ——起重钩需跨过已安装好的构件的水平距离，m；

g ——起重臂轴线与已安装好构件间的水平距离（至少 1 m），m；

H ——起重高度，m；

d_0 ——吊钩中心至定滑轮中心的最小距离，视起重机型号而定，一般为 2.5～3.5 m；

α_0 ——满足起重高度等要求的起重臂的最小仰角。

4. 起重机开行路线、停机位置及构件平面布置

起重机开行路线及构件平面布置与结构吊装方法、构件吊装工艺、构件尺寸及重量、构件的供应方式等因素有关。

1）柱子吊装起重机开行路线及构件平面布置

（1）起重机开行路线（见图 4-1-8）：

吊装柱时根据厂房跨度大小、柱的尺寸和重量及起重机性能的不同，起重机开行路线分为跨中开行、跨边开行及跨外开行三种。

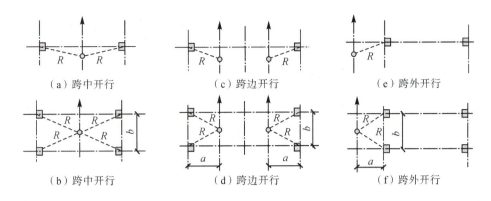

图 4-1-8 起重机开行路线及停机位置

①跨中开行:要求 $R \geqslant L/2$(L 为厂房跨度),每个停机点可吊 2 根柱子,停机点在以基础中心为圆心,R 为半径的圆弧与跨中开行路线的交点处;特别地,当 $R=[(L/2)^2+(b/2)^2]^{1/2}$ 时(b 为厂房柱距),一个停机点可吊装四根柱子,停机点在该柱网对角线交点处。

②跨边开行:起重机在跨内沿跨边开行,开行路线至柱基中心距离为 a,$a \leqslant R$ 且 $a < L/2$,每个停机点吊一根柱子;特别地,当 $R=[a^2+(b/2)^2]^{1/2}$ 时,一个停机点可吊 2 根柱子。

③跨外开行:起重机在跨外沿跨边开行,开行路线至柱基中心距离为 $a \leqslant R$,每个停机点吊一根柱子;特别地,当 $R=[a^2+(b/2)^2]^{1/2}$ 时,一个停机点可吊 2 根柱子。

(2)柱的平面布置(见图 4-1-9):

柱在吊装阶段的就位位置,有斜向布置和纵向布置两种方式。采用旋转法吊装时,一般按斜向布置。采用滑行法吊装时,可纵向布置,也可斜向布置。

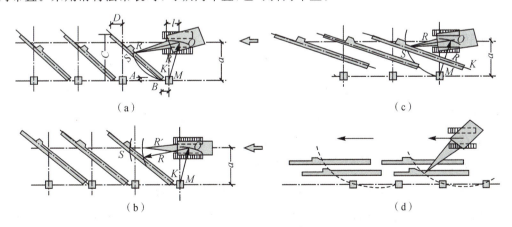

图 4-1-9 柱的平面布置

2)吊车梁吊装起重机开行路线及构件平面布置

吊车梁吊装起重机开行路线一般是在跨内靠边开行,开行路线至吊车梁中心线距离 $a \leqslant R$。

若在跨中开行,一个停机点可吊两边的吊车梁。吊车梁一般在场外组装,有时也在现场组装,吊装前就位堆放在柱列附近,或者随吊随运。

5. 吊装机具、材料、人员准备

(1)检查吊装用的起重设备、配套机具、工具等是否齐全、完好,运输是否灵活,并进行试运转。

(2)检查吊索、卡环、绳卡、横吊梁、倒链、千斤顶、滑车等吊具的强度和数量是否满足吊装需要。

(3)准备吊装用工具,如高空用吊挂脚手架、操作台、爬梯、溜绳、缆风绳、撬杠、大锤、钢(木)楔、垫木铁垫片、线锤、钢尺、水平尺,测量标记以及水准仪经纬仪等。

(4)做好埋设地锚等工作。

(5)准备施工用料,如加固脚手杆、电焊、气焊设备、材料等的供应准备。

(6)按吊装顺序组织施工人员进场,并进行有关技术交底、培训、安全教育。

6. 道路临时设施准备

(1)整平场地、修筑构件运输和起重吊装开行的临时道路,并做好现场排水工作。

(2)清除工程吊装范围内的障碍物,如旧建筑物、地下电缆管线等。

(3)敷设吊装用供水、供电、供气及通信线路。

(4)修建临时建筑物,如工地办公室、材料、机具仓库、工具房、电焊机房、工人休息室、开水房等。

4.1.3 安装作业准备

1. 中转场地的准备

高层钢结构安装是根据规定的安装流水顺序进行的,钢构件必须按照流水顺序的需要配套供应。如制造厂的钢构件供货是分批进行的,同结构安装流水顺序不一致,或者现场条件有限,有时需要设置钢构件中转堆场用以起调节作用。中转堆场的主要作用如下:

(1)储存制造厂的钢构件(工地现场没有条件储存大量构件);

(2)根据安装施工流水顺序进行构件配套,组织供应;

(3)对钢构件质量进行检查和修复,保证将合适的构件送到现场。

钢结构通常在专门的钢结构加工厂制作,然后运至工地经过组装后进行吊装。钢结构构件应按安装程序保证及时供应,现场场地要能满足堆放、检验、油漆、组装和配套供应的需要。

钢结构按平面布置进行堆放,堆放时应注意下列事项:

(1)堆放场地要坚实;

(2)堆放场地要排水良好,不得有积水和杂物;

(3)钢结构构件可以铺垫木水平堆放,支座间的距离应不使钢结构产生残余变形;

(4)多层叠放时垫木应在一条垂线上;

(5)不同类型的构件应分类堆放;

(6)钢结构构件堆放位置要考虑施工安装顺序;

(7)堆放高度应≤2 m,屋架、桁架等宜立放,紧靠立柱支撑稳定;

(8)堆垛之间需留出必要的通道,宽度一般为2 m;

(9)构件编号应放置在构件上的醒目处;

(10)构件应堆放在铁路或公路旁,并配备装卸机械。

2. 钢构件的核查、编号与弹线

(1)清点构件的型号、数量,并按设计和规范要求对构件质量进行全面检查,包括构件强度与完整性(有无严重裂缝、扭曲、侧弯、损伤及其他严重缺陷);外形和几何尺寸,平整度;埋设件、预留孔位置、尺寸和数量;接头钢筋吊环、埋设件的稳固程度和构件的轴线等是否准确,有无出厂合格证。如有超出设计或规范规定偏差,应在吊装前纠正。

(2)现场构件进行脱模,排放;场外构件进场及排放。

(3)按图纸对构件进行编号。不易辨别上下、左右、正反的构件,应在构件上用记号注明,以免吊装时搞错。

(4)在构件上根据就位、校正的需要弹好就位和校正线。柱应弹出三面中心线,牛腿面与柱顶面中心线,±0.000线(或标高准线),吊点位置;基础杯口应弹出纵横轴线;吊车梁、屋架等构件应在端头与顶面及支承处弹出中心线及标高线;在屋架(屋面梁)上应弹出天窗架、屋面板或檩条的安装就位控制线,两端及顶面弹出安装中心线。

3. 钢构件的接头及基础准备

1)接头准备

(1)准备和分类清理好各种金属支撑件及安装接头用连接板、螺栓、铁件和安装垫铁;施焊必要的连接件(如屋架、吊车梁垫板、柱支撑连接件及其余与柱连接相关的连接件),以减少高空作业。

(2)清除构件接头部位及埋设件上的污物、铁锈。

(3)对于需组装拼装及临时加固的构件,按规定要求使其达到吊装条件。

(4)在基础杯口底部,根据柱子制作的实际长度(从牛腿至柱脚尺寸)的误差,调整杯底标高,用10 mm厚水泥砂浆找平,标高允许差为±5 mm,以保持吊车梁的标高在同一水平面上;当预制柱采用垫板安装或重型钢柱采用杯口安装时,应在杯底设垫板处局部抹平,并加设小钢垫板。

(5)柱脚或杯口侧壁未划毛的,要在柱脚表面及杯口内稍加凿毛处理。

(6)钢柱基础,要根据钢柱实际长度牛腿间距离,钢板底板平整度检查结果,在柱基础表面浇筑标高块(块成十字式或四点式),标高块强度不小于30 MPa,表面埋设16～20 mm厚钢板,基础上表面亦应凿毛。

2)基础准备

基础准备包括轴线误差量测、基础支承面的准备、支承面和支座表面标高与水平度的检验、地脚螺栓位置和伸出支承面长度的量测等。

(1)柱子基础轴线和标高正确是确保钢结构安装质量的基础,应根据基础的验收资料复核各项数据,并标注在基础表面上。钢结构工程允许偏差可参照表4-1-2执行。

表4-1-2 钢结构工程允许偏差

项目	允许偏差
建筑物定位轴线	$l/1000$,且不应大于3.0
基础上柱的定位轴线	1.0
基础上柱底标高	±3.0

(2)基础支承面的准备有两种,一种是基础一次浇筑到设计标高,即基础表面先浇筑到设计标高以下20～30 mm处,然后在设计标高处设角钢或槽钢制导架,测准其标高,再以导架为依据用水泥砂浆仔细铺筑支座表面;另一种是基础预留标高,安装时做足,即基础表面先浇筑至距设计标高50～60 mm处,柱子吊装时,在基础面上放钢垫板以调整标高,待柱子吊装就位后,再在钢柱脚底板下浇筑细石混凝土。

(3)基础顶面直接作为柱的支承面和基础顶面预埋钢板或支座作为柱的支承面时,其支承面、地脚螺栓(锚栓)的允许偏差应符合表4-1-3的规定。

表4-1-3 支承面、地脚螺栓(锚栓)的允许偏差

项目		允许偏差
支承面	标高	±3.0
	水平度	$l/1000$
地脚螺栓(锚栓)	螺栓中心偏移	5.0
	预留孔中心偏移	10.0

(4)钢柱脚采用钢垫板作支承时,应符合下列规定:

①钢垫板面积应根据基础混凝土和抗压强度、柱脚底板下细石混凝土二次浇灌前柱底承受的荷载和地脚螺栓(锚栓)的紧固拉力计算确定。

②垫板应设置在靠近地脚螺栓(锚栓)的柱脚底板加劲板下,每根地脚螺栓(锚栓)侧应设1、2组垫板,每组垫板不得多于5块。垫板与基础面和柱底面的接触应平整、紧密。当采用成

对斜垫板时,其叠合长度不应小于垫板长度的 2/3。二次浇灌混凝土前垫板间应焊接固定。

③采用坐浆垫板时,应采用无收缩砂浆。柱子吊装前砂浆试块强度应高于基础混凝土强度 1 个等级。坐浆垫板的允许偏差应符合表 4-1-4 的规定。

表 4-1-4　坐浆垫板的允许偏差

项目		允许偏差
支承面	标高	±3.0
	水平度	$l/1000$
地脚螺栓(锚栓)	螺栓中心偏移	5.0
	预留孔中心偏移	10.0

(5)地脚螺栓(锚栓)尺寸的偏差应符合表 4-1-5 的规定,位置的允许偏差见表 4-1-2 的规定。地脚螺栓(锚栓)的螺纹应受到保护。

表 4-1-5　地脚螺栓(锚栓)尺寸的偏差

螺栓(锚栓)直径	项目	
	螺栓(锚栓)外露长度	螺栓(锚栓)螺纹长度
$d \leqslant 30$	0 $+1.2d$	0 $+1.2d$
$d > 30$	0 $+1.0d$	0 $+1.0d$

任务实施

1. 工作任务

通过引导文的形式了解钢结构安装前的资料准备、机具准备、作业条件准备等。

2. 实施过程

1)资料查询

利用在线开放课程、网络资源等查找相关资料,收集钢结构安装前准备工作内容。

2)引导文

(1)填空题。

①钢结构安装的准备工作包括_____、_____、_____、_____ 和_____等内容。

②塔式起重机按其变幅方式可分为_____和动臂变幅两种。

③钢结构基础施工准备工作包括_____、_____、_____、地脚螺栓位置和伸出支承面长度的量测等。

④所有生产工人都要进行上岗前培训,取得相应_____,做到持证上岗。尤其是_____、_____、_____、_____等特殊工种。

⑤构件根据就位、校正的需要弹好就位和校正线,其中柱面应弹出_____、_____、_____、_____。

⑥起重机力矩是指_____和相应起吊物品_____的乘积。

⑦起重机是一种能在一定范围内_____和_____的机械。

⑧塔机所使用的电源为_____。

⑨首次取得《建筑施工特种作业操作资格证书》的人员,实习操作不得少于_____个月,否则不得独立上岗作业。

⑩塔吊实行月保养制度,每月应由_____和_____负责完成。

(2)选择题。

①钢结构构件堆放时,下列叙述不当的是(　　)。

A. 堆放场地要坚实

B. 堆放场地要排水良好,不得有积水和杂物

C. 构件应堆放在拟建建筑附件

D. 构件编号应放置在构件醒目处

②钢结构构件安装前应对(　　)进行验收。

A. 临时加固　　　B. 构件　　　C. 基础　　　D. 连系梁

③根据就位、校正需要,在吊车梁吊装时应在端头与顶面及支承处弹出(　　)。

A. 中心线及标高线　　B. 吊点位置　　C. 安装中心线　　D. 就位中心线

④塔吊试调起升制动器时,吊额定重量离地面(　　)m,确认制动良好方可运行。

A. 0.2　　　B. 0.5　　　C. 1.0　　　D. 1.5

⑤吊装起重量100 t以上的桥式起重机,应采用(　　)点捆绑。

A. 2　　　B. 3　　　C. 4　　　D. 5

⑥起吊重物使用的钢丝绳,应选取适当长度,绳索之间的夹角随钢丝绳子直径(　　)。

A. 无关　　B. 增大而相应增大　　C. 减小而相应增大　　D. 增大而相应减小

⑦吊钩、吊环一般都采用20号优质碳素钢或16 Mn钢制作,因为这两种材料(　　)较好。

A. 强度　　　B. 硬度　　　C. 韧性　　　D. 柔性

⑧起重量较大的桁架桅杆,为便于搬运和转移都制成分段式,每段长度6～8 m,用(　　)把每段连接起来,在施工现场组合或拆除。

A. 螺栓　　　B. 焊接　　　C. 铆接　　　D. 绑扎

⑨建筑施工特种作业人员,必须经过(　　)级建设主管部门培训考试合格后发给操作证,方可独立操作。

A.县　　　　　　B.市　　　　　　C.省　　　　　　D.部

⑩多次弯曲造成的(　　)是钢丝绳破坏的主要原因之一。

A.拉伸　　　　　B.扭转　　　　　C.疲劳　　　　　D.变形

(3)简答题。

①简述图纸会审的内容。

②简述钢结构工程施工组织设计的编制依据和原则。

③简述安装机械选择的依据与原则。

④简述起重机械"十不吊"内容。

知识拓展

"中国建造"谱写新篇章

大力发展"中国建造",加快推进建筑产业转型升级、建筑业发展质量和效益全面提升。

一是建筑业支柱产业地位和作用不断增强。2019年建筑业总产值、增加值分别达到24.84万亿元、7.09万亿元,分别比2015年增长37%和52%。建筑业增加值占国内生产总值的比重保持在6.6%以上,带动了上下游50多个产业发展,为全社会提供了超过5000万个就业岗位。

二是建造方式加快转型。大力推广装配式钢结构等新型建造方式,全国新开工装配式建筑年均增长55%。促进建筑节能和绿色建筑快速发展,城镇新建建筑执行节能强制性标准比例基本达到100%。

三是工程设计建造水平大幅提高。港珠澳大桥、北京大兴国际机场等一批世界级标志性重大工程相继建成。我国在超高层、深基坑、大空间、大跨度的高难度建筑工程,以及大型桥梁、水利枢纽、高速铁路等专业工程方面,设计施工技术已达到国际先进水平。

四是建筑业企业实力不断增强。2020年有74家中国内地企业进入国际承包商250强榜单。2019年具有中级工技能水平以上的建筑工人达579.8万人。

五是建筑业"走出去"步伐加快。2019年我国对外承包工程业务完成营业额1729亿美元,新签合同额2602.5亿美元,分别比2015年增长12.2%、23.8%,对推动"一带一路"建设发挥了重要作用。

任务2 单层厂房钢结构工程施工

任务描述

单层钢结构厂房一般是由屋架结构、柱、吊车梁、制动梁(或制动桁架)、各种支撑以及墙架等构件组成的空间体系(见图4-2-1)。这些构件按其作用可分为以下几类:

(1)横向框架:由柱和它所支承的屋架或屋架横梁组成,是单层钢结构厂房的主要承重体系,承受结构的自重、风、雪荷载和吊车的竖向与横向荷载,并把这些荷载传递到基础。

(2)屋架结构:承担屋架荷载的结构体系,包括横向框架的横梁、托架、中间屋架、天窗架、檩条等。

(3)支撑体系:包括屋架部分的支撑和柱间支撑等,它一方面与柱、吊车梁等组成单层钢结构厂房的纵向框架,承担纵向水平荷载;另一方面又把主要承重体系由个别的平面结构连成空间的整体结构,从而保证了单层厂房钢结构所必需的刚度和稳定。

(4)吊车梁和制动梁(或制动桁架):主要承受吊车竖向及水平荷载,并将这些荷载传到横向框架和纵向框架上。

(5)墙架:承受墙体的自重和风荷载。

此外,还有一些次要的构件如梯子、走道、门窗等。在某些单层厂房钢结构中,由于工艺操作上的要求,还设有工作平台。

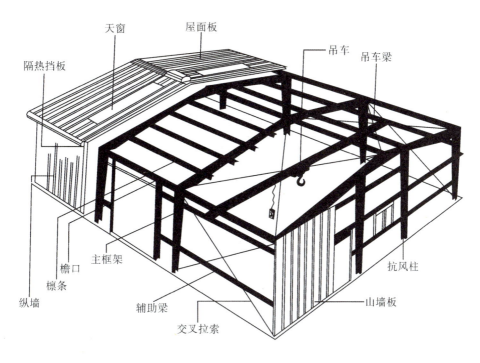

图4-2-1 门式刚架结构示意图

因此,需要熟悉轻型门式厂房钢结构施工所需的材料、工具,掌握钢构件吊装工艺流程及注意事项。

知识学习

4.2.1 材料要求

(1)钢构件复验合格,包括构件变形、标识、精度和孔眼等。对构件变形和缺陷超出允许偏差时应进行处理。

(2)高强度螺栓的准备:钢结构设计用高强度螺栓连接时应根据图纸要求分规格统计所需高强度螺栓的数量并配套供应至现场。应检查其出厂合格证、扭矩系数或紧固轴力(预拉力)的检验报告是否齐全,并按规定作紧固轴力或扭矩系数复验。对钢结构连接件摩擦面的抗滑移系数进行复验。

(3)焊接材料的准备:钢结构焊接施工之前应对焊接材料的品种、规格、性能进行检查,各项指标应符合现行国家标准和设计要求。检查焊接材料的质量合格证明文件、检验报告及中文标志等。对重要钢结构采用的焊接材料应进行抽样复验。

4.2.2 主要机具

主要机具的规格型号及用途见表 4-2-1。

表 4-2-1 主要机具

序号	名称	规格型号	用途
1	起重机(履带、塔式、汽吊)	根据构件重而定	钢构件拼装、安装
2	千斤顶	螺旋式 20~30 t	钢柱校正、构件变形校正
3	交流弧焊机	42 kV·A	钢构件(柱、屋架、拱架、门式刚架、支撑)焊接
4	直流弧焊机	28 kW	碳弧气刨修补焊缝
5	小气泵	—	配合碳弧气刨用
6	砂轮	$\phi 100 \sim 120$	打磨焊缝
7	全站仪	—	轴线测量
8	经纬仪	—	轴线测量
9	水平仪	—	标高测量
10	钢尺	30~50 m	测量
11	拉力计	10 kg	测量
12	气割工具	—	—
13	倒链		
14	滑车		
15	高强度螺栓扳手	—	高强度螺栓终拧

4.2.3 作业条件

(1) 根据正式施工图纸及有关技术文件编制施工组织设计。

(2) 对使用的各种测量仪器及钢尺进行计量检查复验。

(3) 根据土建部门提供的纵横轴线和水准点进行验线。

(4) 按施工平面布置图划分区域:材料堆放区、杆件制作区、拼装区,构件按吊装顺序进场。

(5) 场地要平整夯实,并设排水沟。

(6) 在制作区、拼装区、安装区设置足够的电源。

(7) 搭好高空作业操作平台,并检查牢固情况。

(8) 放好柱顶纵横安装位置线、调整好标高。

(9) 对参与钢结构安装人员,如安装工、测工、电焊工、起重机司机、指挥工等要持证上岗。

(10)检查地脚螺栓外露部分的情况,若有弯曲变形、螺牙损坏的螺栓,必须对其修正。

(11)将柱子就位轴线弹测在柱基表面。

(12)对柱基标高进行找平。

4.2.4 操作工艺

1. 工艺流程

钢结构厂房安装工艺流程见图 4-2-2。

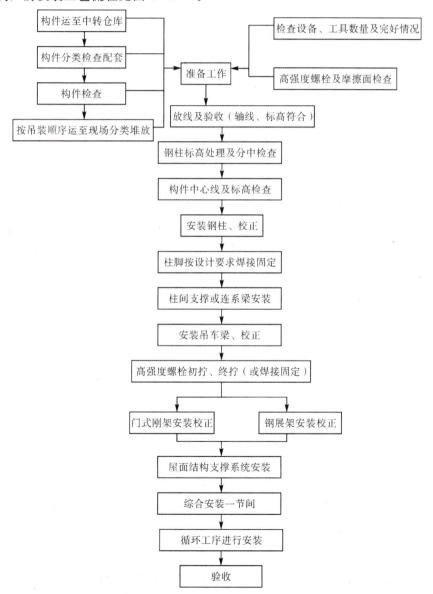

图 4-2-2 钢结构厂房安装工艺流程图

2. 构件吊装顺序

钢结构吊装应遵循以下原则：

①必须先高跨安装，后低跨安装，这有利于高低跨钢柱的垂直度。

②必须先大跨度安装，后小跨度安装。

③应先吊装间数多的，后吊装间数少的。

④构件吊装可分为竖向构件吊装（柱、连系梁、柱间支撑、吊车梁、托架、副桁架等）和平面构件吊装（屋架、屋架支撑、桁架、屋面压型板、制动桁架、挡风桁架等）两大类，在大部分施工情况下采用先吊装竖向构件，叫单件流水法吊装；后吊装平面构件，叫节间综合法安装（即吊车一次吊完一个节间的全部屋架构件后再吊装下一节间的屋架构件）。

钢结构工程安装方法有分件吊装法、节间安装法和综合吊装法。

1) 分件吊装法

分件吊装法是指起重机在带间内每开行一次仅吊装一种或两种构件。如起重机第一次开行中先吊装全部柱子，并进行校正和最后固定。然后依次吊装地梁、柱间支撑、墙梁、吊车梁、托架（托梁）、屋架、天窗架、屋面支撑和墙板等构件，直至整个建筑物吊装完成。有时屋面板的吊装也可在屋面上单独用桅杆或层面小吊车来进行。

分件吊装法适用于一般中、小型厂房的吊装。分件吊装法的优点是起重机在每次开行中仅吊装一类构件，吊装内容单一，准备工作简单，校正方便，吊装效率高；有充分时间进行校正；构件分类后在现场按顺序预制、排放，场外构件可按先后顺序组织供应；构件预制吊装、运输、排放条件好，易于布置；可选用起重量较小的起重机械，可利用改变起重机臂杆长度的方法，分别满足各类构件吊装起重量和起升高度的要求。缺点是起重机开行频繁，机械台班费用增加；起重机开行路线长；起重臂长度改变需要一定的时间；不能按节间吊装，不能为后续工程及早提供工作面，阻碍了工序的穿插；相对的吊装工期较长；屋面板吊装有时需要有辅助机械设备。

2) 节间安装法

节间安装法是指起重机在厂房内一次开行中，分节间依次安装所有类型构件，即先吊装一个节间柱子，并立即加以校正和最后固定，然后接着吊装地梁、柱间支撑、墙梁（连续梁）、吊车梁、走道板、柱头系统、托架（托梁）、屋架、天窗架、屋面支撑系统、屋面板和墙板等构件。一个节间的全部构件吊装完毕后，起重机行进至下一个节间，再进行下一个节间全部构件吊装，直至吊装完成。

节间安装法适用于采用回转式桅杆进行吊装，或特殊要求的结构（如门式框架）或某种原因局部特殊需要（如急需施工地下设施）时采用。节间安装法的优点是起重机开行路线短，起重机停机点少，停机一次可以完成一个（或几个）节间全部构件安装工作，可为后期工程及早提供工作面,可组织交叉平行流水作业,缩短工期;构件制作和吊装误差能及时发现并纠正;吊装完一节间,校正固定一节间,结构整体稳定性好,有利于保证工程质量。缺点是需要用起重量大的起重机同时吊各类构件,不能充分发挥起重机效率,无法组织单一构件连续作业;各类构件需交叉配合,场地构件堆放拥挤,吊具、索具更换频繁,准备工作复杂;校正工作零碎,困难;柱子固定时间较长,难以组织连续作业,使吊装时间延长,降低吊装效率;操作面窄,易发生安全事故。

3)综合吊装法

综合吊装法是将全部或一个区段的柱头以下部分的构件用分件吊装法吊装,即柱子吊装完毕并校正固定,再按顺序吊装地梁、柱间支撑、吊车梁、走道板、墙梁、托架(托梁),接着按节间综合吊装屋架、天窗架、屋面支撑系统和屋面板等屋面结构构件。整个吊装过程可按三次流水进行,根据结构特性有时也可采用两次流水,即先吊装柱子,然后分节间吊装其他构件。

吊装时通常采用2台起重机,一台起重量大的起重机用来吊装柱子、吊车梁、托架和屋面结构系统等,另一台用来吊装柱间支撑、走道板、地梁、墙梁等构件并承担构件卸车和就位排放工作。

综合吊装法结合了分件吊装法和节间安装法的优点,能最大限度地发挥起重机的能力和效率,缩短工期,是广泛采用的一种吊装方法。

3. 单件构件安装工艺

钢柱安装时,先将基础清理干净,并调整基础标高,然后进行安装。柱子安装层次包括基础放线、绑扎、吊装、校正、固定等。

1)放线

安装前,用木工墨斗放好基础平面的纵、横轴向基准线作为柱底板安装定位线。

2)确定吊装机械

根据现场实际件选择好吊装机械后,方可进行吊装。吊装时,要将安装的柱子按位置、方向放到吊装(起重半径)位置。

目前,安装所用的吊装机械,大部分用履带式起重机、轮胎式起重机及轨道式起重机吊装柱子。如果场地狭窄,不能采用上述机械吊装,可采用抱杆或架设走线滑车进行吊装。

3)柱子吊装

起吊方法应根据钢柱类型、起重设备和现场条件确定。起重机械可采用单机、双机、三机等,见图4-2-3。起吊方法可采用旋转法、滑行法、递送法。

旋转法是起重机边起钩边回转使钢柱绕柱脚旋转而将钢柱吊起(见图4-2-4)。

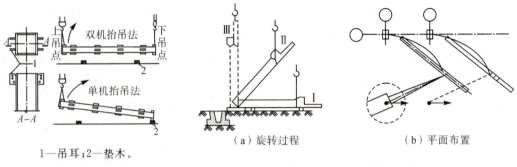

1—吊耳；2—垫木。

图 4-2-3　钢柱吊装

（a）旋转过程　　（b）平面布置

图 4-2-4　用旋转法吊柱

滑行法是采用单机或双机抬吊钢柱，起重机只起钩，使钢柱滑行而将钢柱吊起。为减少钢柱与地面摩阻力，需在柱脚下铺设滑行道（见图 4-2-5）。

（a）滑行过程　　（b）平面布置

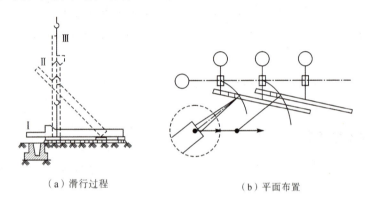

图 4-2-5　用滑行法吊柱

递送法采用双机或三机抬吊钢柱。其中一台为副机吊点选在钢柱下面，起吊时配合主机起钩，随着主机的起吊，副机行走或回转。在递送过程中副机承担了一部分荷载，将钢柱脚递送到柱基础顶面，副机脱钩卸去荷载，此时主机满荷，将柱就位（见图 4-2-6）。

（a）平面布置　　（b）递送过程

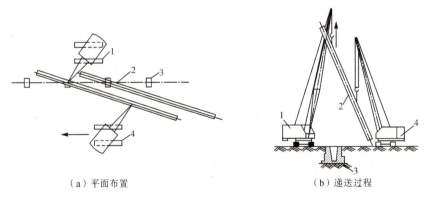

1—主机；2—柱子；3—基础；4—副机。

图 4-2-6　双机抬吊递送法

柱子起吊前,应从柱底板向上 500～1000 mm 处划一水平线,以便安装固定前后作复查平面标高基准用。

柱子安装属于竖向垂直吊装,为使吊起的柱子保持下垂,便于就位,需根据柱子的种类和高度确定绑扎点。具有牛腿的柱子,绑扎点应靠牛腿下部。无牛腿的柱子按其高度比例,绑扎点设在柱子全长 2/3 的上方位置处。防止柱边缘的锐利棱角,在吊装时损伤吊绳,应用适宜规格的钢管割开一条缝,套在棱角吊绳处,或用方形木条垫护。注意绑扎牢固,并易拆除。

钢柱柱脚套入地脚螺栓,防止其损伤螺纹,应用铁皮卷成筒套到螺栓上,钢柱就位后,取去套筒。

为避免吊起的柱子自由摆动,应在柱底上部用麻绳绑好,作为牵制溜绳的调整方向。吊装前的准备工作就绪后,首先进行试吊,吊起一端高度为 100～200 mm 时应停吊,检查索具牢固和吊车稳定板位于安装基础时,可指挥吊车缓慢下降,当柱底距离基础位置 40～100 mm 时,调整柱底与基础两基准线达到准确位置,指挥吊车下降就位,并拧紧全部基础螺栓螺母,临时将柱子加固,达到安全方可摘除吊钩。

如果多排柱子安装,可继续按此做法吊装其余所有的柱子。钢柱吊装调整与就位如图 4-2-7 所示。

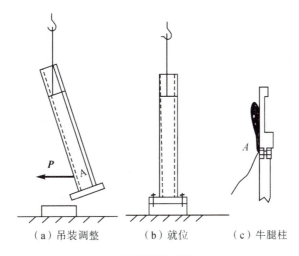

(a) 吊装调整　　(b) 就位　　(c) 牛腿柱

A—溜绳绑扎位置。

图 4-2-7　钢柱吊装就位示意图

钢柱的吊装方法与钢筋混凝土柱的吊装方法基本相同。不同点是钢柱基础是凸起地面,用螺栓固定柱子。而钢筋混凝柱的基础形状是方杯口型,安装就位后,用混凝土浇筑固定柱子。

4) 柱子校正及最后固定

(1) 钢柱校正:柱子的校正工作一般包括平面位置、标高及垂直度三个内容。

钢柱和钢筋混凝土柱的平面位置在吊装就位时,属一次对位,一般平面不需再校正。对于柱子的标高,有时低于安装标高,就位后,需用垫铁调整准确标高。因此钢柱校正工作和钢筋混凝土柱子一样,主要是校正垂直度和复查标高。

钢柱标高校正,可根据钢柱实际长度、柱底平整度、钢牛腿顶部距柱底部距离确定。对于采用杯口基础钢柱,可采用抹水泥砂浆或设钢垫板来校正标高;对于采用地脚螺栓连接方式钢柱,首层钢柱安装时,可在柱子底板下的地脚螺栓上加一个调整螺母,螺母上表面标高调整到与柱底板标高相同,安装柱子后,通过调整螺母来控制柱子的标高。

柱子底板下预留的空隙,用无收缩砂浆填实。基础标高调整数值主要保证钢牛腿顶面标高偏差在允许范围内。如安装后仍超过允许偏差,则在安装吊车梁时予以纠正。如偏差过大,则将柱子拔出重新安装。

柱子校正工作需用测量工具同时进行,常用的观测柱子垂直度的工具是经纬仪或线坠。

①经纬仪测量:校正柱子垂直度需用两台经纬仪观测,见图4-2-8(b)。首先,将经纬仪放在柱子一侧,使纵中丝对准柱子座的基线,然后固定水平度盘的各螺丝。

测柱子的中心线,由下而上观测。若纵中心线对准,即是柱子垂直,不对准则需调整柱子,直到对准经纬仪纵中丝为止。以同样方法测横线,使柱子另一面中心线垂直于基线横轴。柱子准确定位后,即可对柱子进行固定工作。

②线坠测量参见图4-2-8(c):用线坠测量垂直度时,因柱子较高,应采用1~2 kg重量的线坠。其测量方法是把型钢头事先焊在柱子侧面上(也可用磁力吸盘),将线坠上线头拴好,量得柱子侧面和线坠吊线之间距离,如上下一致则说明柱子垂直,不一致则说明有误差。测量时,需设法稳住线坠,其做法是将线坠放入空水桶或盛水的水桶内,注意坠尖与桶底间保持悬空距离,方能检测准确。

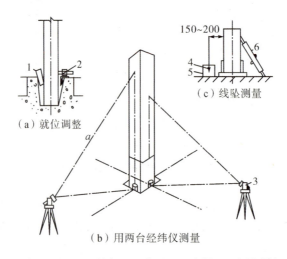

1—楔块;2—螺丝顶;3—经纬仪;4—线坠;5—水桶;6—调整螺杆千斤顶。

图4-2-8 柱子校正示意图

柱子校正除采用上述测量方法外,还可用千斤顶校正法(见图 4-2-9)、增加或减换垫铁(见图 4-2-10)、撑杆校正法及缆风绳校正法来调整柱子垂直度等方法。

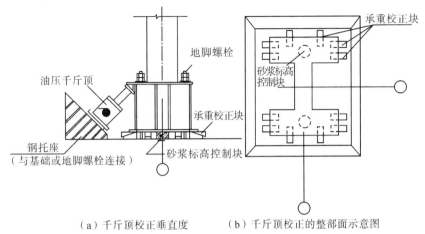

(a)千斤顶校正垂直度　　(b)千斤顶校正的整部面示意图

图 4-2-9　用千斤顶校正垂直度

【例】有一柱子高度为 10 m,底座板宽为 0.9 m,求柱子倾斜值。

【解】现将 a 柱右边的垫板撤去 1 mm,则倾斜值为 x,可用下式计算:

$1/450 = x/10\ 000$

$x = 10\ 000/450 = 22.2$ mm

由此可见,只要将倾斜柱子右方再垫上 1 mm 厚垫板,即可达到校正的目的。柱子校正应先校偏差大的,后校偏差小的。

(2)最后固定:钢柱最后校正完毕后,应立即进行最后固定。

对无垫板安装钢柱的固定方法是在柱子与杯口的空隙内灌注细石混凝土。灌注前,先清理并湿润杯口,灌注分两次进行,第一次灌注至楔子底面,待混凝土强度等级达到 25% 后,拔出楔子,第二次灌注混凝土至杯口。对采用缆风绳校正法校正的柱子,需待第二次灌注混凝土达到 70% 时,即可拆除缆风绳。

对有垫板安装钢柱的二次灌注方法,通常采用赶浆法或压浆法。赶浆法是在杯口一侧灌强度等级高一级的无收缩砂浆(掺为水泥重量 0.03%~0.05% 的铝粉)或细豆石混凝土,用细振动棒振捣使砂浆从柱底另一侧挤出,待填满柱底周围约 10 cm 高,接着在杯口四周均匀地灌细石混凝土至与杯口平,见图 4-2-11(a);压浆法是于杯口空隙内插入压浆管与排气管,先灌 20 cm 高混凝土,并插捣密实,然后开始压浆,待混凝土被挤压上拱,停止顶压;再灌 20 cm

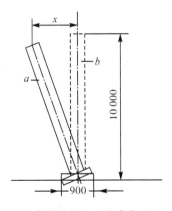

a—倾斜位置;b—垂直位置。

图 4-2-10　计算法校正柱子

高混凝土顶压一次即可拔出压浆管和排气管,继续灌注混凝土至与杯口平,见图4-2-11(b)。本法适用于截面较大、垫板高度较小的杯底灌浆。

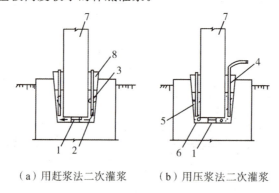

(a)用赶浆法二次灌浆　　(b)用压浆法二次灌浆

1—钢垫板;2—细石混凝土;3—插入式振动器;4—压浆管;5—排气管;

6—水泥砂浆;7—柱;8—钢楔。

图4-2-11　有垫板安装柱子灌浆方法

对采用地脚螺栓方式连接的钢柱,当钢柱安装最后校正后拧紧螺母进行最后固定,见图4-2-12。

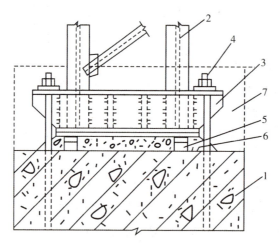

1—柱基础;2—钢柱;3—钢柱脚;4—地脚螺栓;5—钢垫板;

6—二次灌浆细石混凝土;7—柱脚外包混凝土。

图4-2-12　用预埋地脚螺栓固定

5)钢柱找正对垫铁的要求

用垫铁方法校正垂直度和调整柱子标高时,需注意以下几点要求:

(1)柱子校正和调整标高,垫不同厚度垫铁或偏心垫铁的重叠数量不准多于2块,一般要求厚板在下面、薄板在上面。每块垫板要求伸出柱底板外5～10 mm,以备焊成一体,保证柱底板与基础板平稳牢固结合,如图 4-2-13 所示。

(2)垫板之间的距离要以柱底板的宽为基准;要做到合理恰当,使柱体受力均匀,避免柱底板局部压力过大产生变形。

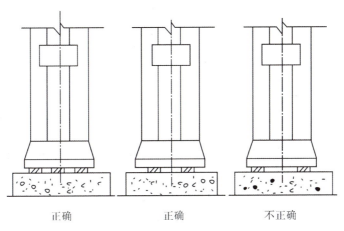

图 4-2-13　钢柱垫铁示意图

6)校正柱子注意风力和温度影响

校正柱子操作或柱子校正后,在风力和温度影响下,会使校正后的柱子自动产生偏斜。

(1)风力影响。风力对柱面产生压力,柱面的宽度越宽,柱子高度越高,受风力影响也就越大,影响柱子的侧向弯曲也就越大。因此,柱子校正操作时,当柱子高度在 8 m 以上,风力超过 5 级时不能进行。经校正达到垂直度的柱子应抓紧时间,进入下一步柱间侧向支撑的安装,以达到整体连接;增加其刚度,防止风力作用再变形。

(2)温度影响。温度的变化会引起柱子侧向弯曲,使柱顶移位。由于受阳光照射的一面温度比不受照射的一面高,阳面的膨胀程度也就越大,使柱子向阴面弯曲;温度越高,柱子阴阳面的温差就越大,影响柱子的弯曲程度也就越严重。因此,在炎热季节校正柱子操作,在早晨或阴天进行较好。

已校正达到垂直度的柱子,在温度影响下往往也会自动偏斜。因此,对校正完成的柱子避免再偏斜,在下一步安装支撑或吊车梁前,应作复测。检查柱子侧向弯曲程度的数值,是由柱底平面到柱顶的这一段距离的水平位移来确定的,其水平位移的数值,可用经纬仪测得。

7)钢吊车梁的安装工艺

(1)钢吊车梁的安装:钢吊车梁安装一般采用捆绑法(见图 4-2-14)或工具式吊耳(见图 4-2-15)进行吊装。再进行安装以前应将吊车梁的分中标记引至吊车梁的端头,以利于吊装时按柱牛腿的定位轴线临时定位。

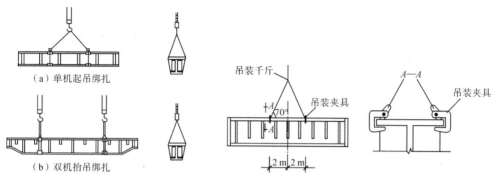

图 4-2-14 钢吊车梁的吊装绑扎　　图 4-2-15 利用工具式吊耳吊装

(2)吊车梁的校正：钢吊车梁的校正包括标高、纵横轴线和垂直度的调整。注意钢吊车梁的校正必须在结构形成刚度单元以后才能进行(见图 4-2-16)。

①用经纬仪将柱子轴线投到吊车梁牛腿面等高处，据图纸计算出吊车梁中心线到该轴线理论长度 $L_{理}$。

②每根吊车梁测出两点用钢尺和弹簧秤校核这两点到柱子轴线的距离 $L_{实}$，看 $L_{实}$ 是否等于 $L_{理}$ 以此对吊车梁纵轴进行校正。

③当吊车梁纵横轴线误差符合要求后，复查吊车梁跨度。

④吊车梁的标高和垂直度的校正可通过对钢垫板的调整来实现，亦可用撬杠拨正，或在梁端设螺栓，液压千斤顶侧向顶正或在柱头挂倒链将吊车梁吊起或用杠杆将吊车梁抬起，再用撬杠配合移动拨正。注意吊车梁的垂直度的校正应和吊车梁轴线的校正同时进行。

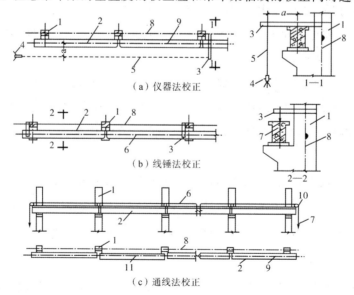

1—柱；2—吊车梁；3—短木尺；4—经纬仪；5—经纬仪与梁轴线平行视线；6—铁丝；
7—线锤；8—柱轴线；9—吊车梁轴线；10—钢管或圆钢；11—偏离中心线的吊车梁。

图 4-2-16 吊车梁轴线的校正

8)钢屋架的安装

(1)工艺流程:安装准备→屋架组拼→屋架安装→连接与固定→检查、验收→除锈、刷涂料。

(2)安装准备:

①复验安装定位所用的轴线控制点和测量标高使用的水准点。

②放出标高控制线和屋架轴线的吊装辅助线。

③复验屋架支座及支撑系统的预埋件,其轴线、标高、水平度、预埋螺栓位置及露出长度等,超出允许偏差时,应做好技术处理。

④检查吊装机械及吊具,按照施工组织设计的要求搭设脚手架或操作平台。

⑤屋架腹杆设计为拉杆,但吊装时由于吊点位置使其受力改变为压杆时,为防止构件变形、失稳,必要时应采取加固措施,在平行于屋架上、下弦方向采用钢管、方木或其他临时加固措施。

⑥测量用钢尺应与钢结构制造用的钢尺校对,并取得计量法定单位检定证明。

(3)屋架组拼:

屋架分片运至现场组装时,拼装平台应平整。组拼时应保证屋架总长及起拱尺寸的要求。焊接时焊完一面检查合格后,再翻身焊另一面,做好施工记录。经验收后方可吊装。屋架及天窗架也可以在地面上组装好一次吊装,但要临时加固,以保证吊装时有足够的刚度。

(4)屋架安装:

①吊点必须设在屋架三汇交点上(见图4-2-17)。屋架起吊时离地50 cm时暂停,检查无误后再继续起吊。

②安装第一榀屋架时,在松开吊钩前初步校正;对准屋架支座中心线或定位轴线就位,调整屋架垂直度,并检查屋架测向弯曲,将屋架临时固定(见图4-2-18)。

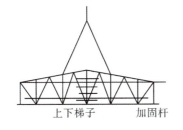

1—钢吊车梁;2—侧面桁架;3—底面桁架;
4—上平面桁架及走台;5—斜撑。

图4-2-17 钢屋架吊装示意图　　图4-2-18 屋架的临时固定

③第二榀屋架同样方法吊装就位好后,不要松钩,用杉篙或方木临时与第一榀屋架固定,随后安装支撑系统及部分檩条,最后校正固定,务必使第一榀屋架与第二榀屋架形成一个具有空间刚度和稳定的整体。

④从第三榀屋架开始,在屋脊点及上弦中点装上檩条即可将屋架固定,同时将屋架校正好。

(5)构件连接与固定:

①构件安装采用焊接或螺栓连接的节点,需检查连接节点,合格后方能进行焊接或紧固。

②安装螺栓孔不允许用气割扩孔,永久性螺栓不得垫两个以上垫圈,螺栓外露螺纹长度不少于2~3扣。

③安装定位焊缝不需承受荷载时,焊缝厚度不少于设计焊缝厚度的2/3,且不大于8 mm,焊缝长度不宜小于25 mm,位置应在焊道内。安装焊缝全数外观检查,主要的焊缝应按设计要求用超声波探伤检查内在质量。上述检查均需作记录。

④焊接及高强度螺栓连接操作工艺详见该项工艺标准。

⑤屋架支座、支撑系统的构造做法需认真检查,必须符合设计要求,零配件不得遗漏。

(6)钢屋架的校正:

钢屋架的垂直度的校正方法如下:在屋架下弦一侧拉一根通长钢丝(与屋架下弦轴线平行),同时在屋架上弦中心线挑出一个同等距离的标尺,然后用线锤校正。也可用一台经纬仪,放在柱顶一侧,与轴线平移 a 距离,在对面柱子上同样有一距离为 a 的点,从屋架中线处挑出 a 距离,三点在一个垂面上即可使屋架垂直(图4-2-19)。

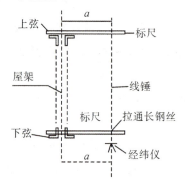

图4-2-19 钢屋架垂直度校正示意图

任务实施

1. 工作任务

通过引导文的形式了解钢结构安装前的资料准备、机具准备、作业条件准备等。

2. 实施过程

1)资料查询

利用在线开放课程、网络资源等查找相关资料,收集钢结构安装前准备工作内容。

2)引导文

(1)填空题:

①塔式起重机按其变幅方式可分为＿＿＿＿＿＿＿＿＿和动臂变幅两种。

②螺栓预埋很关键,柱位置的准确性取决于预埋螺栓位置的准确性。预埋螺栓标高偏差控

制在以内,定位轴线的偏差控制在_____以内。

③钢柱校正要做_____、_____、_____三件工作。

④在高强度螺栓施工前,钢结构制作和安装单位应分别对高强度螺栓的_____进行检验和复验。

⑤在设置柱间支撑的开间,应同时设置_____,以构成几何不变体系。

⑥当横向水平支撑支撑设置在房屋温度区段端部第二个柱间时,在第一个柱间的相应位置应设置_____。

⑦当外侧设有压型钢板的实腹式刚架柱的内翼缘受压时,可以沿着内侧翼缘设置成对的_____。

⑧门式刚架轻型房屋屋面坡度宜取_____,在雨水较多的地区取其中的较大值。

⑨厂房钢结构系杆可分_____和_____两种。

⑩_____适用于屋面坡度较为平缓的无檩屋盖体系。

(2)选择题。

①钢构件组装和钢结构安装要求包括( )。

A. 钢网架结构总拼完成的挠度值不应超过相应设计值的1.15倍

B. 腹板拼接宽度不大于300 mm

C. 多节柱安装时,每节柱的定位轴线从下层柱的轴线引上

D. 厚涂型防火涂料的涂层厚度应符合有关耐火极限的设计要求

②钢结构厂房吊车梁的安装应从( )开始。

A. 有柱间支撑的跨间　　　　　　　　B. 端部第一跨间

C. 剪刀撑　　　　　　　　　　　　　D. 斜向支撑

③当钢屋架安装过程中垂直偏差过大时,应在屋架间加设( )以增强稳定性。

A. 垂直支撑　　B. 垂直水平支撑　　C. 剪刀撑　　D. 斜向支撑

④厂房钢结构温度收缩缝的布置取决于厂房的( )。

A. 纵向长度　　B. 横向长度　　C. 纵向和横向长度　D. 无关

⑤拱式结构中,( )对于弯矩沿跨度的分配最为有利,因而也最轻。

A. 无铰拱　　　B. 三铰拱　　　C. 两铰拱　　　D. 门式钢架

⑥某房屋较高、跨度较大、空间刚度要求较高且设有较大振动设备时,可在屋架端节间平面内设置( )。

A. 上弦横向支撑　B. 下弦横向支撑　C. 纵向水平支撑　D. 垂直支撑

⑦梯型钢屋架受压杆件其合理截面形式,应使所选截面尽量满足( )的要求。

A. 等稳定　　　B. 等刚度　　　C. 等强度　　　D. 计算长度相等

⑧屋架下弦纵向水平支撑一般布置在屋架的( )。

A. 端竖杆处　　B. 下弦中间　　C. 下弦端节间　　D. 斜腹

⑨实腹式檩条可通过(　　)与刚架斜梁连接。
A. 系杆　　　　　　B. 拉杆　　　　　　C. 檩托　　　　　　D. 隅撑
⑩对于框架体系,下面说法中最为恰当的是(　　)。
A. 所有的梁柱都要刚性连接　　　　　　B. 所有的梁柱都可柔性连接
C. 所有的梁柱都要半刚性连接　　　　　　D. 未必所有的梁柱都刚性连接

(3) 简答题。

① 钢柱的安装流程为:基础放线、绑扎、吊装、校正、固定。以预埋锚栓柱脚为例,试简述其施工工艺。

② 简述钢柱垂直度的校正方法。

③ 简述钢屋架安装工艺。

知识拓展

钢结构厂房安装过程的质量控制

钢结构厂房安装前,要切实做好各项前期工作。比如吊装前,安装人员应对构件进行复测,只有在构件未变形和安装尺寸正确的前提下才能进行吊装。另外,安装人员在确认基础混凝土强度达到规范要求的前提下,还应对钢柱基础的预埋螺栓或杯口进行检测,若发现基础的位置和标高尺寸出现偏差,则要对该部位做好记录,以便调整钢柱位置。

为了提高整体钢结构厂房的安装精度,最好选择厂房中有柱间支撑、系杆和屋面支撑的部分先进行安装。这部分钢柱吊装后,要先对钢柱的轴线和标高进行复测,纠偏后暂时用缆风绳稳住钢柱,再安装柱间支撑、屋面梁和梁间系杆,这就是所谓的粗安装。

屋面梁安装前,应先在地面拼装,经测量合格后再吊装。梁就位后,用高强度螺栓连接,其他各个部件用相应螺栓固定,但各类螺栓不宜锁紧。各部件固定后,再次对钢柱轴线和标高进行复测和纠偏,即微调。钢柱的轴线应从两个方向复测,复测合格后,再依次拧紧各个部位的螺栓。对高强度螺栓要先进行初拧,在拧紧过程中,应对钢柱的轴线进行动态跟踪,如轴线变化超过允许值,应立即加以调整。整个拧紧过程应从梁柱接点,再到支撑、系杆接点,对同一部件的两端采用对称的方法同时进行,以减少单侧累积误差。这样才能确保钢柱安装正确。如果在此过程中,发现安装件和被安装件不配合,则不能调整被安装件,而是调整安装件或采取其他弥补措施。例如:钢梁和钢柱不配合,则不能调整钢柱,只能调整钢梁。在整个排架安装过程中,钢柱安装正确是其他一切安装正确的必要条件。

在钢结构厂房安装过程中,各个独立的排架部分应尽快形成稳定结构。通过以上方法,可依次将其他几个部位分别安装,使整个厂房先有间隔的稳定的排架结构,这样可以将整个厂房安装时产生的累积误差分散到各个部分,也可以避免因自然条件影响,使已经安装的钢构件变形或脱落甚至倾覆等。

在其他各排架之间的钢柱、钢梁安装时,也应独立测量和纠偏,而不能以旁边的排架作基准。在整个主体结构安装过程中,局部排架结构安装就位并且纠偏后,要对高强度螺栓作终拧,终拧扭矩值一定要符合规范要求,检查人员应抽样测量并记录。

所有需要在现场焊接部件的临时固定螺栓孔,应设计成长形孔,这样便于安装和调整,对确保整体安装精度也更加有利。檩条等次构件的单边连接孔,也宜设计成长形孔,当然相关的垫片也要相应增大。需特别注意的是,由于檩条安装均是高空作业,板壁较薄,如果因安装孔出现偏差而在高空切割喷涂,确实会带来很多不便,也具有危险性,而且对外观也有影响。因此将檩条两端和钢梁钢柱的连接孔设计成长形,或至少单边设计成长形,可能更加合理。

在安装屋面钢架系统时,有时屋面支撑和屋面檩条的安装往往会发生矛盾。如果先安装好屋面支撑,则屋面檩条吊不上;如先安装屋面檩条,则屋面支撑不便吊装。我们通常的做法是,先将屋面檩条成批集中吊上屋面梁搁置固定,同一跨内的檩条可以分成4批或5批,堆放后一定要固定好。

让吊车臂架从各批檩条之间的空隙伸出屋面,将屋面支撑吊装、固定后,再铺开屋面檩条,这一施工顺序很重要。考虑到围护和主体结构的安装往往不是同一施工单位,因而必须由一位经验丰富的管理人员来统一指挥和协调。这样做,不仅可以避免施工单位之间的相互干扰,同时也能提高高空作业过程的安全性。在上述安装过程中,需要提醒的是,如果厂房内有吊车梁系统,而吊车梁离屋面的空间距离不够吊车的臂架使用,则应在安装屋面支撑前先将吊车梁安装好;如果吊车梁离屋面空间距离较大,则可以稍后安装。总的来说,吊车梁最好尽早吊装,这对整个排架的稳定也有益。

任务 3　多、高层钢结构工程施工

任务描述

高层钢结构一般是指六层以上(或 30 m 以上),主要采用型钢、钢板连接或焊接成构件,再经连接、焊接而成的结构体系。高层钢结构常用钢框架结构、钢框架-混凝土核心筒结构形式。后者在现代高层、超高层钢结构中应用较为广泛。

由于高层建筑自重较大,施工中很难确保下部稳定,而钢结构施工自重较小,对下部形成的压力也相对较小,所以在一些工程中得到了广泛运用。钢结构运用虽然具有许多的优势,可是也存在许多的技能难点,假如应用不妥,将会直接对工程施工形成影响。

因此,需要熟悉多、高层钢结构的组成,做好吊装前钢构件的配套供应工作,掌握多、高层钢结构专项施工方案的编制方法,能根据安装工艺对钢构件进行吊装指导,能根据检测工艺对钢构件的安装进行检测及验收。

知识学习

多层与高层钢结构安装工艺流程图见图 4-3-1：

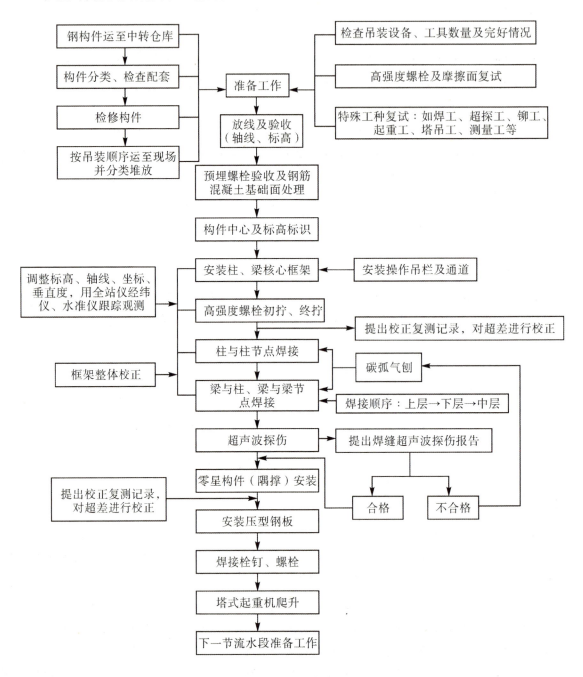

图 4-3-1 工艺流程图

4.3.1 吊装方案确定

根据现场施工条件及结构形式,选择最优的吊装方案。

1. 吊装概况

对工程的概况和吊装过程作简述。

2. 吊装机具选择

根据现场情况,多层与高层钢结构工程结构特点、平面布置及钢结构重量等,钢构件吊装一般采用塔式起重机(塔吊)。在地下部分如果钢构件较重的,也可采用汽车式起重机或履带式起重机。吊装机具的选择是钢结构安装的重要组成内容,直接关系安装的成本、质量、安全等。

3. 起重机的选择

多、高层钢结构安装,起重机除满足吊装钢构件所需的起重量,起重高度,回转半径外,还必须具备足够的抗风性能,卷扬机滚筒的容绳量,吊钩的升降速度等。

起重机数量的选择应根据现场施工条件,建筑布局,单机吊装覆盖面积和吊装能力综合决定。多台塔吊共同使用时防止出现吊装死角。

起重机械根据工程特点,合理选用,通常首选塔式起重机,自升式塔式起重机根据现场情况选择外附式或内爬式。行走式塔吊或履带式起重机,汽车吊在多层钢结构施工中也较多使用。

4. 吊装机具安装

对于汽车式起重机直接进场即可进行吊装作业;对于履带式起重机需要组装好后才能进行钢构件的吊装;塔式起重机(塔吊)的安装和爬升较为复杂,而且要设置固定基础或行走式轨道基础。当工程需要设置几台吊装机具时,要注意机具不要相互影响。

1) 塔吊基础设置

严格按照塔吊说明书,结合工程实际情况,设置塔吊基础。

2) 塔吊安装、爬升

列出塔吊各主要部件的外形尺寸和重量,选择合理的机具,一般采用汽车式起重机来安装塔吊。塔吊的安装顺序为:标准节→套架→驾驶节→塔帽→副臂→卷扬机→主臂→配重。

塔吊的拆除一般也采用汽车式起重机进行,但当塔吊是安装在楼层里面时,则采用扒杆及卷扬机等工具进行塔吊拆除。塔吊的拆除顺序为:配重→主臂→卷扬机→副臂→塔帽→驾驶节→套架→标准节。

3) 塔吊附墙计划

高层钢结构高度一般超过 100 m,因此塔吊需要设置附墙,来保证塔吊的刚度和稳定性。塔吊附墙的设置按照塔吊的说明书进行。附墙杆对钢结构的水平荷载在设计交底和施工组织设计中明确。

4.3.2 钢结构吊装

1. 吊装前准备工作作业条件

在进行钢结构吊装作业前,应具备的基本条件如下:
(1)钢筋混凝土基础完成,并经验收合格。
(2)各专项施工方案编制审核完成。
(3)施工临时用电用水铺设到位,平面规划按方案完成。
(4)施工机具安装调试验收合格。
(5)构件进场并验收。
(6)劳动力进场。

2. 钢构件配套供应

现场钢结构吊装是根据方案的要求按吊装流水顺序进行,钢构件必须按照安装的需要供应。为充分利用施工场地和吊装设备,因此应严密制订出构件进场及吊装周计划、日计划,保证进场的构件满足吊装计划并配套。

1)钢构件进场验收检查

构件现场检查包括数量,质量,运输保护三个方面内容。钢构件进场后,按货运单检查所到构件的数量及编号是否相符,发现问题及时在回单上说明,反馈制作厂,以便及时处理。按标准要求对构件的质量进行验收检查,做好检查记录。也可在构件出厂前直接进厂检查。主要检查构件外形尺寸,螺孔大小和间距等。制作超过规范误差和运输中变形的构件必须在安装前在地面修复完毕,减少高空作业。

2)钢构件堆场安排、清理

进场的钢构件,按现场平面布置要求堆放。为减少二次搬运,尽量将构件堆放在吊装设备的回转半径内。钢构件堆放应安全、牢固。构件吊装前必须清理干净,特别在接触面、摩擦面上,必须用钢丝刷清除铁锈、污物等。

3)现场柱基检查

安装在钢筋混凝土基础上的钢柱,安装质量和工效与混凝土柱基和地脚螺栓的定位轴线、基础标高直接有关,必须会同设计、监理、总包、业主共同验收,合格后才可进行钢柱的安装。

3. 吊装程序

多、高层钢结构吊装,在分片分区的基础上,多采用综合吊装法,其吊装程序一般是:平面从中间或某一对称节间开始,以一个节间的柱网为一个吊装单元,按钢柱—钢梁—支撑的顺序吊装,并向四周扩展,垂直方向由下至上组成稳定结构后,分层安装次要结构,一节间一节间钢构件,一层楼一层楼安装完,采取对称安装,对称固定的工艺,有利于消除安装误差积累和节点焊接变形,使误差降低到最小限度。

4. 钢结构吊装顺序

多层与高层钢结构吊装按吊装程序进行,吊装顺序原则采用对称吊装,对称固定。一般按程序先划分吊装作业区域,按划分的区域,平行顺序同时进行。当一片区吊装完毕后,即进行测量、校正、高强度螺栓初拧等工序,待几个片区安装完毕,再对整体结构进行测量、校正、高强度螺栓终拧、焊接。接着进行下一节钢柱的吊装。组合楼盖则根据现场实际情况进行压型钢板吊放和铺设工作。

1)吊装前的注意事项

(1)吊装前应对所有施工人员进行技术交底和安全交底;

(2)严格按照交底的吊装步骤实施;

(3)严格遵守吊装、焊接等的操作规程,按工艺评定内容执行。出现问题按交底内容执行;

(4)遵守操作规程严禁在恶劣气候下作业或施工;

(5)吊装区域划分:为便于识别和管理,原则上按照塔吊的作业范围或钢结构安装工程的特点划分,吊装区域间便于钢构件平行顺序同时进行;

(6)螺栓预埋检查:螺栓连接钢结构和钢筋混凝土基础,预埋严格按施工方案执行。按国家标准预埋螺栓,标高偏差控制在+5 mm以内,定位轴线的偏差控制在±2 mm。

2)钢柱起吊安装

钢柱多采用实腹式,实腹钢柱截面多为工字形、箱形、十字形、圆形。钢柱接长多采用焊接对接接长,也有高强度螺栓连接接长。劲性柱同混凝土采用熔焊栓钉连接。

(1)吊点设置:

吊点位置及吊点数,根据钢柱形状、断面、长度、起重机性能等具体情况确定。吊点一般采用焊接吊耳,吊索绑扎,专用吊具等。

钢柱一般采用一点正吊。吊点设置在柱顶处,吊钩通过钢柱重心线,钢柱易于起吊、对线、校正。当受起重机臂杆长度、场地等条件限制,吊点可放在柱长1/3处斜吊,由于钢柱倾斜,起吊、对线校正较难控制。

(2)起吊方法:

钢柱一般采用单机起吊,也可采取双机抬吊,双机抬吊应注意的事项:

①尽量选用同类型起重机;

②对起吊点进行荷载分配,有条件时进行吊装模拟;

③各起重机的荷载不宜超过其相应起重能力的80%;

④在操作过程中,要互相配合,动作协调,如采用铁扁担起吊,尽量使铁扁担保持平衡,要防止一台起重机失重而使另一台起重机超载,造成安全事故;

⑤信号指挥:分指挥必须听从总指挥。

起吊时钢柱必须垂直,尽量做到回转扶直。起吊回转过程中应避免同其他已安装的构件相碰撞,吊索应预留有效高度。

钢柱扶直前应将登高爬梯和挂篮等挂设在钢柱预定位置并绑扎牢固,起吊就位后临时固定地脚螺栓,校正垂直度。钢柱接长时,钢柱两侧装有临时固定用的连接板,上节钢柱对准下节钢柱柱顶中心线后,即用螺栓固定连接板做临时固定。

钢柱安装到位,对准轴线,临时固定牢固后才能松开吊索。

3)钢柱校正

钢柱校正要做三件工作:柱基标高调整;柱基轴线调整;柱身垂直度校正。依工程施工组织设计要求配备测量仪器配合钢柱校正。

(1)柱基标高调整:

钢柱标高调整主要采用螺母调整和垫铁调整两种方法(见图4-3-2)。螺母调整是根据钢柱的实际长度,在钢柱柱底板下的地脚螺栓上加一个调整螺母,螺母表面的标高调整到与柱底板底标高齐平。如第一节钢柱过重,可在柱底板下,基础钢筋混凝土面上放置钢板,作为标高调整块用。放上钢柱后,利用柱底板下的螺母或标高调整块控制钢柱的标高(因为有些钢柱过重,螺栓和螺母无法承受其重量,故柱底板下需加设标高调整块),精度可达到±1mm。柱底板下预留的空隙,

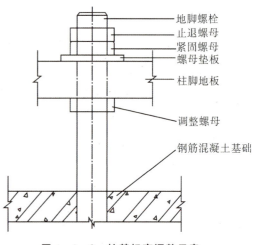

图4-3-2 柱基标高调整示意

可以用高强度、微膨胀、无收缩砂浆以捻浆法填实。当使用螺母作为调整柱底板标高时,应对地脚螺栓的强度和刚度进行计算。

对于高层钢结构地下室部分劲性钢柱,钢柱的周围都布满了钢筋,调整标高和轴线时,同土建相关人员交叉协调好才能进行。

(2)第一节柱底轴线调整:

钢柱制作时,在柱底板的四个侧面,用钢冲标出钢柱的中心线。对线方法:在起重机不松钩的情况下,将柱底板上的中心线与柱基础的控制轴线对齐,缓慢降落至设计标高位置。如果钢柱与控制轴线有微小偏差,可借线调整。预埋螺杆与柱底板螺孔有偏差,适当将螺孔放大,或在

加工厂将底板预留孔位置调整,保证钢柱安装。

(3)第一节柱身垂直度校正:

柱身调整一般采用缆风绳或千斤顶,钢柱校正器等校正。用两台呈90°的径向放置经纬仪测量。地脚螺栓上螺母一般用双螺母,在螺母拧紧后,将螺杆的螺纹破坏或焊实。

(4)柱顶标高调整和其他节框架钢柱标高控制:

柱顶标高调整和其他节框架钢柱标高控制可以用两种方法:一种是按相对标高安装,另一种是按设计标高安装,通常是按相对标高安装。钢柱吊装就位后,用大六角高强度螺栓临时固定连接,通过起重机和撬棍微调柱间间隙。量取上下柱顶预先标定的标高值,符合要求后打入钢楔、临时固定牢,考虑到焊缝及压缩变形,标高偏差调整至4 mm以内。钢柱安装完后,在柱顶安置水准仪,测量柱顶标高,以设计标高为准。如标高高于设计值5 mm以内,则不需要调整,因为柱与柱节点间有一定的间隙,如高于设计值5 mm以上,则需要用气割将钢柱顶部割去一部分,然后用角向磨光机将钢柱顶部磨平到设计标高。如标高低于设计值,则需增加上下钢柱的焊缝宽度,但一次调整不得超过5 mm。以免过大的调整会增大其他构件节点连接的复杂程度和安装难度。

(5)第二节柱轴线调整(见图4-3-3、4-3-4、4-3-5):

上下柱连接保证柱中心线重合。如有偏差,在柱与柱的连接耳板的不同侧面加入垫板(垫板厚度为0.5~1.0 mm),拧紧大六角螺栓。钢柱中心线偏差调整每次3 mm以内,如偏差过大分2~3次调整。

需要注意的是,上一节钢柱的定位轴线不允许使用下一节钢柱的定位轴线,应从控制网轴线引至高空,保证每节钢柱的安装标准,避免过大的积累误差。

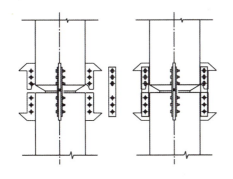

图4-3-3 无缆风校正柱接口连接板形式

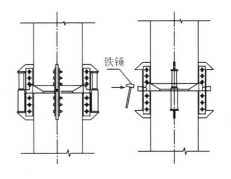

图4-3-4 无缆风校正情形

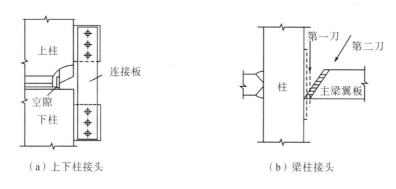

图 4-3-5 接头缝隙处理示意图

(6)第二节钢柱垂直度校正：

钢柱垂直度校正的重点是对钢柱有关尺寸预检。下层钢柱的柱顶垂直度偏差就是上节钢柱的底部轴线、位移量、焊接变形、日照影响、垂直度校正及弹性变形等的综合。可采取预留垂直度偏差值消除部分误差。预留值大于下节柱积累偏差值时，只预留累计偏差值，反之则预留可预留值，其方向与偏差方向相反。

安装标准化框架的原则：在建筑物核心部分或对称中心，由框架柱、梁、支撑组成刚度较大的框架结构，作为安装基本单元，其他单元依此扩展。

标准柱的垂直度校正：采用径向放置的两台经纬仪对钢柱及钢梁观测。钢柱垂直度校正可分两步。

第一步，采用无缆风绳校正。在钢柱偏斜方向的一侧打入钢楔或顶升千斤顶。在保证单节柱垂直度不超过规范的前提下，将柱顶偏移控制到零，最后拧紧临时连接耳板的大六角螺栓。临时连接耳板的螺栓孔应比螺栓直径大 4 mm，利用螺栓孔扩大调节钢柱制作误差为 $-1 \sim +5$ mm。

第二步：安装标准框架体的梁。先安装上层梁，再安装中、下层梁，安装过程会对柱垂直度有影响，采用钢丝绳缆索(只适宜跨内柱)、千斤顶、钢楔和手拉葫芦进行调整，其他框架柱依标准框架体向四周发展，其做法同上。

4)框架梁安装

框架梁和柱连接通常为上下翼板焊接，腹板栓接；或者全焊接，全栓接的连接方式。

(1)钢梁吊装宜采用专用吊具，两点绑扎吊装。吊升中必须保证使钢梁保持水平状态。一机吊多根钢梁时绑扎要牢固，安全，便于逐一安装。

(2)一节柱一般有 2 至 4 层梁，原则上横向构件由上向下逐层安装，由于上部和周边都处于自由状态，易于安装和控制质量。通常在钢结构安装操作中，同一列柱的钢梁从中间跨开始对称地向两端扩展安装，同一跨钢梁，先装上层梁再装中下层梁。

(3)在安装柱与柱之间的主梁时,测量必须跟踪校正柱与柱之间的距离,并预留安装余量,特别是节点焊接收缩量。达到控制变形,减小或消除附加应力的目的。

(4)柱与柱节点和梁与柱节点的连接,原则上对称施工,互相协调。对于焊接连接,一般可以先焊一节柱的顶层梁,再从下向上焊接各层梁与柱的节点。柱与柱的节点可以先焊,也可以后焊。混合连接一般为先栓后焊的工艺,螺栓连接从中心轴开始,对称拧固。钢管混凝土柱焊接接长时,严格按工艺评定要求施工,确保焊缝质量。

次梁根据实际施工情况一层一层安装完成。

5)柱底灌浆

在第一节柱及柱间钢梁安装完成后,即可进行柱底灌浆。灌浆要留排气孔。钢管混凝土施工也要在钢管柱上预留排气孔。

6)补漆

补漆为人工涂刷,在钢结构按设计安装就位后进行。补漆前应清渣、除锈、去油污,自然风干,并需检查合格后方可补漆。

4.3.3 测量监控工艺

1. 施工测量的重要性

在钢结构工程安装过程中,测量是一项专业性较强且十分重要的工作,测量精度的高低直接影响到工程质量的好坏,测量效率的高低直接影响到工程进度的快慢,测量工序的烦琐程度直接影响操作工人的安全性,因此安装测量技术水平的高低是衡量钢结构工程施工水平的一项重要指标。

多、高层钢结构的安装测量包括平面控制网的设立、轴线控制点的竖向投递、柱顶平面放线、传递标高、平面形状复杂钢结构坐标测量及钢结构安装变形监控等。

测量工作直接关系整个钢结构安装质量和进度,为此,钢结构安装应重点做好以下工作:

(1)测量控制网的测定和测量定位依据点的交接与校测。

(2)测量器具的精度要求和器具的鉴定与检校。

(3)测量方案的编制与数据准备。

(4)建筑物测量验线。

(5)多层与高层钢结构安装阶段的测量放线工作。

2. 测量器具的检定与检验

为达到符合精度要求的测量成果,全站仪、经纬仪、水平仪、铅直仪、钢尺等必须经计量部门检定。除按规定周期进行检定外,在周期内的全站仪、经纬仪、铅直仪等主要有关仪器,还应每2～3个月进行检校。

3. 建筑物测量验线

钢结构安装前,基础已施工完,为确保钢结构安装质量,进场后先复测控制网轴线及标高。

1)轴线复测

复测根据建筑物平面形状不同而采取不同的方法,宜选用全站仪进行。矩形建筑物的验线宜选用直角坐标法,任意形状建筑物的验线宜选用极坐标法;对于不便量距的点位,宜选用角度(方向)交会法。

2)验线部位

定位依据桩位及定位条件。验线部位为建筑物平面控制图、主轴线及其控制桩,建筑物标高控制网及 0.000 标高线,控制网及定位轴线中的最弱部位等。

3)误差处理

验线成果与原放线成果两者之差若小于 1/1.414 限差时,对放线工作评为优良;验线成果与原放线成果两者之差略小于或等于 1/1.414 限差时,对放线工作评为合格(可不必改正放线成果或取两者的平均值)。验线成果与原放线成果两者之差超过 1/1.414 限差时,原则上不予验收,尤其是关键部位,若为次要部位可令其局部返工。

4. 测量控制网的建立与传递

根据施工现场条件,建立基准控制点,建筑物测量基准点有两种方法。

一种方法是将测量基准点设在建筑物外部,俗称外控法,它适用于场地开阔的工地。根据建筑物平面形状,在轴线延长线上设立控制点,控制点一般距建筑物 $0.8 \sim 1.5H$(H 为建筑物高度)处。每点引出两条交会的线,组成控制网,并设立半永久性控制桩。建筑物垂直度的传递都从该控制桩引向高空。

另一种方法是将测量控制基准点设在建筑物内部,俗称内控法,它适用于场地狭窄,无法在场外建立基准点的工地。控制点的多少根据建筑物平面形状决定。当从地面或底层把基准线引至高空楼面时,遇到楼板要留孔洞,最后修补该孔洞。

上述基准控制点测设方法可混合使用,但不论采取何种方法施测,都应做到以下三点:

(1)为减少不必要的测量误差,从钢结构制作、基础放线到构件安装,应该使用统一型号,经过统一校核的钢尺。

(2)各基准控制点、轴线、标高等都要进行三次或以上的复测,以误差最小为准。要求控制网的测距相对误差小于 $L/25000$,测角中误差小于 2 s。

(3)设立控制网,提高测量精度。基准点处宜用钢板,埋设在混凝土里,并在旁边做好醒目的标志。

5. 平面轴线控制点的竖向传递

1) 地下部分

一般高层钢结构工程,地下部分大约 1~4 层深,对地下部分可采用外控法。建立井字形控制点,组成一个平面控制格网,并测设出纵横轴线。

2) 地上部分

控制点的竖向传递采用内控法,投递仪器采用激光铅直仪。在地下部分钢结构工程施工完成后,利用全站仪,将地下部分的外控点引测到±0.000 m 层楼面,在±0.000 m 层楼面形成井字形内控点。在设置内控点时,为保证控制点间可相互通视和向上传递,应避开柱梁位置。在把外控点向内控点的引测过程中,其引测必须符合国家标准工程测量规范中相关规定。

地上部分控制点的向上传递过程是:在控制点上架设激光铅直仪,精密对中整平;在控制点的正上方,传递控制点的楼层预留孔 300 mm×300 mm 上放置一块有机玻璃做成的激光接收靶,通过移动激光接收靶将控制点传递到施工作业楼层上;然后在传递好的控制点上架设仪器,复测传递好的控制点,向上传递过程必须符合国家标准工程测量规范中的相关规定,见图 4-3-6。

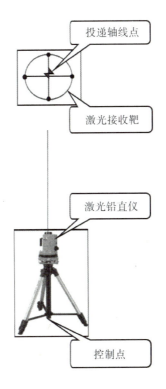

图 4-3-6　平面轴线控制点的竖向传递及激光洞口的留设

钢结构由于施工在土建楼板施工之前,施工时测量无稳定操作面,故借助已经安装完成的下节钢柱或钢梁,采用夹具代替三角支架,此处四面能通视,上下可互通,无构件及其他物体阻挡,人员可在钢柱操作平台内安全操作,且便于闭合校核,测量校正时视野开阔,用于接收底部激光和校正以及控制点引测,见图4-3-7。

图4-3-7 现场实际操作图片

控制点接收完成后见图4-3-8,在措施底板上弹上十字中心线,用油漆涂上测量对中三角标志,方便日后对中。

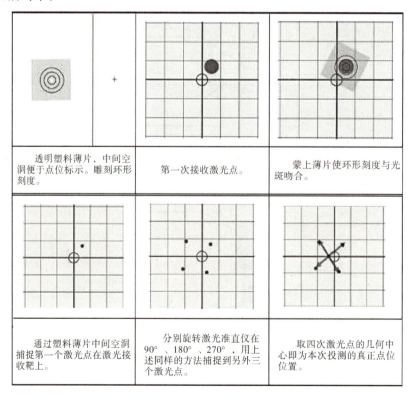

图4-3-8 激光铅直仪竖向传递

弹好中心线后,架设全站仪与大菱镜进行控制点闭合检查,主要检查角度与边长关系,如误差较大,需重新投测;误差较小,则进行平差处理。

6. 传递标高

1) 悬吊钢尺传递标高

(1) 利用标高控制点,采用水准仪和钢尺测量的方法引测。

(2) 多层与高层钢结构工程一般用相对标高法进行测量控制。

(3) 根据外围原始控制点的标高,用水准仪引测水准点至外围框架钢柱处,在建筑物首层外围钢柱处确定+1.000 m 标高控制点,并做好标记。

(4) 从做好标记并经过复测合格的标高点处,用 50 m 标准钢尺垂直向上量至各施工层,在同一层的标高点应检测相互闭合,闭合后的标高点则作为该施工层标高测量的后视点并做好标记。

(5) 当超过钢尺长度时,另布设标高起始点,作为向上传递的依据。

2) 全站仪竖向测距法

高程控制点的传递是在底层平面控制点预留孔正下方架设好全站仪,先精确测定仪器高,再转动全站仪进行竖向垂直测距,最后通过计算整理求得激光反射片的高程,然后按《工程测量规范》(GB 50026—2020)规定的要求把激光反射片的高程传递到作业面,见图 4-3-9。

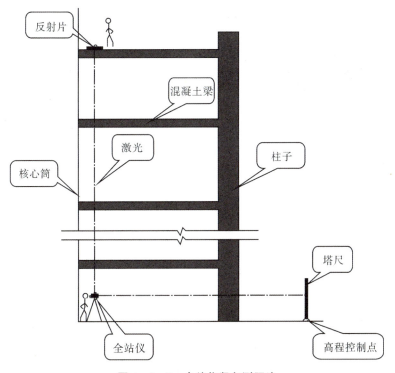

图 4-3-9　全站仪竖向测距法

标高控制网引测步骤：

第一步：在首层用水准仪在核心墙四面建立 1 m 标高基准控制线。各点之间复测闭合后弹墨线标示，用油漆涂上测量三角标志，标明单位英文缩写和数字。

第二步：将大盘尺零刻度对好 1 m 水准线，从每控制层直接引测到施工层。施工层钢构件标高控制之前，应先校测传递上来至少 3 个标高控制点，当闭合差小于 3 mm 时，取其平均高程引测水平线。抄平时，应尽量将水准仪安置在测点与后视点范围的中心位置。

第三步：架设全站仪于标高控制点布置层，通过气温计、气压计测量气温、气压，对全站仪进行气象改正设置。

第四步：全站仪望远镜垂直向上，顺着激光控制点的预留洞口垂直往上测量距离，顶部反射棱镜放在钢措施架或楼板及需要测量标高的楼层，镜头向下对准全站仪。

第五步：计算得到反射棱镜位置的标高，后视测点标高度，计算仪器高度，将该处标高转移到构件距离本楼层高度＋1.0 m 处，与钢尺引测的标高进行闭合。如图 4-3-10 所示：

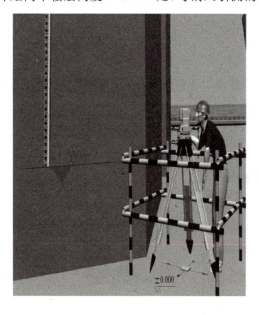 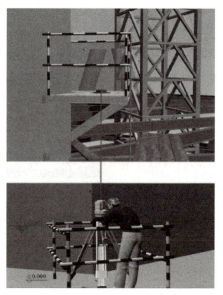

图 4-3-10　标高控制网引测示意图(部分)

7. 柱顶轴线（坐标）测量

利用传递上来的控制点，通过全站仪或经纬仪进行平面控制网放线，把轴线（坐标）放到柱顶上。

8. 钢柱垂直度测量

（1）钢柱垂直度测量一般选用经纬仪。用两台经纬仪分别架设在引出的轴线上，对钢柱进行测量校正。当轴线上有其他的障碍物阻挡时，可将仪器偏离轴线 150 mm 以内。

(2)当某一片区的钢结构吊装形成框架后,对这一片区的钢柱再进行整体测量校正。

(3)钢柱焊前、焊后轴线偏差测定。

(4)地下钢结构吊装前,用全站仪、水准仪检测柱脚螺栓的轴线位置,复测柱基标高及螺栓的伸出长度,设置柱底临时标高支承块。

9. 钢结构安装工程中的测量顺序

测量工作必须按照一定的顺序贯穿整个钢结构安装施工过程,才能达到质量的预控目标。

建立钢结构安装测量的"三校制度",钢结构安装测量经过基准线的设立,平面控制网的投测、闭合,柱顶轴线偏差值的测量以及柱顶标高的控制等一系列的测量准备,到钢柱吊装就位,就由钢结构吊装过渡到钢结构校正。

(1)初校。初校的目的是要保证钢柱接头的相对对接尺寸。在综合考虑钢柱扭曲、垂偏、标高等安装尺寸的基础上,保证钢柱的就位尺寸。

(2)重校。重校的目的是对柱的垂直度,梁的水平度进行全面的调整,以达到标准要求。

(3)高强度螺栓终拧后的复校。其目的是掌握高强度螺栓终拧时钢柱发生的垂直度变化。这种变化一般用下道焊接工序的焊接顺序来调整。

(4)焊后测量。其目的是对焊接后的钢框架柱及梁进行全面的测量,编制单元柱(节柱)实测资料,确定下一节钢结构构件吊装的预控数据。

通过以上钢结构安装测量程序的运行,测量要求的贯彻、测量顺序的执行,使钢结构安装的质量自始至终都处于受控状态,以达到不断提高钢结构安装质量的目的。

任务实施

1. 工作任务

通过引导文的形式了解钢结构的基本形式、特点、应用范围等。

2. 实施过程

1)资料查询

利用在线开放课程、网络资源等查找相关资料,收集钢结构基础知识相关内容。

2)引导文

(1)填空题:

①多层与高层建筑钢结构的钢材,主要采用_____的碳素结构钢和_____的低合金高强度结构钢材。

②根据施工现场条件,建筑物测量基准点有_____和_____两种测设方法。

③一般在高层钢结构工程中,对地下部分可采用_____法。建立井字形控制点,组成一个平面控制格网,并测设出纵横轴线。地上部分:控制点的竖向传递采用_____法,投

递仪器采用激光铅直仪。

④逆作法施工工艺适用范围：高层及超高层钢结构_____工程。

⑤多层及高层钢结构工程，根据结构平面选择适当的位置，先做成稳定结构，采用"_____　　　　　"：钢柱→柱间支撑（或剪力墙）→钢梁（主、次梁、隅撑）、由样板间向四周发展，或采用"_____"安装。

⑥超高层建筑受到的水平荷载主要有_____荷载和_____荷载。

⑦常用的高层钢结构建筑体系主要有_____、_____、_____、_____以及_____。

⑧钢结构中，由钢框架和支撑框架共同形成的抗侧力体系称为_____。

⑨与框架结构相比，框筒结构的特点是_____柱_____梁。

⑩剪力墙结构需要从上至下连续布置，以避免_____。

（2）绘图题：

①完成下列主次梁铰接和刚接连接。

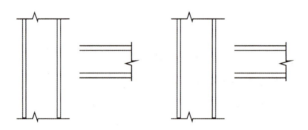

②完成下图上弦拼接节点。

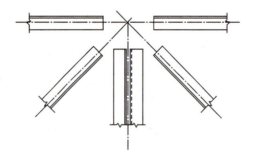

（3）简答题：

①简述多层与高层钢结构吊装顺序。

②简述框架梁安装工艺。

③钢结构测量验线的主要工作内容是什么？

知识拓展

北欧中心跳台滑雪场，是北京2022年冬奥会主要比赛场馆之一，是中国首座跳台滑雪场地，将用于7个竞赛项目进行比赛，主体建筑灵感来自中国传统饰物"如意"，被称为"雪如意"，主要由顶峰俱乐部、竞赛区及看台组成。

"雪如意"顶峰俱乐部钢结构直径为78 m，中空内圆直径为36 m，钢结构四周均为悬挑，其中两侧悬挑长度为15.8 m，后部悬挑长度15.1 m，前部悬挑长度37.25 m，上下两层正交桁架最大高度均为3.6 m，层间高度6 m。

"雪如意"架设在山谷间，主体结构采用钢筋混凝土框架剪力墙体系，屋顶采用预应力钢桁架结构体系，结构总高度49 m，屋顶钢结构由上下两层圆钢管正交桁架和两层间的立柱及支撑组成，通过转换桁架落在主体结构剪力墙上，用钢量约2200 t。

任务 4　钢网架工程施工

任务描述

钢网架是由多根杆件按照一定的网格形式通过节点联结而成的平板空间结构。具有空间受力、重量轻、刚度大、抗震性能好等优点；网架结构广泛用作体育馆、展览馆、俱乐部、影剧院、食堂、会议室、候车厅、飞机库、车间等的屋盖结构。具有工业化程度高、自重轻、稳定性好、外形美观的特点。缺点是汇交于节点上的杆件数量较多，其制作安装比平面结构复杂。

因此，需要熟悉钢网架的组成，能做好吊装前钢构件的配套供应工作，掌握钢网架专项施工方案的编制方法，能根据安装工艺对钢构件进行吊装指导，能根据测量检测工艺对钢构件的安装进行监测及验收。

知识学习

网架的杆件一般采用普通型钢和薄壁型钢，有条件时尽量采用薄壁管形截面。

网架的节点分为焊接钢板节点、焊接空心球节点和螺栓球节点等。

焊接钢板节点，一般由十字节点板和盖板组成。十字节点板用两块带企口的钢板对插焊接而成，也可由三块焊成。焊接钢板节点多用于双向网架和四角锥体组成的网架。焊接空心球节点是由两个压制的半球焊接而成的，分为加肋和不加肋两种，适用于钢管杆件的连接。圆螺栓球节点系通过螺栓将管形截面的杆件和钢球连接起来的节点，一般由螺栓、钢球、销、套管和锥头或封板等零件组成。

支座节点有下列四种：

①平板压力支座节点，一般适用于较小跨度的支座。

②单面弧形压力支座节点，适用于大跨度网架的压力支座。

③双面弧形压力支座节点，适用于跨度大、下部支承结构刚度大的网架压力支座。

④球形铰压力支座节点，适用于多支点的大跨度网架的压力支座。单面弧形支座，适用于较大跨度的网架受拉力的支座。

4.4.1　钢网架工程施工方法概述

网架的安装方法，应根据网架受力和构造特点（如结构造型、网架刚度、外形特征、支承形式、支座构造等），在满足质量、安全、进度以及经济效果的要求下，结合当地的施工技术条件和设备资源配备等因素，因地制宜综合确定。

项目4 钢结构安装施工

常用的安装方法有六种:高空散装法、分条或分块安装法、高空滑移法、整体吊装法、整体提升法和整体顶升法。六种网架安装方法内容及适应范围见表4-4-1。

表4-4-1 网架类型安装方法一览表

安装方法	内容	适用范围
高空散装法	单杆件拼装	螺栓连接节点的各类型网架
	小拼单元拼装	
分条或分块安装法	条状单元组装	两向正交、正放四角锥、正放抽空四角锥等网架
	块状单元组装	
高空滑移法	单条滑移法	正放四角锥、正放抽空四角锥、两向正交正放等网架
	逐条积累滑移法	
整体吊装法	单机、多机吊装	各种类型网架
	单根、多根拔杆吊装	
整体提升法	利用拔杆提升	周边支承及多点支承网架
	利用结构提升	
整体顶升法	利用网架支承柱作为顶升时的支承结构	支点较少的多点支承网架
	在原支点处或附件设置临时顶升支架	
备注	未注明连接节点构造的网架,指各类连接节点网架均适用	

4.4.2 高空散装法

高空散装法安装网架,只要有一般的起重机械和扣件式钢管脚手架即可进行安装,对设计、施工无特殊要求,确是一种较为合理的网架安装方法。因此,近年来不仅螺栓连接节点的各类型网架采用此法安装,焊接空心球节点网架也采用此法安装(如厦门太古机库 70 m×151.5 m 屋盖网架)。但高空散装法脚手架用量大、高空作业多、工期较长、需占建筑物场内用地,且技术上有一定难度。因此,采用高空散装法要因地制宜,并必须把握住以下关键技术。

1. 确定合理的高空拼接顺序

安装顺序应根据网架形式、支承类型、结构受力特征、杆件小拼单元(以下简称"网片""网块"),临时稳定的边界条件,施工机械设备的性能和施工场地情况等诸多因素综合确定。选定的高空拼装顺序应能保证拼装的精度,减少积累误差。下面简述四种典型网架结构的安装顺序。

1)平面呈矩形的周边支承曲向正交斜放网架(如某体育馆 112.2 m×99 m 屋盖网架)

(1)总的安装顺序是由建筑物的一端向另一端呈三角形推进,安装两个三角形,逐渐扩大到相交以后,即按"人"字形前进,最后在另一端正中封闭合拢(见图 4-4-1(a))。

(2)因考虑到网片安装中,可能由于各方面的误差累积,以及网架的下沉而引起尺寸的不足,将造成节点不能安装,并考虑到支座螺栓一般孔径较大,有余量可用,安装顺序由屋脊向两边柱头安装。具体又可分两种顺序。①开始时,两个工作面同时由两角开始安装,由屋脊网片分别向两边安装(见图 4-4-1(b))。②合拢后,则采取合拢点呈"人"字形,同时向两面顺序逐榀安装(见图 4-4-1(c)),直至在另一端封闭合拢。

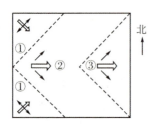 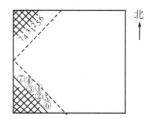 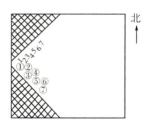

(a)总安装顺序(大箭头表示安装方向,小箭头表示安装顺序)　　(b)屋脊向两边柱头的安装顺序(此安装顺序仅使用到图中虚线处)　　(c)"人"字形安装顺序(两种符号代表两个不同工作平面安装顺序)

图 4-4-1　周边支承网架安装顺序示意图

2)平面呈矩形的三边支承两向正交斜放网架(如某飞机库 155 m×70 m 屋盖网架)

(1)总的安装顺序在纵向应由建筑物的一端向另一端呈平行四边形推进;在横向应由三边框架内侧向大门方向(外侧)逐条安装(见图 4-4-2)。这是考虑到网架三边支承的受力特性及网架安装过程中的整体稳定性和安装过程中的积累误差可在大门桁架与屋盖网架相接处调整消除的因素。最后将边网架标高与大门桁架标高调整一致后相接合拢。最好先安装大门桁架,然后安装边网架,使边网架直接与桁架相接,以确保整个网架的稳定性。

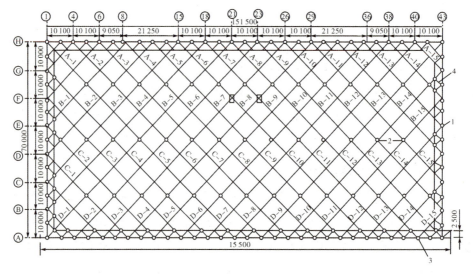

1—柱子;2—临时支点;3—拱架;4—网架。

图 4-4-2　三边支承网架安装顺序示意图(编号 A 为 A 区,以此类推)

(2)网片安装顺序可先沿短跨方向按起重机作业半径性能,划分成若干安装长条区,如图4-4-2所示,将网架划分为A、B、C、D四个安装长条区,各长条区按A～D顺序依次流水安装网架。每个长条区网片均由首轴线向末轴线安装,安装顺序A-1～A-15,B-1～B-15,C-1～C-15,D-1～D-15。第一网片(A-1)两侧各拉两道缆风绳固定网片,并随即安装侧向网片,形成三角稳定区。

3)平面呈方形由两向正交正放桁架和两向正交斜放拱、索桁架组成的周边支承网架(如某体育馆63 m×63 m屋盖同架)

(1)总的安装顺序由于拱、索桁架在网架中心"十"字正交,它支撑着整个网架的重量且控制着整个网架的稳定性和几何尺寸。因此,总的安装顺序应先安装拱桁架,再安索桁架,在拱、索桁架都已固定,且已形成能够承受自重的结构体系后,再对称安装周边四角、三角区网架(见图4-4-3)。

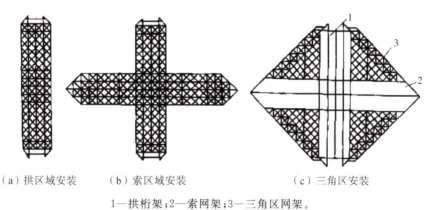

(a)拱区域安装　　　(b)索区域安装　　　(c)三角区安装

1—拱桁架;2—索网架;3—三角区网架。

图4-4-3　拱索支承网架安装顺序

(2)网片安装顺序应先安装拱桁架中心网片,再安装拱桁架两侧网片,中心网片和两侧网片在长度方向安装顺序均由两边支座向中间对称安装,积累误差在中间合拢时调整;在拱桁架安装定位后,再安装索桁架,索桁架网片安装顺序与拱桁架相反,即由中间向两端支座安装,积累误差在支座处调整,但中心网片和两侧网片安装顺序与拱桁架相同。在拱、索桁架安装完毕后,再对称安装四边三角区网架,每个三角区网架均由中心顶角向周边(底边)扩展安装,积累误差消除在周边支座上。

4)平面呈椭圆形悬挑式钢罩棚网架(如某体育场看台罩棚,网架跨度30.95 m,悬挑跨度25.4 m)

(1)总的安装顺序:悬挑式看台罩棚网架(指在设计上用伸缩缝分割成若干区段的罩棚,不是闭合环形罩棚),根据其悬挑受力特性可采用高处散装和单元体高处拼装相结合的方法施工,见图4-4-4。

总的安装顺序是先在接近支承柱部分,因与看台较接近仍用高空散装法在脚手架上完成;而悬挑段与看台段较远,故先在地面上拼成块体(吊装单元体)吊到高处,通过拼装段(图4-4-

4(b)中阴影部分,一个网格)与根部散装段组成完整的网架。单元体的划分要综合考虑诸多因素,即起重设备的能力、单元体吊装时尤其是落位后的受力条件以及高处连接的快捷方便。一般在平面上每一个伸缩缝区段按奇数划分单元体较宜(如一个伸缩缝区段划分三个或五个单元体),这样每个区段可先安装中间单元体,再对称安装两侧单元体,积累误差在伸缩缝处调整。

(2)根部散装顺序:经向杆件由支座向悬挑方向安装;环向杆件由中间向架侧对称安装。先安装支座环向杆件,由支座向悬挑方向安装。

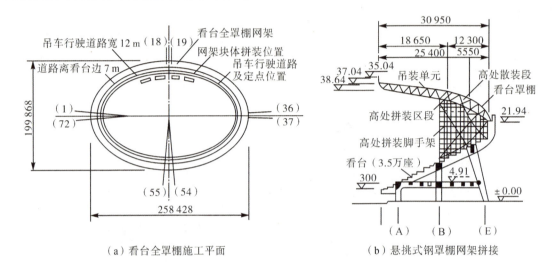

图 4-4-4 悬挑式钢罩棚网架安装顺序图

(3)根部散装段与网架块体接缝拼接顺序:每个伸缩缝区段除第一块体只有环向接缝外,其余两块(在划分三个单元体情况)均有环向和径向两处接缝,接缝宽度都是一个网格。网架块体依照上弦杆、腹杆、下弦杆的次序和由里向外的方向,按下列顺序拼接:插连环向接缝的杆件—插连径向接缝的杆件—环向接缝处每杆件紧固1/2—径向接缝处每杆件紧固1/2—环向接缝各杆件同步紧固到位—径向接缝处各杆件同步紧固到位。

2. 严格控制基准轴线位置、标高及垂直偏差,并应及时纠正

(1)网架安装前应对建筑物的定位轴线(即基准轴线)、支座轴线和支承面标高,预埋螺栓(锚栓)位置等进行检查,做出检查记录,办理交接验收手续,并应符合下列规定:

①建筑物的定位轴线(即网架安装的基准轴线)要求用精确高的角度交汇法放线定位,并用长度交汇法进行复测,其允许偏差不超过$L/10000$(L为短边长度,mm)。

②网架安装轴线标志(包括安装辅助轴线标志)和标高基准点标志应准确、齐全、醒目、牢固,并要经常进行复测,以防变动。

③网架结构支承面,预埋螺栓(锚栓)的允许偏差应符合《钢结构工程施工质量验收标准》(GB 50205—2020)的规定。

(2)网架安装过程中应对网架的支座轴线、支承面标高(或网架下弦标高)、网架屋脊线、檐口线位置和标高进行跟踪控制,发现误差积累应及时纠偏。纠偏方法可用千斤顶、倒链、钢丝绳、经纬仪、水准仪、钢尺等工具进行。

(3)采用网片和小拼单元进行拼装时,要严格控制网片和小拼单元的定位线和垂直度。其允许偏差:定位线 5 mm;垂直度 $h/500$(h 为网片或小拼单元高度)。

(4)各杆件与节点连接时中心线应汇交于一点,螺栓球、焊接球应汇交于球心,焊接钢板节点,应与设计图符合,其偏差值不得超过 1 mm。

(5)网架结构总拼完成后,网架结构安装允许偏差及检验方法应符合《钢结构工程施工质量验收标准》(GB 50205—2020)的规定。

3. 严格按技术标准和安全规程设置拼装支架

拼装支架是保证拼装精度、减少积累误差、防止结构下沉、实现安全生产的重要技术措施。因此,拼装支架的设计、选材、搭设、验收、使用和维护等技术环节要严格把关。拼装支架应采用扣件式钢管脚手架搭设,其施工层作业面用脚手板铺设,也可用大型活动操作平台代替脚手板。搭设拼装支架时,支架上支撑点的位置应设在下弦节点处或支座处。支架应验算承载力和稳定性,必要时可进行试压,以确保安全可靠。

4. 确定合理的网架支座落位措施

网架支座落位是指网架拼装完成后拆除支架上支撑点(即临时支座),使网架由临时支承状态平稳过渡到设计永久支座的操作过程,此过程简称"网架落位"。网架落位过程是使屋盖网架缓慢协同空间受力的过程,此间,网架结构发生较大的内力重分布,并逐渐过渡到设计状态,因此,网架落位工作至关重要,必须针对不同结构和支承情况,确定合理的落位顺序和正确的落位措施,以确保网架安全落位。

为此,要遵循以下原则和规定:

(1)拼装支撑点(临时支座)拆除的原则。拆除临时支座实际就是荷载转移过程,在荷载转移过程中,必须遵循"变形协调、卸载均衡"的原则。不然有可能造成临时支撑超载失稳,或者网架结构局部甚至整体受损。因为施工阶段的受力状态与结构最终受力状态完全不一致,必须通过施工验算,制订切实可行的技术措施,确保满足多种工况要求,这是空间网架施工的要求和特点。

(2)临时支座的拆除顺序和措施。根据"变形协调,卸载均衡"的原则,将通过放置在支架上的可调节点支承装置(柱帽、千斤顶),多次循环微量下降来实现"荷载平衡转移,卸载的顺序为由中间向四周,中心对称进行"。

在卸载过程中由于无法做到绝对同步,支架支撑点卸载先后次序不同,其轴力必然造成增减,应根据设计要求或计算结果,在关键支架支撑点部位,应放置检测装置(如贴应变片)等,检测支架支点处轴力变化,确保临时支架和网架的安全。在卸载过程中,必须严格控制循环卸载时的每一级高程控制精度,设置测量控制点,在卸载全过程进行监测,并与计算结果对照,实行信息化施工管理。网架增设临时支座(拼装支点),其状况相当于给网架增加节点荷载,而临时支座分逐步下降,其状况相当于支座的不均匀沉降。这都将引起网架结构内力的变化和调整。对少量杆件可能超载的情况应事先采取措施,局部加强或根据计算可事先换加强杆件。为防止个别支撑点集中受力,宜根据各支撑点的结构自重挠度值,采用分区、分阶段按比例下降或用每步不大于 10 mm 的等步下降法拆除支撑点(临时支座)。

(3)网架落位应注意事项:

①落位前需检查可调节支承装置(千斤顶)的下降行程量是否符合该点挠度值的要求、计算千斤顶行程时要考虑由于支架下沉引起行程增大的值,据此余留足够的行程余留量(应大于 50 mm)。关键支撑点要增设备用千斤顶,以防应急使用。

②落位过程中要"精心组织、精心施工",要编制专门的"落位责任制",设总指挥和分指挥分区把关;整个落位过程在总指挥统一指挥下进行工作。操作人员要明确岗位职责,上岗后按指定位置"对号入座"。发现问题向所在地分指挥报告,由分指挥向总指挥报告,由总指挥统一处理问题。

③用千斤顶落位时,千斤顶每次下降时间间隔应大于 10 min 为宜,以确保结构各杆件之间内力的调整与重分布。

④落位后要按设计要求固定支座,并做记录,按《空间网格结构技术规程》(JGJ 7—2010)提供"验收"技术文件。同时要继续检测网架挠度值,直至全部设计荷载上满为止。

以上四项关键技术,不仅适用高空散装法安装网架,同样适用其他网架安装方法。但由于网架形式多样,造型各异,涉及具体工程时尚需针对工程特点制订专门的方案,并经有关部门批准后方可实施。

4.4.3 分条或分块安装法

为了减少高空作业量和高空操作脚手架用量,在现场施工条件许可情况下(指网架周边有宽畅的道路和起重设备作业范围);施工单位的起重设备能力能够满足吊装要求时,对于正放类网架可采取地面制成条状或块状单元网架,用起重设备吊到高空设计位置,在高空逐条(块)就位状态下,总拼成网架整体。

1. 工艺特点

所谓条状单元,是指沿网架长跨方向分割为若干区段,每个区段的宽度是 1~3 个网格。而其长度即为网架的短跨或 1/2 短跨。所谓块状单元,是指将网架沿纵横方向分割成矩形或正方形的单元。每个单元的重量以现有起重机能力能胜任为准。由于条(块)状单元是在地面进行拼装,因而高空作业量较高空散装法大为减少,同时拼装支架也大减,又能充分利用现有起重设备,比较经济。这种安装方法适宜于分割后刚度和受力状况改变较小的各类中小型网架。

图 4-4-5 所示为一平面尺寸为 45 m×36 m 的斜放四角锥网架的分块吊装实例。网架分成四个块状单元,而每块间留出一节间,在高空总拼时连接成整体,每个单元的尺寸为 15.75 m×20.25 m,重约 12 t。用一台悬臂式桅杆起重机在跨外吊装,就位时,在网架中央搭设一个井字式支架以支承网架的块状单元。

图 4-4-6 所示为两向正交正放网架分条吊装的实例。该平面尺寸为 45m×45m,网格尺寸为 2.5 m,将网架共分成三个条状单元,每条重量分别为 15 t、17 t、15 t,由两台 NK-40 型汽车起重机进行吊装,条状单元之间空一节间在总拼时进行高空连接。由于施工场地十分狭小,以致条状单元只能在建筑物内制作,吊装时用倾斜起吊法就位,总拼时仍然需要搭设少量支架,在拼接处用钢管支顶调整后再行总拼焊接。

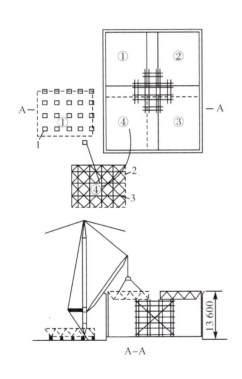

1—中拼用砖墩;2—临时封闭杆件;3—吊点。

图 4-4-5 网架分块吊装工程实例

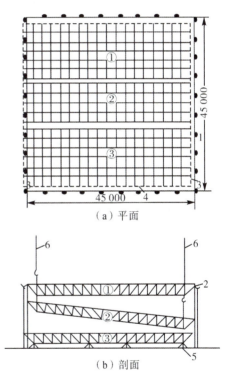

1—柱;2—天沟梁;3—网架;4—拆去的杆件;
5—拼装支架;6—起重机吊钩。

图 4-4-6 网架分块吊装工程实例

2. 主要技术问题

(1)网架单元划分条(块)状有如下几种划分方法:

①网架单元相互靠紧,把下弦双角钢分在两个单元上,此法可用于正放四角锥网架,见图 4-4-7(a)。

②网架单元相互靠紧,单元间上弦用剖分式安装节点连接,此法可用于斜放四角锥网架,见图 4-4-7(b)。

③单元之间空一节间,该节间在网架单元吊装后再在高空拼装,如上述工程实例即用此法,可用于两向正交正放或斜放四角锥等网架,见图4-4-7(c)。

分条(分块)单元,自身应是几何不变体系,同时还应有足够的刚度,否则应加固。对于正放类网架而言,在分割成条(块)状单元后,自身在自重作用下能形成几何不变体系,同时也有一定的刚度,一般不需要加固。但对于斜放类网架,在分割成条(块)状单元后,由于上弦为菱形结构可变体系,因而必须加固后才能吊装,图4-4-8所示为斜放四角锥网架几种上弦加固方法。

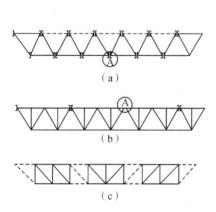

A—剖分式安装节点。(虚线表示临时加固杆件)

图4-4-7 网架条(块)状单元划分方法

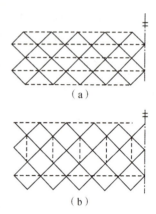

图4-4-8 斜放四角锥网架上弦加固示意图

(2)网架挠度控制。网架条状单元在吊装就位过程中的受力状态属平面结构体系,而网架结构是按空间结构设计的,因而条状单元在总拼前的挠度要比网架形成整体后该处的挠度大,故在总拼前必须在合拢处用支撑顶起,调整挠度使与整体网架挠度符合。但当设计已考虑到分条吊装法而加大了网架高度时,可另作别论。块状单元在地面制作后,应模拟高空支承条件,拆除全部地面支墩后观察施工挠度,必要时也应调整其挠度。

(3)网架尺寸控制。条(块)状单元尺寸必须准确,以保证高空总拼时节点吻合或减少积累误差,一般可采取预拼装或现场临时配杆等措施解决。

3. 为确保分条(块)安装网架质量应把握的关键技术

安装顺序和施焊顺序:

(1)分条(块)安装顺序应由中间向两端安装,或从中间向四周发展,因为单元网架在向前拼接时,有一端是可以自由收缩的,可以调整累计误差;同时吊装单元网架时,不需要超过已安装的条(块)网架,这样,可减少吊装高度,有利于吊装设备的选择。如施工场地限制,也可采用一端向另一端安装,施焊顺序仍应由中间向四周进行。

(2)高空总拼应采取合理的施焊顺序施焊,尽量减少焊接变形和焊接应力。总拼时的施焊顺序也应从中间向两端或从中间向四周发展。因为网架在向前拼接时有一端是可以自由收缩的,焊工可在前端随时调整尺寸(如预留收缩量的调整等),既保证网架尺寸,又使焊接应力较小。焊接完成后要按规定进行焊接质量检查,焊接质量合格后进行支座固定。

分条或分块安装法经常与其他安装法配合使用,如高空散装法、高空滑移法等方法都可采用此法施工。所以有关其他网架安装措施同样适合本方法,故需在制订具体施工方案时将其他安装措施考虑进去,以完善本方法。

4.4.4 高空滑移法

高空滑移法通过设置在网架端部或中部的局部拼装架(或利用已建结构物作为高空拼装平台)和设在两侧或中间的通长滑道;在地面拼成条状或块状单元,吊至拼装平台上拼装成滑移单元;用牵引设备将网架滑移到设计位置。它可以解决起重机械无法吊装到位的困难,在网架施工期间,土建作业可交错施工;拼装支架费用比高空散装法节省50%;且占用建筑物周边场地少,有一边施工场地即可。近年来,随着牵引设备的机械化程度提高,我国许多大跨度网架采用此法施工,已取得明显经济效果。但高空滑移法必须具备拼装平台、滑移轨道和牵引设备,也存在网架落位的问题。

因此,高空滑移法需把握的技术关键有以下几点:

1. 高空拼装平台

(1)高空拼装平台位置选择。高空拼装平台位置选择是决定滑移方向和滑移重量的关键;应根据现场条件、支承结构特征、起重机械性能等诸多因素选定高空拼装平台位置。高空平台一般搭设在网架端部(滑移方向由一端向另一端滑移);也可搭设在网架中部(在网架两侧有起重设备时采用,滑移方向由中间向两端滑移);或者搭设在网架侧部(三边支承网架可在无支承的外侧搭设,滑移方向由外侧向内侧滑移)。为减少架子用量,拼装平台应尽量搭在已建结构物上,利用已建结构物的全部或局部作为高空平台,这是最理想的选择。

(2)高空拼装平台搭设要求。搭设宽度应视网架分割条(块)状尺寸确定,一般应大于两个网架节间的宽度,再加上周边不少于 4 m 的操作走道宽度(如需设置电焊机等机械设备时还需增加走道宽度)。拼装平台用扣件式钢管脚手架搭设。

(3)高空拼装平台与滑道连接。高空拼装平台标高应由滑轨顶面标高确定。滑道架子与拼装平台架子要固定连接,互相构成整体稳定架,对于单独设置的中间滑道,架子两侧要拉缆风绳,确保侧向稳定,滑道端部架子应与框架(柱)固定,无框架(柱)时应设斜抛撑和缆风绳同时固定。如果在端部都要设滑移牵引反力架时,无论有无框架(柱)均需在架子端部纵向拉缆风绳固定。缆风绳初张力视反力架上反力大小和框架刚度计算确定。

2. 滑移轨道设置

1)滑移轨道设置数量及位置

在确定滑移轨道数量及位置时应对网架进行下列验算:

(1) 当跨度中间无支点时,验算杆件内力和跨中挠度值;
(2) 当跨度中间有支点时,验算杆件内力、支点反力及挠度值。

根据以上验算结果,综合分析经济效果,确定滑移轨道的数量和设置位置。滑移轨道一般在网架两边支承柱上或框架上,设在支承柱上的轨道,应尽量利用柱顶钢筋混凝土连系梁作为滑道,当连系梁强度不足时可采取加强断面或设置中间支撑等方法解决。但对于跨度较大(一般大于 60 m 跨度)或在网架施工时两侧框架(柱顶连系梁)不能利用它设滑道时,应在对网架验算的基础上采用下列两种方法设置滑轨:

① 跨度在 81 m 以内仍设两道滑轨,滑轨可分设在距边支座 13.5 m 处,滑轨间距 54 m (2/3L,L 为跨度),网架支承在滑轨上,两边悬挑 13.5 m(1/6L)(见图 4-4-9)。这种设置方法可省去中间滑道,也可使两边框架(柱)与网架同时施工,有利于缩短工期,便于支座固定(省去抽取滑轨再固定支座的复杂工序)。但存在增加架子用量和占用室内场地的缺点。

② 跨度在 100 m 以内,除在两边支座处设滑轨外还需在跨中增设滑轨,滑轨下的支架应符合相关规定。并按验算结果对网架采取临时加固措施。滑轨与支架固定应符合图 4-4-10 要求。

2) 滑移轨道用材

滑移轨道用材应根据网架跨度、网架重量和滑移方式(滑动摩擦或滚动摩擦)选用。小跨度网架常采用扁钢、圆钢和角钢构成;中跨度网架常采用槽钢、工字钢构成;大跨度网架须采用钢轨(43~55 kg/m)构成。

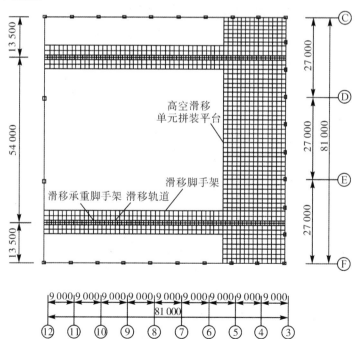

图 4-4-9 滑轮设在承重脚手架上的工程实例

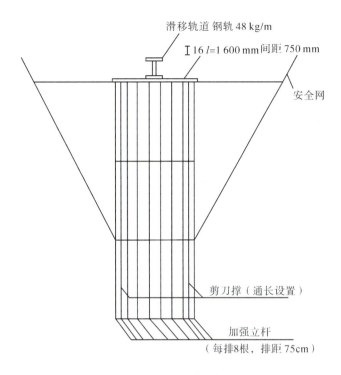

图 4-4-10 滑轨与支架顶部固定示意图

3）滑移轨道的质量标准

滑移轨道的铺设质量关系到滑移施工的安全和网架工程的质量，切不可马虎从事，其允许误差必须符合以下规定：

①滑轨顶面标高差 1 mm，且滑移前进方向无阻挡的正偏差；

②滑轨中心线错位 3 mm（指滑轨接头处）；

③同列相邻滑轨间顶面高差 $L/1500$，L 为滑轨长度；且不大于 10 mm；

④同跨任一截面的滑轨中心线距离 ±10 mm；

⑤同列滑轨直线性偏差不大于 10 mm。

滑轨应焊于钢筋混凝土梁面的预埋件上，预埋件应经过计算确定。轨面标高应高于或等于网架支座设计标高。设中间滑轨时，其轨面标高应低于两边轨面标高 20～30 mm。滑轨接头处应垫实，若用电焊连接应锉平高出轨面的焊缝。当支座板直接在滑轨上滑移时，其两端应做成圆倒角，滑轨两侧应无障碍。当设置水平导向轮时，可设在滑轨的内侧，导向轮与滑道的间隙应在 10～20 mm 之间。摩擦表面应涂润滑油，以减少摩擦阻力。

滑轨两侧应设置宽度不小于 1.5 m 的安全通道，确保滑移操作人员高空安全作业。当围护栏杆高度影响网架滑移时，可随滑随拆，滑移过后立即补装栏杆。

3. 牵引设备及牵引力计算

常用牵引设备有手拉葫芦、环链电动葫芦、电动卷扬机。牵引力计算应征得设计单位同意。

4. 网架落位

网架滑移到位后，经检查各部分尺寸、标高、支座位置符合设计要求后，即可按规定落位。可用千斤顶或起落器抬起网架支承点，抽出滑轨，使网架自重平稳过渡到支座上，待网架下挠稳定，装配应力释放完后，即可进行支座固定。

设在混凝土框架或柱顶混凝土连系梁上的滑轨拆除后，预留在混凝土梁面的预埋板（件）应除锈涂装或用砂浆、细石混凝土覆盖保护，防止预埋板锈蚀（框架）结构物。

4.4.5 整体吊装法

整体吊装法适用于各种类型的网架结构，吊装时可在高空平移或旋转就位（这是与整体提升或整体顶升的根本区别）。整体吊装法分起重机械吊装和拔杆吊装两类。

1. 起重机械吊装

（1）采用一台或两台起重机进行单机或双机抬吊时，如果起重机性能可满足结构吊装要求，现场施工条件（包括就位拼装场地、起重机行驶道路等）能满足起重机吊装作业需要时，网架可就位拼装在结构跨内，也可就位拼装在结构跨外；采用三台起重机进行三机抬吊时，如网架结构本身和现场施工条件允许，另一台起重机可在高空接吊时（先由两台起重机将网架双机抬吊到高空，另一台起重机站在第三面方向在高空进行接吊，使网架平移到设计安装位置），此时，网架也可拼装在结构跨外；采用多台起重机联合抬吊网架时，网架应就位拼装在结构跨内，网架拼装就位的轴线与安装就位的轴线距离，应按各台起重机作业性能确定，原则上各吊点的轨迹线均应在起重机回转半径的圆弧线上。

（2）网架吊点位置、索具规格、起重机的起重高度、回转半径、起重量以及在吊装过程中网架结构的应力应变值均应详细验算，并应征得设计单位同意。

2. 拔杆吊装

采用单根或多根拔杆整体吊装大中型网架时，网架必须就位拼装在结构跨度内，其就位拼装位置要根据拔杆的设置、吊点、位置、柱子断面和外形尺寸等因素确定。吊装方法和技术要求必须针对网架工程特点，现场施工条件、吊装设备能力等诸多因素确定。

1）单根拔杆整体吊装网架方法（"独脚拔杆"吊装法）

（1）施工布置。

①独脚拔杆位置要正确地竖立在事先设计的位置上，其底座为球形万向接头（俗称"和尚头"），且应支承在牢固基础上，其顶端应对准拼装网架中心脊点（见图4-4-11）；网架拼装时应

预留出拔杆位置,其个别杆件可暂不组装。

②拔杆缆风须由五组滑轮组组成(见图4-4-12)。其中两组后缆风,两组侧缆风,一组前缆风。滑轮组规格应根据实际计算的牵引力选用。

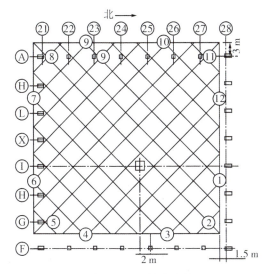

图中1～12系吊点编号

图4-4-11 网架吊装就位示意图

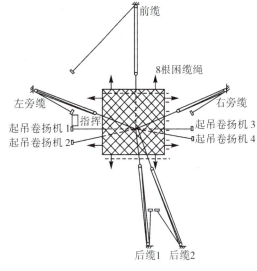

图4-4-12 拔杆缆风绳布置示意图

③网架吊点设置应根据计算确定,每个吊点设在相应的节点板(球节点)上并和节点板(球节点)同时制作(见图4-4-13)。起吊钢绳可采用两组"双跑头"起重滑车组,"双跑头"起重滑车组穿绕方法见图4-4-14。

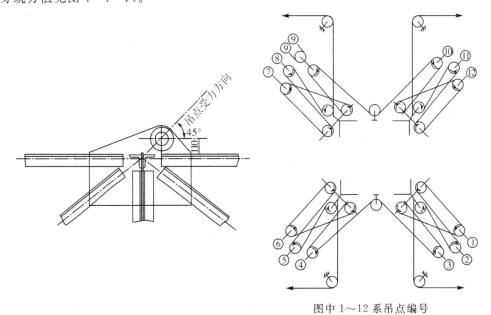

图中1～12系吊点编号

图4-4-13 钢网架吊点与节点板结合制作　　图4-4-14 "双跑头"起重滑轮组绕法

④如遇个别吊点与柱相碰,可增加辅助吊点,两吊点用短千斤相连挂平衡滑轮(见图 4-4-14)。

⑤为使网架起吊平衡,应在网架四角分别用 8 台绞车围溜,其中 4 台系上弦,4 台系下弦,做到交叉时对称设置,在提升时必须配合做到随吊随溜。

⑥为保证网架起吊过程中不碰柱子,可采用以下两项辅助措施:一是在可能碰的轴边桁架上装三个滚筒;二是对有小牛腿柱子选其中与网架间隙最小(但不小于 100 mm)的柱子,可用小于∟100 角钢把该柱小牛腿从下到上临时连接起来,以起到起吊导轨作用。

⑦关于网架起吊过程是否需要临时加固(如拔杆位置暂不装杆件处)措施,应由设计计算确定。

(2)进行试吊。

①试吊目的:试吊是检验整个吊装方案完善性的重要步骤。试吊目的有三个:一是检验起重设备的安全可靠性;二是检查吊点对网架刚度的影响;三是协调从指挥到起吊、缆风、溜绳和卷扬机操作的总演习。

②试吊做法:首先将 8 台溜绳绞车稳紧,采用大锤球检查拔杆顶是否对准拼装网架中心脊点,调整缆风使其对正,随即慢慢收起吊钢绳,到发现网架已开始起离支墩为止,然后利用每个"跑头"逐角使其离墩 50~100 mm,先定一个方向缓慢放松该向溜绳,如发现网架随松随前摆动,即应停止溜绳动作,进行调整该向拔杆缆风,试到不向前摆动为止,重新收紧该向缆风。如此逐向试到不向前摆动,说明拔杆顶真正对正网架中心脊点。下部即可进行整体提升 300~500 mm,此时四向溜绳绞车应密切配合随吊随溜,如某角高差不一致可单"跑头"牵引调整,使四角高差一致。以后可以进行横移试验,利用调整缆风(溜绳出同时配合松、紧)使网架向左或右横移 100 mm,经认可后再横移回原支墩就位。以上试吊全过程,都应派人看管所有滑轮组机具、索具及锚桩变化情况,及时向指挥人员报告。等整修试吊鉴定认可后才能正式起吊。

(3)整体起吊。

利用数台电动卷扬机同时起吊网架,关键是如何保证做到起速一致。办法是在正式起吊前在网架四角上分别挂上一把长钢尺,为控制四角高差不超过 100 mm 的量具,在提升柱顶安装标高以下一段高程中,采取每起吊 1 m 进行一次检测,根据四角丈量的结果,以就高不就低的办法,分别逐一"跑头"提升到同一标高,然后同时逐步提升;到柱顶标高以上一段高程时,则采取每 0.5 m 进行一次调整。采用以上办法提升时,每次测量网架四角高差值一般都应在 100 mm 左右,否则要重新考虑提升方案。

(4)网架横移就位。

当网架提升越过柱顶安装标高 0.5 m(若支承柱有外包小柱时应越过小柱顶 0.5 m)时,应停止提升。此时,就靠调整缆风滑轮组和溜绳配合,将网架横移到柱顶或围柱内,然后每次下降

0.5 m(指支承柱设有外包小柱时),或每次下降 100 mm 进行降差调整,直至把网架恰好放到柱顶设计位置。

(5)支座固定。

网架就位各支座总有偏差,可用千斤顶楔顶调整,然后进行支座固定;四角若有上翘现象,为保证设计要求,可用手拉葫芦进行拉压,由拉力计控制设计拉力,量出实际空隙尺寸,用钢板依次填垫,进行施焊固定或拧紧支座螺栓固定。

(6)拔杆拆除及外装预留杆件。

拔杆拆除可用"依附或拔杆"进行逐节拆除。最后补装因独脚拔杆位置预留的未组装的杆件和该处檩条等杆件。

2)多根拔杆整体吊装网架方法("拔杆集群"吊装法)

多根拔杆整体吊装网架方法采用拔杆集群,悬挂多组复式滑轮组(目的是减低速度,减少牵引力)与网架各吊点吊索相连接。由多台卷扬机组合牵引各滑轮组,带动网架同步上升。因此,首先要把支承网架的柱子安装好,接着把网架就地错位拼装成整体,然后将网架整体提升安装在设计位置上。

网架提升安装分三个步骤进行:第一步是整体提升,用全部起重卷扬机将网架均匀提升到超过柱顶高度;第二步是空中移位,利用一侧卷扬机徐徐放松,另一侧卷扬机刹住不动将网架移位对准柱顶;第三步是落位固定,用全部起重卷扬机,将网架下降到柱顶设计位置上,并加以调整固定。

4.4.6 整体提升法

整体提升法与整体吊装法的根本区别在于:前者只能作垂直起升,不能作水平移动或转动;后者不仅能够作垂直起升,而且可在高空作移动或转动。因此,整体提升法有两个特点:一是网架必须按高空安装位置在地面就位拼装,即高空安装位置和地面拼装位置必须要在同一投影面上;二是周边与柱子(或连系梁)相碰的杆件必须预留,待网架提升到位后再进行补装(补空)。大跨度网架整体提升有三种基本方法,即在拔杆上悬挂千斤顶提升网架,在结构上安装千斤顶提升网架,在结构上安装升板机提升网架。

1. 在拔杆上悬挂千斤顶提升网架

图 4-4-15 所示为某大型机库屋盖提升工程、屋盖由网架(115 m×80 m)和桁架(115 m×12 m)组成。网架提升总重量(包括网架、马道、施工操作平台、走道、提升设备等)800 t。采用 16 根拔杆,32 台千斤顶,64 个吊点整体提升到位。桁架采用 4 根拔杆和卷扬机整体吊装。

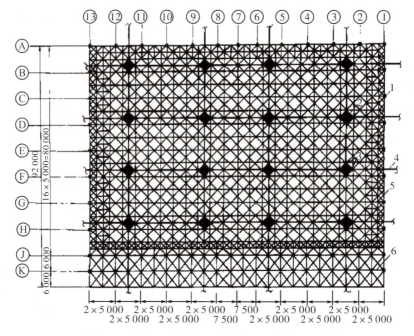

1—柱子；2—拔杆；3—吊点；4—缆风绳；5—网架；6—桁架。

图 4-4-15 某大型机库网架整体提升平面布置

1）提升系统施工设计

(1)根据提升吊点位置对网架在提升、下降过程中的强度、稳定性、结构变形量进行验算(最好由原设计单位验算)，确定网架结构安全性及提升设备的选用依据。

(2)对拔杆基础、拔杆、缆风绳、地锚进行验算，并进行平面和立体布置图设计。

(3)对千斤顶、铁扁担、吊索、工具、钢绞线、悬臂横梁、锚具等安全性验算。

(4)进行高空操作平台、走道、提升设备的平面(在网架上弦平面)布置及安全防护措施设计。

以上有关验算的依据是网架设计施工规程，荷载规范及网架设计图规定。一般可不考虑地震荷载，风荷载考虑四级风的作用，超过四级应停止提升。

2）提升设备选择与安装

(1)拔杆。采用 16 根高度为 45 m，断面为 1200 mm×1200 mm，四肢为 ϕ108 mm×12 mm 格构或方形塔桅作拔杆。上端借助空间缆风绳体系稳定；下端简支在 2650 mm×2650 mm 混凝土基础上。每根拔杆在高度为 42 m 处两侧各设一对称水平悬臂横梁，长度为 2.5 m，用它固定钢绞线上端锚具。拔杆安装采用 2 台 TQ60/80 塔式起重机分节安装，每根拔杆安装完应设临时缆风绳固定。至全部拔杆安装好后拉上爬升缆风(工作缆风)绳，并利用此缆风绳进行垂直度和轴线尺寸调整。具体要求如下：拔杆允许垂直偏差值≤50 mm(指 45 m 高度)；拔杆基础轴线偏差值≤10 mm；拔杆基坐标高偏差值≤±3 mm，水平 $L/1000$（L 为基座短边长度）；地脚螺栓（锚栓）中心偏差值≤20 mm。

拔杆安装顺序与网架拼装顺序同步进行，缆风绳设置前还应考虑周边建筑物及大门桁架等结构物对缆风绳的影响，因此，要精确计算其方位、仰角、距离和地锚位置，事先避开障碍物，实在无法避开的（如大门桁架），要在使用时间上岔开，或设临时过渡缆风绳加以解决。

（2）钢绞线。采用符合要求的 6 根 $\phi15.24$ mm 高强度低松弛钢绞线，左右旋向各 3 根间隔布置，其上端与下锚具固定，下端与爬升千斤顶固定，一个千斤顶在 6 根钢绞线上爬升，俗称"猴子爬升"。

（3）千斤顶。采用 32 台 ISD40 型液压爬升千斤顶，每根拔杆设两台千斤顶，每台千斤顶安全负荷 400 kN（设计负荷 600 kN），千斤顶吊耳下悬挂爬升扁担，扁担两端用 38 mm 钢丝绳（即千斤绳）兜住吊点（即上弦球节点）。

（4）锚具。采用 OVM15 锚具，OVM15 锚具主要作为锚板和夹片，锚圈原理就是利用夹片（楔形）把钢绞线锁定于锚板锥形孔内，钢绞线负荷通过锚板传到水平横梁上。

（5）油泵。给千斤顶供抽泵采用齿轮泵（或页片泵），额定高压 260 MPa，抽泵安装在网架上弦平面上，共 3 个泵站。16 根拔杆分成三组：主控制室控制 1 台泵站（4 根拔杆的 8 台千斤顶）；从 1、2 控制室各控制 1 台泵站（6 根拔杆的 12 台千斤顶）。

（6）控制室。采用主控室 1 座，从控制室 2 座，每个控制室内设微机 3 套，控制室尺寸均为：长 2 m，宽 2.4 m，高 2.3 m，重约 3 t。控制室安装与网架地面拼装同步进行，利用拼装网架的塔式起重机安装，控制室安装在网架上弦预先设计的位置上，其底下预先设置滑轨，待网架提升完毕后，将它滑到网架边缘，再利用起重机吊到地面。

3）网架整体提升施工方法

根据提升系统施工设计及选定的提升设备，确定提升施工方法。整体提升方法是用钢铰线承重，液压泵站提供动力，千斤顶提升，计算机控制同步。

4）补装网架周边杆件

（1）网架提升到位后，锁住全部提升千斤顶，使网架保持水平。首先将网架与桁架间杆件补装上，使网架在水平方向稳定（如大门桁架后安装，可不补装，但要采取边界临时稳定措施）。

（2）事先安装好柱顶支座（含抗震球型钢支座），待网架提升到位后，分别将事先带上去的补装杆件及 1 个球补装上，使网架稳定在周边框架上。

（3）补空杆件待网架落位后按实际尺寸下料，因此事先带上去的杆件可放长一些（20～30 mm），预留余量。

（4）网架补装预留杆件期间，土建单位应将柱间支撑装上，使框架形成整体稳定。

5)网架落位前后应检查的项目

(1)补空杆件及支座是否全部装好;支座螺栓是否全部松开;柱间支撑顶端与球支座是否已焊牢(如焊牢要割开)。

(2)挠度测点标高值和支座中心线位移值是否已记录清楚。

(3)桁架跨中挠度值是否已测量正确。

(4)网架再提升检查:为使千斤顶内锚板夹片松开,使钢绞线脱开,必须将网架整体(带支座)再提升30~50 mm,然后落位,在此过程中各支点要详细检查。

(5)网架落位后48 h内要检查支座位移两次,等支座位移稳定后(此时网架装配应力基本释放完毕)方可固定支座螺栓。按设计要求设置挠度永久观测点,并将网架挠度及挠度永久观测点位置,以书面形式移交建设单位。

6)提升设备拆除

(1)拔杆拆除。利用网架本身挂住拔杆,下部采用履带式起重机,逐节放下拆除。用汽车转运到场外,按编号堆放。

(2)其他提升设备拆除。利用事先考虑的办法结合现场使用的起重机械分件、分块拆除。拆除的设备要按编号入箱或捆帮牢固,便于运输。

(3)提升设备(包括缆风绳)拆除要制订专门的拆除顺序和安全措施,防止发生人身事故、物件损坏或网架损坏事故。

(4)钢绞线拆除时盘成圆盘防止线端回弹伤人。

(5)千斤顶、油泵、阀门内的机油、操作油必须放净,防止污染运输设备。

2. 在结构上安装千斤顶提升网架

如图4-4-16所示,某国际会展中心五区展厅屋盖网架,网架重量为400 t(包括檩条)面积为81 m×81 m计6561 m²。网架支承在标高为16 m的周边混凝土支柱上,共30个支座。利用两侧联梁(标高为25.1 m)作为提升吊点,根据网架为双坡向受力的特点,经计算确定,共设置10个吊点(均设置在上弦节点上),按顺时针方向编号为1~10。在每个吊点上布置一台提升能力为600 kN的穿心式提升油缸(千斤顶),每台油缸穿6根ϕ15.24 mm的高强度钢绞线,每台油缸的平均载荷为400 kN(提升油缸的额定提升能力为600 kN),每根钢绞线的平均载荷为70 kN(单根钢绞线的破断力为260 kN)。钢绞线下端与网架上弦相连。在10个提升吊点中,以吊点1为主令点,吊点3、4、6、8和吊点9为同步吊点,使用2台泵站及4台比例阀块箱来控制其位置同步,而吊点2、5、7和吊点10为压力吊点,由泵站通过减压阀驱动,进行压力跟踪,整个提升过程采用计算机自动控制。

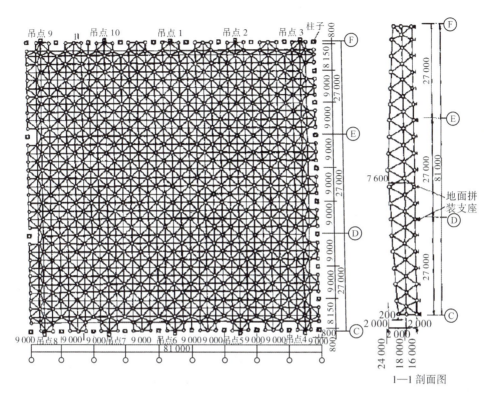

图 4-4-16 五区展厅屋盖网架地面拼装示意

3. 在结构上安装升板机提升网架

图 4-4-17 和图 4-4-18 所示为某体育馆网架用升板机整体提升的工程实例,该体育馆为两向正交正放网架,钢管焊接球节点,平面尺寸为 90 m×66 m,呈八角船形,网架高度 4.9 m,基本网格 6 m×6 m,屋顶标高 29.93 m,施工时的地面标高 1.5 m,网架自重 342 t,加上钢丝网和提升吊具重约 370 t,网架周边有 44 个支座,支座支承在钢筋混凝土梁上,通过梁将网架重量传到柱子上。支承梁标高 25.60~28.90 m。图 4-4-17 中有圈的位置为升板机提升点,共设 26 个提升点(每个提升点由两台蜗轮蜗杆箱体及 2 根丝杆构成)由 26 台升板机(52 根丝杆)同时提升。经实际试验结果,每台升板机的提升负荷为 250 kN,比理论计算值小,这是由于螺旋副在加工质量及安装精度上存在问题。施工时实测到提升点中最大反力为 177 kN,最小反力为 97 kN。其余反力见图 4-4-17。提升机同网架之间用 14 节吊杆连接,吊杆长度 1.8 m,最下一节吊杆长度为 0.84 m。图 4-4-18 所示为升板机的提升过程示意图。为了便于在螺杆提升到 1.8 m 后接杆,在上横梁上悬挂特制的下横梁。并在提升杆上多焊一个扩大头,接杆时可插入 U 形卡板。

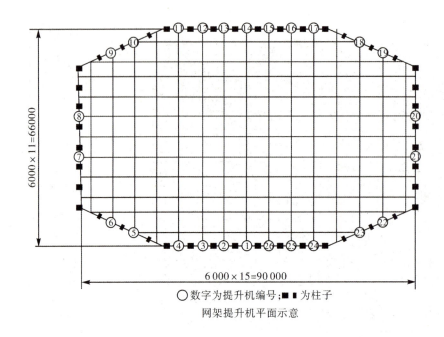

○数字为提升机编号;■为柱子

网架提升机平面示意

提升重量表

提升机号	提升重量(t)	提升机号	提升重量(t)
1	16.1	14	16.1
2	16.4	15	16.4
3	12.2	16	12.2
4	9.7	17	9.7
5	17.7	18	17.7
6	14.1	19	14.1
7	14.3	20	14.3
8	14.3	21	14.3
9	14.1	22	14.1
10	17.7	23	17.7
11	9.7	24	9.7
12	12.2	25	12.2
13	16.4	26	16.4
合计			369.80 t

图 4-4-17 在结构上安装升板机提升网架实例

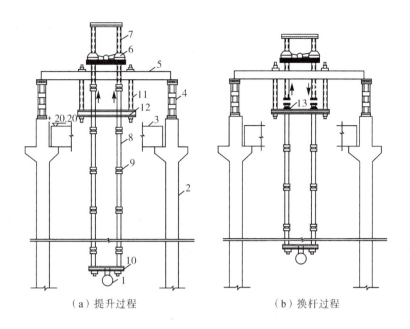

(a) 提升过程　　　　　　　(b) 换杆过程

1—网架支点；2—柱；3—托梁；4—短钢柱；5—上横梁；6—提升机；7—提升螺杆；8—吊杆；
9—套筒接头；10—横吊梁；11—吊挂螺杆；12—下横梁；13—U形卡板。

图 4-4-18　升板机整体提升法示意图

4.4.7　整体顶升法

提升与顶升的区别是：当网架在起重设备的下面称为提升，当网架在起重设备的上面称为顶升。对于大跨度网架的重型屋盖系统，采用顶升法施工是适宜的。这个方法在国内外工程实践中获得成功。但由于国内大型网架顶升法施工实例尚少，且顶升施工技术与结构本身相关，故只能通过具体工程实例予以说明。

某体育馆屋盖的承重结构，为四柱支承的正交正放钢管空心球节点焊接网架，网架外形尺寸为 90 m×90 m，覆盖面积 8 100 m²，网格平面尺寸 4.5 m×4.5 m，网架檐口处高度 4.5 m，中央高度 6.5 m，上弦平面按 4.5％的坡度由四面起拱（见图 4-4-19(a)）。网架四根支承柱的中心距离 63 m×63 m。因此，其周边悬挂 13.5 m。每根支承柱由四根 φ530×16 的无缝钢管组成，无缝钢管中心距离 1.87 m。钢柱全长 19.02 m，每根重 40.8 t，分两节安装，用电焊连接。四根钢柱既是整个屋盖的支承柱，又是顶升施工的支柱。因顶升施工需要，在钢柱上设高差为 800 mm 的钢牛腿 22.5 级（第一级离柱靴顶面 400 mm，算作 0.5 级）。设置方式见图 4-4-19(c)。网架通过下弦的四根 45°倾斜杆及一根垂直的柱幅焊件，支承在球面铰接支座上，这个支座通过十字梁及小梁支承在钢柱的牛腿上。钢柱基础顶面标高 -5.28 m，钢柱柱靴高 0.85 m，因此，柱靴顶面标高 -4.43 m。钢柱顶部牛腿面标高 +13.57 m，网架支承构件高度 5.78 m，所以网架下弦标高 +19.35 m，中间屋脊处标高 +25.85 m（见图 4-4-19(b)）。

屋盖的围护结构有型钢檩条、天沟、复合压型钢板、三元乙丙橡胶防水层。下弦悬挂部分有吊顶。网架周边有封檐架,钢筋混凝土封檐板。网架内有通风、电气、照明等设施以及封檐、马道等构件。正式项升时,除屋面防水层、下弦吊顶(龙骨已安装)、封檐板装饰未做外,其他已全部做好。顶升时,屋盖总重量为 1 330 t。其中:钢结构 874.34 t,混凝土构件及复合压型板 355.63 t,设备 100 t,动力系数取 1.1,并加上施工荷载,顶升重量为 1 500 t。网架及钢柱等主体结构采用 16Mn,其他如檩条、吊顶龙骨、封檐架等均采用 Q235。钢结构采用焊接、高强度螺栓连接及普通螺栓连接三种连接方式。

网架杆件在工厂制作,运到现场先进行小拼,即将杆件拼成单元体,然后就地进行大拼,拼成整个网架,拼装平面位置就是网架在水平面上的正投影位置。高度由拼成后网架支承在搁置于第一级牛腿的小梁上的条件确定。第一级牛腿标高是－4.03 m,所以大拼时下弦标高为 1.75 m。屋盖顶升总行程 17.6 m。拼装时,地面标高－0.33 m,所以地面上拼装砖墩的高度是 2 m 左右,其 317 个,其余 60 个立在地下室,为钢支墩。拼装时,网架中部起拱 50 mm,支座处未做处理。网架拼成后,即按要求将维护结构设备安装上去。

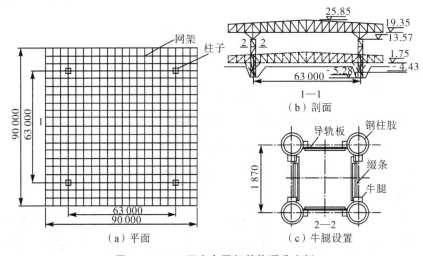

图 4-4-19 四支点网架整体顶升实例

任务实施

1. 工作任务

通过引导文的形式了解钢结构的基本形式、特点、应用范围等。

2. 实施过程

1) 资料查询

利用在线开放课程、网络资源等查找相关资料,收集钢结构基础知识相关内容。

2)引导文

(1)填空题:

①双层网架的常用形式按组成单元来划分,有平面桁架系网架、四角锥体系网架和_____。

②目前国内常用的网架节点形式主要有:焊接空心球节点、_____、焊接钢板节点、_____和杆件直接汇交节点。

③钢网架结构总拼完成后及屋面工程完成后应分别测量其挠度值,所测挠度值不应超过相应设计值的_____倍。

④钢网架设计说明中,屋面活荷载 0.5 kN/m²,是指屋面每平方米可承受的活荷载重量为_____ kg。

⑤安装方法选定后,应分别对网架施工阶段的吊点反力、_____、杆件内力提升或顶升时支承柱的_____,风载下网架的_____等进行验算,必要时应采取加固措施。

(2)选择题:

①对进行高空作业的高耸建筑物,应事先设置避雷设施,遇有( )级以上强风、浓雾等恶劣天气,不得进行露天攀登与悬空高空作业。

A.6　　　　　　　B.7　　　　　　　C.8　　　　　　　D.9

②钢网架焊接球节点承载力试验中,试验破坏荷载值应( )。

A.大于或等于1.0倍设计承载力　　　　B.大于或等于1.2倍设计承载力
C.大于或等于1.6倍设计承载力　　　　D.大于或等于2.0倍设计承载力

③螺栓球节点网架总拼完成后,高强度螺栓与球节点应紧固连接,高强度螺栓拧入螺栓球内的螺纹长度不应小于( )倍螺栓直径。

A.1.0　　　　　　B.2.0　　　　　　C.3.0　　　　　　D.4.0

④钢网架结构安装完成后,支座中心偏移允许偏差范围是( )。(L 为纵向、横向长度。)

A.$L/2000$,且不应大于 15.0 mm　　　　B.$L/2000$,且不应大于 30.0 mm
C.$L/3000$,且不应大于 15.0 mm　　　　D.$L/3000$,且不应大于 30.0 mm

⑤关于钢网架的挠度测量的说法,错误的是( )。

A.钢网架总拼装完成后和屋面工程完成后均需测量
B.所测挠度值不应超过相应设计值的 1.15 倍
C.跨度为 24 m 的钢网架只需测量下弦中央一点
D.跨度为 24 m 的钢网架需测量下弦中央一点和各向下弦跨度的四等分点

(3)简答题:

钢网架结构是由很多杆件通过节点,按照一定规律组成的空间杆系结构,被大量应用于大跨度的体育馆、展览馆、车站等建筑中,是一种有着广阔发展前景的空间结构。钢网架安装是将拼装好的网架采用各种施工方法搁置在设计位置上,试叙述钢网架的安装方法及实施步骤。(至少回答三种)

知识拓展

国家会议中心二期工程位于北京奥林匹克中心区,建设用地面积9.3万平方米,总建筑面积约41万平方米,是目前北京市在建的最大单体建筑。其主体工程以钢结构为主,总用钢量达到12.6万吨。国家会议中心二期工程是强化首都国际交往中心功能的重要设施。这座建筑在北京2022年冬奥会比赛时将临时作为冬奥会比国际广播中心(IBC)和主新闻中心(MPC),为来自世界各地的新闻媒体提供服务,计划于2021年7月交付北京冬奥组委使用。

国家会议中心二期工程钢结构的建筑顶层是一个总投影面积达2.6万平方米的钢屋架,约4个足球场那么大,全部由钢网壳结构和桁架结构组成。整个钢网壳结构由85榀钢拱梁组成,每榀钢拱梁的东西跨度为72米,宽度为3米。项目团队采用"高空滑移技法施工入位"的方式,通过建筑工程信息系统BIM技术,实现钢网壳"地面小拼、操作架中拼"的操作步骤。在建筑现场,通过数字化的液压顶推系统,将每片钢网壳以每小时4米左右的速度,按照由远及近、双向并进的原则在52米空中依次安装到位,犹如空中拼积木一样"拼出"一个巨大的钢屋架。

钢结构屋架滑移施工可以有效减少高空作业量,提升项目建设速度。针对体量超大、结构形式复杂、工期紧、标准高的钢结构施工,项目团队还运用三维激光扫描、BIM建模等前沿技术,对方案不断进行优化,实现节材近5000吨,极大缩短了工期。

参考资料

[1] 马瑞强,何林生. 钢结构构造与识图[M]. 北京:人民交通出版社,2010.

[2] 郭荣玲. 如何识读钢结构施工图[M]. 北京:机械工业出版社,2020.

[3] 唐丽萍,杨晓敏. 钢结构制作与安装[M]. 北京:机械工业出版社,2019.

[4] 张广峻,贠英伟. 建筑钢结构施工[M]. 北京:电子工业出版社,2011.

[5] 王翔. 装配式钢结构建筑现场施工细节详解[M]. 北京:化学工业出版社,2017.

[6] 杜绍堂. 钢结构工程施工[M]. 北京:高等教育出版社,2018.

[7] 颜功兴. 钢结构工程施工[M]. 天津:天津大学出版社,2020.

[8] 王全凤. 快速识读钢结构施工图[M]. 福州:福建科学技术出版社,2004.

[9] 土木在线. 图解钢结构工程现场施工[M]. 北京:机械工业出版社,2015.

[10] 王来,邓芃,卢玉华. 钢结构工程施工验收质量问题与防治措施[M]. 北京:中国建材工业出版社,2006.

[11] 中华人民共和国住房和城乡建设部. 钢结构设计标准:GB 50017—2017[S]. 北京:中国建筑工业出版社,2017.

[12] 中华人民共和国住房和城乡建设部,中华人民共和国国家质量检验检疫总局. 门式刚架轻型房屋钢结构技术规范:GB 51022—2015[S]. 北京:中国建筑工业出版社,2016.

[13] 中华人民共和国国家质量检验检疫总局,中国国家标准化管理委员会. 钢结构工程施工质量验收标准:GB 50205—2020[S]. 北京:中国计划出版社,2012.

[14] 中华人民共和国住房和城乡建设部,中华人民共和国国家质量检验检疫总局. 钢结构焊接规范:GB 50661—2011[S]. 北京:中国建筑工业出版社,2012.

[15] 中华人民共和国住房和城乡建设部,中华人民共和国国家质量检验检疫总局. 建筑钢结构防火技术规范:GB 51249—2017[S]. 北京:中国计划出版社,2018.

[16] 中华人民共和国国家质量检验检疫总局,中国国家标准化管理委员会. 建筑结构用钢板:GB/T 19879—2015[S]. 北京:中国标准出版社,2016.

[17] 中华人民共和国住房和城乡建设部. 高层民用建筑钢结构技术规程:JGJ 99—2015[S]. 北京:中国建筑工业出版社,2015.